高等院校电子信息与电气学科特色教材

黑龙江省精品课程教材

传感器原理与应用

周真 苑惠娟 主编
樊尚春 主审

清华大学出版社
北京

内容简介

本书系统论述了各类传感器的组成结构、工作原理、器件特性、物理参数、电路结构及典型的工程应用。全书共分12章，第1章介绍传感器的典型组成、分类及性能指标；第2～6介绍当前最为常用的传感器，如电阻应变式、电容式、电感式、压电式、磁电式传感器等，分析了它们的工作原理、静态与动态特性、测量电路、设计方法及实际应用；第7～11章介绍热、光、电、波、化学、MEMS等新型传感器的原理及应用；第12章介绍无线传感器网络与物联网技术。

本书是黑龙江省精品课程教材，附带有精心制作的教学课件及全部习题解答。本书适合作为普通高等院校自动化、测控技术与仪器、电子信息工程、电气工程及其自动化等相关专业本科生及研究生的教学用书，也可供相关科研技术人员参考使用。

本书封面贴有清华大学出版社防伪标签，无标签者不得销售。
版权所有，侵权必究。举报：010-62782989，beiqinquan@tup.tsinghua.edu.cn。

图书在版编目(CIP)数据

传感器原理与应用/周真，苑惠娟主编.—北京：清华大学出版社，2011.7（2024.7重印）
（高等院校电子信息与电气学科特色教材）
ISBN 978-7-302-25497-3

Ⅰ.①传… Ⅱ.①周… ②苑… Ⅲ.①传感器－高等学校－教材 Ⅳ.①TP212

中国版本图书馆 CIP 数据核字(2011)第 084374 号

责任编辑：盛东亮
责任校对：李建庄
责任印制：刘　菲

出版发行：清华大学出版社
网　　址：https://www.tup.com.cn，https://www.wqxuetang.com
地　　址：北京清华大学学研大厦 A 座　　邮　编：100084
社 总 机：010-83470000　　邮　购：010-62786544
投稿与读者服务：010-62776969，c-service@tup.tsinghua.edu.cn
质量反馈：010-62772015，zhiliang@tup.tsinghua.edu.cn

印 装 者：北京鑫海金澳胶印有限公司
经　　销：全国新华书店
开　　本：185mm×260mm　　印　张：14.5　　字　数：363 千字
版　　次：2011 年 7 月第 1 版　　印　次：2024 年 7 月第 16 次印刷
定　　价：49.00 元

产品编号：021482-02

出版说明

随着我国高等教育逐步实现大众化以及产业结构的进一步调整,社会对人才的需求出现了层次化和多样化的变化,这反映到高等学校的定位与教学要求中,必然带来教学内容的差异化和教学方式的多样性。而电子信息与电气学科作为当今发展最快的学科之一,突出办学特色,培养有竞争力、有适应性的人才是很多高等院校的迫切任务。高等教育如何不断适应现代电子信息与电气技术的发展,培养合格的电子信息与电气学科人才,已成为教育改革中的热点问题之一。

目前我国电类学科高等教育的教学中仍然存在很多问题,例如在课程设置和教学实践中,学科分立,缺乏和谐与连通;局部知识过深、过细、过难,缺乏整体性、前沿性和发展性;教学内容与学生的背景知识相比显得过于陈旧;教学与实践环节脱节,知识型教学多于研究型教学,所培养的电子信息与电气学科人才还不能很好地满足社会的需求,等等。为了适应 21 世纪人才培养的需要,很多高校在电子信息与电气学科特色专业和课程建设方面都做了大量工作,包括国家级、省级、校级精品课的建设等,充分体现了各个高校重点专业的特色,也同时体现了地域差异对人才培养所产生的影响,从而形成各校自身的特色。许多一线教师在多年教学与科研方面已经积累了大量的经验,将他们的成果转化为教材的形式,向全国其他院校推广,对于深化我国高等学校的教学改革是一件非常有意义的事。

为了配合全国高校培育有特色的精品课程和教材,清华大学出版社在大量调查研究的基础之上,在教育部相关教学指导委员会的指导下,决定规划、出版一套"高等院校电子信息与电气学科特色教材",系列教材将涵盖通信工程、电子信息工程、电子科学与技术、自动化、电气工程、光电信息工程、微电子学、信息安全等电子信息与电气学科,包括基础课程、专业主干课程、专业课程、实验实践类课程等多个方面。本套教材注重立体化配套,除主教材之外,还将配套教师用 CAI 课件、习题及习题解答、实验指导等辅助教学资源。

由于各地区、各学校的办学特色、培养目标和教学要求均有不同,所以对特色教材的理解也不尽一致,我们恳切希望大家在使用本套教材的过程中,及时给我们提出批评和改进意见,以便我们做好教材的修订改版工作,使其日趋完善。相信经过大家的共同努力,这套教材一定能成为特色鲜明、质量上乘的优秀教材,同时,我们也欢迎有丰富教学和创新实践经验的优秀教师能够加入到本丛书的编写工作中来!

清华大学出版社

高等院校电子信息与电气学科特色教材编委会

联系人:盛东亮 shengdl@tup.tsinghua.edu.cn

前言

传感器是系统获取信息的第一道"门槛",传感器的性能对系统的功能起决定性作用;系统的自动化程度越高,对传感器的依赖性就越大。而现代技术的发展,促进传感器正在向小型化、高准确度、集成化和智能化方向发展;新工艺、新材料的应用也使其制造成本不断降低,性能指标不断提高,应用领域不断扩大。目前,传感器已经在国民经济的各个领域发挥着越来越重要的作用。

本书的突出特点是集教材、习题集、多媒体课件三位一体,便于教师讲授、学生自学。习题集也是重要的学习辅导材料,其中包含有多所高校的研究生入学考试的专业课的考试题目,便于要进一步提高的学生作为参考。本书涵盖内容丰富、系统性强,具有一定的深度和广度。本书是作者二十多年来对教学和科研中的成果总结,通过精选内容,以有限的篇幅取得较大的覆盖面。各位作者在教学中不断地总结经验,在科研中不断地钻研新技术,力求能够真切地把握当前传感器的发展趋势。在不削弱传统的较为成熟的传感器基本内容的同时,叙述新型传感器技术的篇幅占到30%以上,较全面地反映了近年来传感器技术的新成就。

全书共分12章。第1章介绍传感器的技术基础。第2~6章论述了当前常见的、应用广泛的传感器,如电阻应变式、电容式、电感式、压电式、磁电式传感器等,分析了它们的基本原理、静态与动态特性、测量电路和有关设计知识及其应用。第7~11章介绍了热、光电、波、化学、MEMS等新型传感器的原理及其应用。第12章对无线传感器网络与物联网技术进行了介绍。

本书的编写工作得到诸多兄弟院校教师的大力支持。本书第1、2、7章由哈尔滨理工大学周真教授编写,第3章由哈尔滨理工大学吴海滨副教授编写,第4章由黑龙江工程学院宋起超副教授编写,第5、6章由哈尔滨理工大学苑惠娟教授编写,第8章由哈尔滨理工大学张晓冰教授编写,第9章由哈尔滨工程大学李万臣教授编写,第10、11章由哈尔滨理工大学施云波教授编写,第12章由哈尔滨理工大学秦勇副教授编写。本书的多媒体课件与习题集由吴海滨、秦勇和黑龙江科技学院王丽共同编写完成。全书由北京航空航天大学樊尚春教授主审。作者在编写本教材的过程中,参阅了相关教材和专著,在此向各位原编著者致谢。

本书的相关讲义资料和多媒体课件已经连续多年用在哈尔滨理工大学"传感技术"课程,该课程于2004年被评为黑龙江省省级精品课。在此基础上,几位作者共同编著成书,经多所高等院校试用,教学效果良好。本教材适合作为电子信息、电气信息、仪器仪表及机械类专业的本科高年级学生和研究生的教材,也可作为高职类相关专业学生的实用参考书,还可供从事传感器技术的研究与开发、生产与应用的科技工作者和工程技术人员参考。

本书涉及的知识非常广泛,而且传感技术本身也在飞速发展,书中难免有疏漏和不妥之处,恳请读者不吝赐教。

编 者

2011 年 5 月

目录

第1章 传感器的基本知识 ……………………………… 1

1.1 传感器的定义 …………………………………… 1
1.2 传感器的分类 …………………………………… 2
1.3 传感器的组成 …………………………………… 3
1.4 传感器的基本特性 ……………………………… 4
    1.4.1 传感器的静态特性 ……………………… 4
    1.4.2 传感器的动态特性 ……………………… 8
1.5 传感器的发展趋势 ……………………………… 14
本章习题 ……………………………………………… 16

第2章 电阻式传感器 …………………………………… 17

2.1 电阻应变式传感器 ……………………………… 17
    2.1.1 金属电阻应变效应 ……………………… 17
    2.1.2 应变片的基本结构和测量原理 ………… 19
2.2 应变片的静态特性 ……………………………… 20
2.3 应变片的动态特性 ……………………………… 23
    2.3.1 应变波的传播过程 ……………………… 23
    2.3.2 应变片工作频率范围的估算 …………… 24
2.4 测量电路 ………………………………………… 25
    2.4.1 直流电桥 ………………………………… 25
    2.4.2 交流电桥 ………………………………… 27
    2.4.3 差动电桥 ………………………………… 29
2.5 应变片的温度效应和补偿 ……………………… 31
    2.5.1 温度误差 ………………………………… 31
    2.5.2 温度误差补偿方法 ……………………… 32
2.6 应变片的选用与粘贴 …………………………… 34
    2.6.1 应变片的类型 …………………………… 34
    2.6.2 应变片的选用 …………………………… 37
    2.6.3 应变片的粘贴 …………………………… 37
2.7 应变式传感器的种类 …………………………… 39
2.8 电阻应变式传感器的应用 ……………………… 40
本章习题 ……………………………………………… 42

第3章 电容式传感器 … 43

3.1 电容式传感器的工作原理及类型 … 43
3.2 电容式传感器的主要性能及特点 … 48
3.2.1 电容式传感器的主要性能 … 48
3.2.2 电容式传感器的特点 … 49
3.2.3 电容式传感器的设计要点 … 50
3.3 电容式传感器的测量电路 … 53
3.3.1 变压器电桥 … 53
3.3.2 双T二极管交流电桥电路 … 54
3.3.3 差动脉冲宽度调制电路 … 55
3.3.4 运算放大器电路 … 56
3.3.5 调频电路 … 56
3.4 电容式传感器的应用 … 57
本章习题 … 59

第4章 压电式传感器 … 60

4.1 压电效应 … 60
4.2 压电晶体 … 61
4.2.1 石英晶体的压电机理和压电常数 … 61
4.2.2 压电陶瓷 … 63
4.2.3 压电元件的基本变形和连接方式 … 64
4.2.4 PVDF压电薄膜 … 66
4.3 测量电路 … 67
4.3.1 压电式传感器等效电路 … 67
4.3.2 测量电路 … 67
4.4 压电式传感器的应用 … 70
本章习题 … 71

第5章 电感式传感器 … 72

5.1 自感式传感器 … 72
5.1.1 工作原理 … 72
5.1.2 变隙式自感传感器 … 73
5.1.3 变截面式自感传感器 … 75
5.1.4 螺线管式自感传感器 … 75
5.1.5 自感式传感器转换电路 … 76
5.1.6 自感式传感器的应用 … 79
5.2 差动变压器 … 79
5.2.1 工作原理 … 79

5.2.2　差动变压器式传感器转换电路 …………………………………… 81
　　　5.2.3　差动变压器式传感器的应用 …………………………………… 82
　5.3　零点残余电压 ……………………………………………………………… 83
　5.4　电涡流式传感器 …………………………………………………………… 84
　　　5.4.1　工作原理 …………………………………………………………… 84
　　　5.4.2　高频反射式电涡流传感器 ………………………………………… 86
　　　5.4.3　低频透射式电涡流传感器 ………………………………………… 86
　　　5.4.4　电涡流式传感器转换电路 ………………………………………… 87
　　　5.4.5　电涡流式传感器的应用 …………………………………………… 88
　5.5　压磁式传感器 ……………………………………………………………… 90
　　　5.5.1　压磁效应 …………………………………………………………… 90
　　　5.5.2　压磁式传感器 ……………………………………………………… 90
　本章习题 ………………………………………………………………………… 91

第6章　磁电式传感器 ………………………………………………………… 92

　6.1　磁电感应式传感器 ………………………………………………………… 92
　　　6.1.1　工作原理 …………………………………………………………… 92
　　　6.1.2　相对运动式磁电感应传感器 ……………………………………… 92
　　　6.1.3　磁阻式磁电感应传感器 …………………………………………… 93
　　　6.1.4　磁电感应式传感器的应用 ………………………………………… 94
　6.2　霍尔式传感器 ……………………………………………………………… 96
　　　6.2.1　霍尔效应 …………………………………………………………… 96
　　　6.2.2　霍尔元件 …………………………………………………………… 97
　　　6.2.3　霍尔元件的主要参数 ……………………………………………… 98
　　　6.2.4　霍尔元件的误差补偿 ……………………………………………… 99
　　　6.2.5　霍尔式传感器的应用 ……………………………………………… 101
　本章习题 ………………………………………………………………………… 102

第7章　热电式传感器 ………………………………………………………… 103

　7.1　热电偶传感器 ……………………………………………………………… 103
　　　7.1.1　热电偶的工作原理 ………………………………………………… 103
　　　7.1.2　常用热电偶 ………………………………………………………… 106
　　　7.1.3　热电偶温度补偿 …………………………………………………… 107
　7.2　热电阻传感器 ……………………………………………………………… 109
　　　7.2.1　热电阻材料与工作原理 …………………………………………… 109
　　　7.2.2　常用热电阻 ………………………………………………………… 109
　7.3　热敏电阻传感器 …………………………………………………………… 110
　　　7.3.1　热敏电阻的结构形式 ……………………………………………… 111
　　　7.3.2　负温度系数热敏电阻的特性 ……………………………………… 111

7.4 集成温度传感器 ·· 112
　　7.4.1 集成温度传感器的原理 ··· 112
　　7.4.2 电流型集成温度传感器（AD590） ··· 113
本章习题 ·· 115

第8章 光电式传感器 ·· 116

8.1 光电效应 ·· 116
　　8.1.1 外光电效应 ··· 116
　　8.1.2 内光电效应 ··· 117
8.2 光电器件 ·· 118
　　8.2.1 光电管及光电倍增管 ··· 118
　　8.2.2 光敏电阻 ·· 121
　　8.2.3 光电池 ··· 123
　　8.2.4 光电二极管和光电三极管 ··· 125
8.3 光源 ·· 127
　　8.3.1 热致发光光源 ·· 127
　　8.3.2 气体放电发光光源 ·· 128
　　8.3.3 固体发光光源 ·· 129
　　8.3.4 激光光源 ·· 130
8.4 光电式传感器的应用 ·· 131
8.5 CCD传感器 ··· 133
　　8.5.1 电荷耦合器件 ·· 133
　　8.5.2 CCD传感器的应用 ·· 135
8.6 光栅传感器 ·· 136
　　8.6.1 光栅的结构 ··· 136
　　8.6.2 光栅的工作原理 ··· 137
　　8.6.3 光栅传感器的应用 ·· 137
8.7 光纤传感器 ·· 138
　　8.7.1 光纤及传光原理 ··· 138
　　8.7.2 光纤传感器的组成和分类 ··· 139
　　8.7.3 光纤传感器的调制原理 ·· 141
本章习题 ·· 147

第9章 波传感器 ·· 148

9.1 声传感器 ·· 148
　　9.1.1 声波的基本概念 ··· 148
　　9.1.2 声敏传感器 ··· 151
9.2 声表面波传感器 ·· 154
　　9.2.1 声表面波传感器的工作原理 ·· 155

9.2.2　声表面波传感器的应用 …………………………………………………… 156
　9.3　超声波传感器 ……………………………………………………………………… 158
　　9.3.1　超声波的基本特性 …………………………………………………………… 159
　　9.3.2　超声波传感器的工作原理 …………………………………………………… 160
　　9.3.3　超声波传感器的应用 ………………………………………………………… 161
　9.4　微波传感器 ………………………………………………………………………… 162
　　9.4.1　微波传感器的组成及工作原理 ……………………………………………… 162
　　9.4.2　微波传感器的应用 …………………………………………………………… 164
　本章习题 …………………………………………………………………………………… 165

第 10 章　化学量传感器 …………………………………………………………………… 166

　10.1　气体传感器 ………………………………………………………………………… 166
　　10.1.1　半导体式气体传感器 ………………………………………………………… 166
　　10.1.2　其他气体传感器 ……………………………………………………………… 172
　　10.1.3　气体传感器的应用 …………………………………………………………… 173
　10.2　湿度传感器 ………………………………………………………………………… 174
　　10.2.1　湿度及其表示方法 …………………………………………………………… 175
　　10.2.2　湿度传感器的基本原理 ……………………………………………………… 175
　　10.2.3　湿度传感器的发展 …………………………………………………………… 176
　　10.2.4　电解质和陶瓷湿度传感器 …………………………………………………… 177
　　10.2.5　高分子湿度传感器 …………………………………………………………… 179
　　10.2.6　湿度传感器的应用 …………………………………………………………… 182
　10.3　离子传感器 ………………………………………………………………………… 183
　　10.3.1　离子选择性电极 ……………………………………………………………… 183
　　10.3.2　离子敏感场效应管 …………………………………………………………… 189
　本章习题 …………………………………………………………………………………… 190

第 11 章　MEMS 传感器 …………………………………………………………………… 191

　11.1　MEMS 传感器及其特点 …………………………………………………………… 191
　11.2　MEMS 传感器加工技术 …………………………………………………………… 193
　11.3　微传感器的应用 …………………………………………………………………… 193
　本章习题 …………………………………………………………………………………… 199

第 12 章　无线传感器网络 ………………………………………………………………… 200

　12.1　传感器网络体系结构 ……………………………………………………………… 200
　　12.1.1　传感器网络结构 ……………………………………………………………… 200
　　12.1.2　传感器节点结构 ……………………………………………………………… 201
　　12.1.3　传感器网络协议栈 …………………………………………………………… 201
　12.2　传感器网络的特征 ………………………………………………………………… 202

  12.2.1 与现有无线网络的区别 …………………………………………… 202
  12.2.2 传感器节点的限制 ………………………………………………… 203
  12.2.3 传感器网络的特点 ………………………………………………… 204
 12.3 传感器网络的应用 ……………………………………………………… 206
 12.4 传感器网络的关键技术 ………………………………………………… 208
 12.5 物联网传感器 …………………………………………………………… 213
  12.5.1 物联网的技术基础 ………………………………………………… 214
  12.5.2 物联网应用发展动向 ……………………………………………… 216

参考文献 …………………………………………………………………………… 218

第1章 传感器的基本知识

为了研究自然现象,人类必须了解外界的各类信息。人通过眼(视觉)、耳(听觉)、鼻(嗅觉)、舌(味觉)、皮肤(触觉)五种器官来感知和接收外界信号,并将这些信号通过神经传导给大脑,从而感知外界事物和信息。随着人类实践的发展,只依靠感官来获取的外界信息量是远远不够的,人们必须利用已掌握的知识和技术制造一些器件或装置,以补充或替代人们感官的功能,于是出现了传感器。

人类社会进入到信息时代后,传感器在信息技术中的地位就更加重要。信息技术是指有关信息的采集、识别、提取、变换、存储、分析和利用等技术。信息采集和信息处理是信息社会的两大基础。信息采集的主要手段是传感器。它涉及的技术领域非常宽广,包括微电子技术、传感器技术、通信技术、计算机技术、软件技术、材料技术等。但作为一个信息技术系统,其构成单元只包括三个,即传感器、通信系统和计算机,它们相当于人的"感官"、"神经"和"大脑",被称为信息技术的三大支柱。有人把传感器比作"支撑现代文明的科学技术",可以看出研究传感器的意义。

传感器是信息采集系统的首要部件,是实现现代化测量和自动控制的主要组成,是现代信息技术的源头,又是信息社会得以存在和发展的物质和技术基础。传感器的出现及应用促进了科学技术的发展、社会的进步,丰富了人类的生活。有专家预言,"人类征服了传感器技术就几乎等于征服了现代科学技术"。由此可见,传感器技术在现代科技的地位和作用是何等重要。

1.1 传感器的定义

传感器最早来自于"sensor"一词,就是"感觉"和"敏感"的意思。随着传感器技术的发展,在工程技术领域中,传感器被认为是生物体的工程模拟物;而且要求传感器既能对被测量敏感,又能把它测量的响应传送出去,也就是说真正实现能"感"、会"传"的功能。

传感器是获取信息的一种装置,其定义可分为广义和狭义两种。广义定义的传感器是指那些能感受外界信息并按一定规律转换成某种可用信号输出的器件和装置,以满足信息的传输、处理、记录、显示和控制等要求。这里的"可用信号"是指便于处理、传输的信号,一般为电信号,如电压、电流、电阻、电容、频率等。狭义定义的传感器是指将外界信息按一定规律转换成电量的装置。

按照国家标准 GB7665—87 对传感器下的定义是:"能感受规定的被测量并按照一定的规律转换成可用输出信号的器件或装置,通常由敏感元件和转换元件组成"。敏感元件指传感器中能直接感受或响应被测量的部分;转换元件指传感器中能将敏感元件感受的或响应的被测量转换成适用于传输和(或)测量的电信号部分。国际电工委员会(IEC)将传感器定义为：传感器是测量系统中的一种前置部件，它将输入变量转换成可供测量的信号。美国测量协会将传感器定义为"对应于特定被测量提供有效电信号输出的器件"。如前所述，感受被测量、并将被测量转换为易于测量、传输和处理的信号的装置或器件称为传感器。传感器的基本功能是检测信号和信号变换。传感器是获取和转换信息的一种工具，这些信息包括电、磁、光、声、热、力、位移、振动、流量、浓度、湿度等。所以传感器又被称为变换器、转换器、探测器、检测器、敏感元件和换能器等。传感器的英文一般表达形式为 sensor、transducer、detector、sensing element 等。

1.2 传感器的分类

传感器技术包括了传感器本身的制造和测量技术，又包括了制造传感器而需要的相关技术及应用技术。传感器的种类繁多，涉及的范围也非常广，几乎包括所有现代学科。对不同科技领域、不同行业的成百上千种传感器进行分类本身就是一门科学，能够科学地、正确地分类取决于对传感器认识的程度和水平。对传感器进行分类将有助于从总体上认识和掌握传感器。传感器的分类方法也有多种。对于传感器的分类方法至今尚无统一的规定，主要按工作原理、输入信息和应用范围来分类。

1. 按传感器与外界信息变换效应的工作原理分类

据此，传感器可分为物理传感器、化学传感器和生物传感器三大类。

物理传感器是利用某些元件的物理性质以及某些功能材料的特殊物理性能把被测的物理量转化为便于处理的能量形式的信号的传感器，诸如压电效应，磁致伸缩现象，离子化、热电、光电、磁电等效应。被测信号量的微小变化都将转换成电信号。其中起导电作用的是电子，相对后续开发难度较小。

化学传感器主要是利用敏感材料与物质间的电化学反应原理，把无机和有机化学成分、浓度等转换为电信号的传感器，如气体传感器、湿度传感器和离子传感器。其中起导电作用的是离子。离子的种类很多，故化学传感器变化极多，较为复杂，相对后续开发难度较大。

生物传感器是利用生物活性物质（如分子、细胞甚至某些生物机体组织）对某些物质特性的选择能力构成的传感器，如葡萄糖和微电极结合形成的葡萄糖传感器，类似还有酶传感器、微生物传感器、组织传感器和免疫传感器等。生物传感器的研究历史较短，但发展非常迅速，随着半导体技术、微电子技术和生物技术的发展，它的性能将进一步完善，多功能、集成化和智能化的生物传感器将成为现实，前景十分广阔。

有些传感器既不能划分到物理类，也不能划分为化学类。大多数传感器是以物理原理为基础制造的。目前，化学传感器存在的技术问题较多，例如，可靠性问题、规模生产的可能性、价格问题等，解决了这些难题，化学传感器的应用将会有巨大的发展空间。

2. 按输入信息分类

传感器按输入信息分类有力敏传感器、位置传感器、液面传感器、能耗传感器、速度传感器、热敏传感器、振动传感器、湿敏传感器、磁敏传感器、气敏传感器、真空度传感器等。这种分类对传感器的选择应用很方便。

3. 按应用范围分类

根据传感器应用范围的不同,通常分为工业用传感器、民用传感器、科研用传感器、医用传感器、军用传感器等。按具体使用场合,还可分为汽车用传感器、舰船用传感器、航空航天用传感器等。如果根据使用目的不同,还可分为计测用传感器、监测用传感器、检查用传感器、控制用传感器、分析用传感器等。

当然,还有其他的分类方法,通常工科类以原理分类介绍;材料、微电子类按制作工艺来分类;而应用类则以应用目的来划分。

1.3 传感器的组成

传感器把外界不同的物理量、化学量和生物量变换成容易处理的电量并输出。传感器的核心部件是敏感元件,它是传感器中用来感知外界信息和转换成有用信息的元件。传感器一般由敏感元件、转换元件和转换电路三部分组成,如图 1-1 所示。

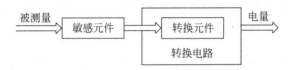

图 1-1　传感器的组成

(1) 敏感元件:直接感受被测量,并以确定的关系输出某一物理量。
(2) 转换元件:将敏感元件输出的非电物理量转换成电路参数量或电量。
(3) 转换电路:将电路参数转换成便于测量的电量。转换电路的类型又与不同工作原理的传感器有关。因此常把基本转换电路作为传感器的组成环节之一。

常用的信号调节与转换电路有放大器、电桥、振荡器、电荷放大器等,它们分别与相应的传感器相配合。需要指出的是,并非所有的传感器都包括敏感元件和转换元件,如热敏电阻、光电器件等。而另外一些传感器,其敏感元件和转换元件可合二为一,如固态压阻式压力传感器等。而测量电路的类型视转换元件的分类而定,经常采用的有电桥电路及其他特殊电路,如高阻抗输入电路、脉冲调宽电路、振荡回路等。

在大多数情况下,通过传感器的敏感元件、转换元件,被测非电量往往转换为电路参数后再通过转换电路转换为相应的电量。但要把一些外界信息直接变换成为电量是不容易的,需要采取两级或两级以上的变化,这就增加了传感器涉及的自由度和适应条件。在实际应用中,仅由一个转换元件构成的传感器是很少的,通常是把具有不同性能的转换元件结合起来构成传感器。另外,被测量的种类很多,测量条件也是各种各样的,所以有的被测量用现有的转换元件不能直接检测,或虽然能检测,但由于成本条件或其他条件,实际检测比较困难。为此,在多数情况下采取的方法是先把被测量转换为其他物理量,再选用能把这个物理量进行变换的转换元件进行再变换。例如,压力传感器,虽然有压电元件将压力直接变换为电压信号,但由于绝缘电阻有限,在测量稳态或接近稳态的缓慢变化压力时,必须用到电荷放大器,而电荷放大器存在工作稳定性和信噪比等问题,这样会使变换较困难。往往选用弹性膜片先把压力变换为膜片位移,然后再用位移转换元件获得输出信号,也就是压力到弹性位移再到电量的两级变换来进行压力测量,从广义上讲,弹性膜片也是一个转换元件。这种起中间作用的变换元件叫做一次变换元件。因此传感器的具体组成还是很复杂的。

1.4 传感器的基本特性

为了掌握和使用传感器,充分了解其特性是非常必要的。传感器的特性主要是指输出与输入之间的关系。通常,传感器的理想特性是要求它在任何情况下输入和输出都是一一对应的,即传感器能不失真地再现输入信号。而根据被测输入量的性质可对描述传感器输入—输出关系的数学模型和特性指标进行划分,被测输入量可分为静态量、准静态量和动态量。与之相应,将描述被测输入量为静态量和准静态量的数学模型称为传感器的静态数学模型,将描述被测输入量为动态量的数学模型称为传感器的动态数学模型。类似地,描述传感器输入—输出关系的基本特性指标也分为静态特性指标和动态特性指标,静态特性指标用以描述被测输入量为静态、准静态量时传感器的输入—输出特性,而动态特性指标用以描述被测输入量为动态量时传感器的输入—输出关系。

由于输入信号的状态不同,传感器所表现出来的输出特性不同,所以实际上是将传感器的静态与动态特性分开来研究。

1.4.1 传感器的静态特性

1. 传感器的静态特性

传感器的静态特性是在静态标准条件下,利用校准数据来确立。静态标准条件是指没有加速度、震动和冲击(除非这些参数本身就是被测物理量);环境温度一般为室温(20 ± 5)℃;相对湿度不大于85%;大气压力为0.1MPa的情况。在这样的标准工作状态下,利用一定等级的校准设备,对传感器进行往复循环测试,得到输入—输出数据,并用表格列出或画成曲线。

研究传感器的静态特性,首先建立传感器的静态数学模型。传感器的静态数学模型是指当输入量为静态量时,传感器的输出量与输入量之间的数学模型。在不考虑传感器滞后及蠕变的情况下,传感器的静态数学模型可以用一个代数方程来表示,即

$$y = a_0 + a_1 x + a_2 x^2 + \cdots + a_n x^n \tag{1-1}$$

式中　x——输入量;

　　　y——输出量;

　　　a_0——零位输出(输入量 x 为零时的输出量);

　　　a_1——传感器的线性灵敏度,常用 K 或 S 表示;

　　　$a_2,\cdots,a_n$——非线性项的待定常数。

它是一个不含时间变量的代数方程,也可用以输入量作横坐标,把与其对应的输出量作纵坐标而画出的特性曲线来描述。

在研究传感器的静态特性时,可先不考虑零位输出,根据传感器的内在结构参数不同,式(1-1)可能有图 1-3 所示的四种情况。

如图1-2(a)所示为理想的线性特性,通常是所希望的传感器应具有的特性,在这种情况下,有

$$a_0 = a_2 = a_3 = \cdots = a_n = 0 \tag{1-2}$$

因此得到

$$y = a_1 x \tag{1-3}$$

因为直线上任何点的斜率相等,所以传感器的灵敏度为

$$s = \frac{y}{x} = a_1 \tag{1-4}$$

如图1-2(b)所示为仅有偶次非线性项,其输出—输入特性方程为

$$y = a_0 + a_2 x^2 + a_4 x^4 + \cdots \tag{1-5}$$

因为没有对称性,所以线性范围较窄。一般传感器设计很少采用这种特性。

如图1-2(c)所示为仅有奇次非线性项,其输出—输入特性方程为

$$y = a_0 + a_1 x + a_3 x^3 + \cdots \tag{1-6}$$

这类传感器一般输入量 x 在相当大的范围内具有较宽的准线性,这是较接近理想线性的非线性特性,它相对坐标原点是对称的,即 $y(x) = -y(-x)$,所以它具有相当宽的近似线性范围。

如图1-2(d)所示为一般情况,此时传感器的数学模型包括多项式的所有项数,即

$$y = a_0 + a_1 x + a_2 x^2 + a_3 x^3 + a_4 x^4 \cdots \tag{1-7}$$

这是综合考虑了非线性和随机等因素的一种传感器特性。

当传感器特性出现了如图1-2(b)、(c)、(d)所述的非线性的情况时,就必须采用线性补偿措施。

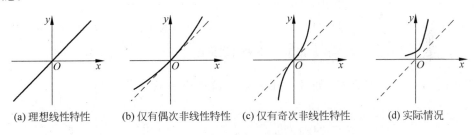

(a) 理想线性特性　　(b) 仅有偶次非线性特性　　(c) 仅有奇次非线性特性　　(d) 实际情况

图1-2　传感器静态特性曲线

2. 传感器的静态特性参数

表征传感器的静态特性的主要参数有:线性度、灵敏度、分辨力和迟滞、重复性、稳定性、漂移、阈值等。

1) 量程与测量范围

在规定的测量特性内,传感器在规定的准确度范围内所测量的被测变量的范围,其最高值与最低值分别称为上限和下限,上限值和下限值之差就是量程。

2) 传感器的线性度

理想情况下,传感器的静态特性是一条直线,但实际上,由于种种原因传感器实测静态特性输出是一条曲线而非直线。传感器实际的静态特性的校准特性曲线与拟合参考直线不

吻合程度的最大值就是线性度。其计算公式为

$$\delta_L = \pm \frac{\Delta L_{\max}}{y_{FS}} \times 100\% \tag{1-8}$$

式中　$\Delta L_{\max}$——在满量程范围内，实测曲线与理论直线间的最大偏差值；

y_{FS}——理论满量程输出值。

拟合直线的选取有多种方法。而选择拟合直线的原则应保证获得尽量小的非线性误差，并考虑使用和计算方便。常用的拟合方法有理论拟合法、过零旋转拟合法、端点连线拟合法、端点连线平移拟合法、最小二乘法等。前四种方法如图1-3所示。图中实线为实际输出曲线，虚线为拟合直线。

图1-3(a)中，拟合直线为传感器的理论特性，与实际测试值无关。该方法十分简单，但一般说$\Delta L_{\max}$较大。图1-3(b)为过零旋转拟合，常用于曲线过零的传感器。拟合时，使$|\Delta L_1|=|\Delta L_2|=|\Delta L_{\max}|$。这种方法也比较简单，非线性误差比前一种小很多。图1-3(c)中，把输出曲线两端点的连线作为拟合直线。这种方法比较简单，但$\Delta L_{\max}$也较大。图1-3(d)中在图1-3(c)基础上使直线平移，移动距离为原先$\Delta L_{\max}$的一半，这样输出曲线分布于拟合直线的两侧，$|\Delta L_2|=|\Delta L_1|=|\Delta L_3|=|\Delta L_{\max}|$，与图1-3(c)相比，非线性误差减小一半，提高了准确度。

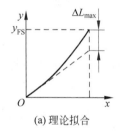 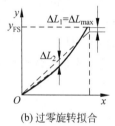 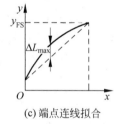 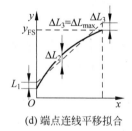

(a) 理论拟合　　(b) 过零旋转拟合　　(c) 端点连线拟合　　(d) 端点连线平移拟合

图1-3　各种直线拟合方法

采用最小二乘法拟合时，如图1-4所示。设拟合直线方程为

$$y = kx + b \tag{1-9}$$

若实际校准测试点有n个，则第i个校准数据与拟合直线上响应值之间的残差为

$$\Delta_i = y_i - (kx_i + b) \tag{1-10}$$

图1-4　最小二乘拟合方法

最小二乘法拟合直线的原理就是使$\sum \Delta_i^2$为最小值，即

$$\sum_{i=1}^{n} \Delta_i^2 = \sum_{i=1}^{n} [y_i - (kx_i + b)]^2 = \min \tag{1-11}$$

也就是使$\sum \Delta_i^2$对k和b一阶偏导数等于零，即

$$\frac{\partial}{\partial k} \sum \Delta_i^2 = 2 \sum (y_i - kx_i - b)(-x_i) = 0 \tag{1-12}$$

$$\frac{\partial}{\partial b} \sum \Delta_i^2 = 2 \sum (y_i - kx_i - b)(-1) = 0 \tag{1-13}$$

从而求出k和b的表达式为

$$k = \frac{n\sum x_i y_i - \sum x_i \sum y_i}{n\sum x_i^2 - (\sum x_i)^2} \quad (1\text{-}14)$$

$$b = \frac{\sum x_i^2 \sum y_i - \sum x_i \sum x_i y_i}{n\sum x_i^2 - (\sum x_i)^2} \quad (1\text{-}15)$$

在获得 k 和 b 之值后代入式(1-9)即可得到拟合直线,然后按式(1-10)求出残差的最大值 $\Delta L_{\max}$ 即为非线性误差。

顺便指出,大多数传感器的输出曲线是通过零点的,或者使用"零点调节"使它通过零点。某些量程下限不为零的传感器,也应将量程下限作为零点处理。

3) 传感器的灵敏度

被测量的单位变化量引起的传感器的输出变化量称为静态灵敏度,它是传感器在稳态工作情况下输出量变化 Δy 对输入量变化 Δx 的比值。其表达式为

$$S = \frac{\Delta y}{\Delta x} = \frac{\mathrm{d}y}{\mathrm{d}x} \quad (1\text{-}16)$$

它是某一测点处输出—输入特性曲线的斜率。如果传感器的输出和输入之间呈线性关系,则灵敏度 S 是一个常数;否则,它将随输入量的变化而变化。灵敏度的量纲是输出量与输入量的量纲之比。例如,某位移传感器,在位移变化 1mm 时,输出电压变化为 200mV,则其灵敏度应表示为 200mV/mm。

当传感器的输出量与输入量的量纲相同时,灵敏度可理解为放大倍数。提高灵敏度,可得到较高的测量精度。但灵敏度越高,测量范围越窄,稳定性也往往越差。

4) 传感器的分辨力

分辨力是指传感器在规定测量范围内所能检测出被测输入量的最小变化的能力。也就是说,如果输入量从某一非零值缓慢地变化,当输入变化值未超过某一数值时,传感器的输出不会发生变化,即传感器对此输入量的变化是分辨不出来的。只有当输入量的变化超过分辨力时,其输出才会发生变化。

通常,传感器在满量程范围内各点的分辨力并不相同,因此常用满量程中能使输出量产生阶跃变化的输入量中的最大变化值作为衡量分辨力的指标。上述指标若用满量程的百分比表示,则称为分辨率。

此外,指传感器产生可测输出变化量时的最小被测输入量值统称为阈值。有的传感器在零点附近存在严重的非线性,形成"死区",有的则将"死区"的大小作为阈值。

5) 传感器的迟滞特性

迟滞特性表征传感器在正向(输入量增大)和反向(输入量减小)行程间输出—输入特性曲线不一致的程度。也就是说,对应同一大小的输入信号,传感器正反行程的输出信号的大小却不相等,这就是迟滞现象。产生这种现象的主要原因就是传感器机械部分存在不可避免的缺陷,如轴承摩擦、间隙、紧固件松动、材料的内摩擦、积尘等。而迟滞的大小一般用实验方法来确定。通常用这两条曲线之间的最大差值 $\Delta H_{\max}$ 与满量程输出 y_{FS} 的百分比表示,即

$$\delta_H = \pm \frac{\Delta H_{\max}}{y_{\mathrm{FS}}} \times 100\% \quad (1\text{-}17)$$

6）传感器的稳定性

在传感器的输入端加入同样大小的输入信号时，最理想的情况是，不管什么时候，输出值的大小始终保持不变。但实际情况中，随着时间的推移，大多数的传感器特性都会改变。对同一大小的输入，即使环境条件完全相同，所得到的输出值也会有所不同，这是因为转换元件或构成传感器的部件的特性随时间的推移而发生了变化，产生一种称为经时变化的现象。

稳定性有短期稳定性和长期稳定性之分，对于传感器，常用长期稳定性来描述其稳定性，即传感器在相当长的时间内仍保持其性能的能力。传感器的稳定性是指在室温条件下，经过规定的时间间隔后，传感器的输出与起始标定时的输出之间的差异。有时，也用标定的有效期来表示传感器的稳定性程度。

7）传感器的漂移

传感器的漂移是指在外界的干扰下，传感器的输入量不变时，输出量发生了变化。包括零点漂移和灵敏度漂移。零点漂移和灵敏度漂移又可分为时间漂移（时漂）和温度漂移（温漂）。时漂是指零点或灵敏度随时间的缓慢变化；温漂是指由于温度变化而引起的零点或灵敏度漂移。

漂移指标的常用计算公式如下（用相对误差表示）。

(1) 零点时间漂移（y_0）

$$y_0 = \frac{|y_0'' - y_0'|_{\max}}{y_{FS} \Delta t} \times 100\% \tag{1-18}$$

式中 y_0''——稳定 Δt 小时后的传感器零位输出值；

       y_0'——传感器原先的零位输出值；

       y_{FS}——满量程输出。

(2) 零点温度漂移（y_{0t}）

$$y_{0t} = \frac{y_{0(T_2)} - y_{0(T_1)}}{y_{FS(T_1)} \Delta T} \times 100\% \tag{1-19}$$

式中 $y_{0(T_1)}$——起始温度 T_1 时的零位输出值；

       $y_{0(T_2)}$——终止温度 T_2 时的零位输出值；

       ΔT——T_2 与 T_1 之间的时间差。

(3) 灵敏度温度漂移（y_S）

$$y_S = \frac{y_{FS(T_2)} - y_{FS(T_1)}}{y_{FS(T_1)} \Delta T} \times 100\% \tag{1-20}$$

式中 $y_{FS(T_1)}$——起始温度 T_1 时的满量程输出值；

       $y_{FS(T_2)}$——终止温度 T_2 时的满量程输出值；

       ΔT——T_2 与 T_1 之间的时间差。

1.4.2 传感器的动态特性

由于传感器总存在着弹性、惯性、阻尼和一些储能元件，使传感器的输出量不仅与输入量有关，还与输入量的变化速度和加速度有关，即使传感器有着非常好的静态特性，也不一定有好的动态特性，所以输入和输出将会不同步并导致严重的动态误差，这就必须研究传感器的动态(响应)特性。

动态特性是指传感器对随时间变化的输入量的响应特性。传感器就要在动态条件下才能检测其动态特性,虽然被测量随时间变化的形式是多种多样的,但常见的输入信号仅分为规律性信号与随机性信号两大类。

规律性信号分为周期性信号和非周期性信号。周期性信号包括正弦周期信号和复杂周期信号;非周期性信号包括阶跃输入、线性输入及其他瞬变输入。

随机性信号分为平稳信号和非平稳信号。平稳信号又包括多态历经过程及非多态历经过程。

为了研究上述两类信号的输出特性,必须建立动态数学模型。建立动态数学模型的方法有多种,如微分方程、传递函数、频率响应函数、差分方程、状态方程、脉冲响应函数等。在忽略了一些影响不大的非线性和随机变化的复杂因素后,可将传感器作为线性定常系统来考虑,因而其动态数学模型可用线性常系数微分方程来表示。能用一阶、二阶线性微分方程来描述的传感器分别称为一阶、二阶传感器,虽然传感器的种类和形式很多,但它们一般可以简化为一阶或二阶环节的传感器(高阶可以分解成若干个低阶环节),因此一阶和二阶传感器是最基本的类型。

这样,研究传感器的动态特性就归结为研究有规律的输入信号,选择有"代表性"的输入信号,来寻找其规律。由于在收敛的条件下复杂的周期输入信号可以展开成傅里叶级数分解为各种谐波,即可以用一系列正弦曲线的叠加来表示源信号,所以只研究正弦周期输入信号就可以了。因此,当已知传感器对正弦信号的响应特性后,也就可以判断它对各种复杂变化曲线的响应了。其他种类的瞬变输入信号其高频分量不及阶跃输入信号来得迅速,可用阶跃输入信号代表。它是指传感器在瞬变的非周期信号作用下的响应特性。这对传感器来说是一种最迅速的状态,如果传感器能复现这种信号,那么就能很容易地复现其他种类的输入信号,其动态性能指标也必定会令人满意。所以"代表性"输入信号只有三种:正弦周期输入信号、阶跃输入信号和线性输入信号。而经常使用的是前两种。这两种信号在物理上较容易实现,也便于求解。这样,主要动态特性的性能指标就分为时域单位阶跃响应性能指标和频域频率特性性能指标,即可以从时域中的微分方程、复频域中的传递函数 $H(s)$、频率域中的频率特性 $H(j\omega)$ 几方面采用瞬态响应法和频率响应法来分析传感器的动态特性。同时也有了比较和评价传感器动态性能的标准。

通常,把对于正弦输入信号的传感器响应,称为频率响应或稳态响应;对于阶跃输入信号,传感器的响应称为阶跃响应或瞬态响应。

1. 数学模型和传递函数

一般情况下,传感器输出 y 与被测量 x 之间的关系可写成

$$f_1\left(\frac{\mathrm{d}^n y}{\mathrm{d}x^n},\cdots,\frac{\mathrm{d}y}{\mathrm{d}x},y\right) = f_2\left(\frac{\mathrm{d}^m x}{\mathrm{d}t^m},\cdots,\frac{\mathrm{d}x}{\mathrm{d}t},x\right) \tag{1-21}$$

不过,大部分传感器在其工作点附近一定范围内,其动态数学模型可用线性微分方程表示,即

$$a_n \frac{\mathrm{d}^n y}{\mathrm{d}t^n} + a_{n-1}\frac{\mathrm{d}^{n-1}y}{\mathrm{d}t^{n-1}} + \cdots + a_1\frac{\mathrm{d}y}{\mathrm{d}t} + a_0 y = b_m\frac{\mathrm{d}^m x}{\mathrm{d}t^m} + b_{m-1}\frac{\mathrm{d}^{m-1}x}{\mathrm{d}t^{m-1}} + \cdots + b_1\frac{\mathrm{d}x}{\mathrm{d}t} + b_0 x$$

$$\tag{1-22}$$

设 $x(t)$、$y(t)$ 的初始条件为零,对上式两边逐项进行拉氏变换,可得

$$a_n s^n Y(s) + a_{n-1} s^{n-1} Y(s) + \cdots + a_1 s Y(s) + a_0 Y(s)$$
$$= b_m s^m X(s) + b_{m-1} s^{m-1} X(s) + \cdots + b_1 s X(s) + b_0 X(s) \tag{1-23}$$

$$H(s) = \frac{Y(s)}{X(s)} = \frac{b_m s^m + b_{m-1} s^{m-1} + \cdots + b_1 s + b_0}{a_n s^n + a_{n-1} s^{n-1} + \cdots + a_1 s + a_0} \tag{1-24}$$

传递函数是拉氏变换算子 s 的有理分式,所有系数 $a_0, a_1, \cdots, a_n$;$b_0, b_1, \cdots, b_m$ 都是实数,这是由传感器的结构参数决定的。分子的阶次 m 不能大于分母的阶次 n,这是由物理条件决定的。分母的阶次用来代表传感器的特征。

$n=0$ 时,称为零阶传感器;$n=1$ 时,称为一阶传感器;$n=2$ 时,称为二阶传感器;n 更大时,称为高阶传感器。

稳定的传感器系统,其所有极点都位于复平面的左半平面,零点与极点可能是实数,也可能是共轭复数。

2. 正弦输入时的频率特性

将 $s=j\omega$ 代入传递函数得

$$W(j\omega) = \frac{Y(j\omega)}{X(j\omega)} = \frac{b_m (j\omega)^m + b_{m-1} (j\omega)^{m-1} + \cdots + b_1 j\omega + b_0}{a_n (j\omega)^n + a_{n-1} (j\omega)^{n-1} + \cdots + a_1 j\omega + a_0} \tag{1-25}$$

式中,$W(j\omega)$ 为一复数,它可用代数形式及指数形式表示,即

$$W(j\omega) = k_1 + jk_2 = k(\omega) e^{j\varphi(\omega)} \tag{1-26}$$

式中,幅值 $k(\omega) = \sqrt{k_1^2 + k_2^2}$,相角 $\varphi = \arctan(k_2/k_1)$。

k 表示输出量幅值与输入量幅值之比,即动态灵敏度,k 值是 ω 的函数,称为幅频特性。φ 值表示了输出量的相位较输入量超前的角度,也是 ω 的函数,称为相频特性。φ 通常是负值,即输出一般滞后于输入。

3. 阶跃输入时的阶跃响应

过渡函数就是输入为阶跃信号时的响应,传感器的输入由零突变到 A,且保持为 A,输出随时间的变化如图 1-5 所示。

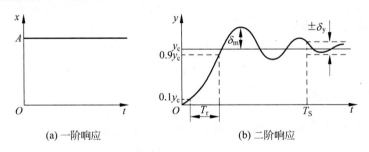

(a) 一阶响应   (b) 二阶响应

图 1-5 传感器的阶跃输入与响应

$y(t)$ 经过若干次振荡(或不经过振荡)缓慢地趋向稳定值 kA,且 $kA=y_c$,这里 k 为仪器的静态灵敏度。这一过程称为过渡过程,$y(t)$ 为过渡函数。$y(t)$ 的 $0.1y_c$ 达到 $0.9y_c$ 所经历的时间,通常称为上升时间 T_r。当过渡过程基本结束,y 处于允许误差 δ_y 范围内所经历的时间称为稳定时间 T_s,稳定时间也是重要的动态指标之一。

4. 应用

1) 零阶传感器

根据式(1-23)传感器的数学模型可知，零阶传感器的系数只有 a_0、b_0。

$$y = \frac{b_0}{a_0}x = Kx \tag{1-27}$$

$$\frac{Y(s)}{X(s)} = \frac{b_0}{a_0} = K \tag{1-28}$$

式中　K——静态灵敏度。

式(1-28)表明零阶传感器的输入量无论随时间如何变化，输出量幅值总是与输入量成确定比例关系，在时间上也不滞后，如图 1-6 所示。例如电位器式传感器就是零阶传感器。

$$U_0 = \frac{U}{L}x = Kx \tag{1-29}$$

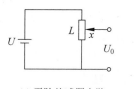

(a) 零阶传感器电路　　(b) 零阶传感器输出特性

图 1-6　零阶传感器及其输出特性

2) 一阶传感器

一阶环节的微分方程为

$$a_1\frac{dy}{dt} + a_0 y = b_0 x \tag{1-30}$$

令时间常数为

$$\tau = a_1/a_0$$

静态灵敏度为

$$K = b_0/a_0$$

则式(1-30)变成

$$(\tau s + 1)y = Kx \tag{1-31}$$

其传递函数和频率特性分别为

$$\frac{Y(s)}{X(s)} = \frac{K}{\tau s + 1} \tag{1-32}$$

$$A(\omega) = \frac{K}{\sqrt{(\omega\tau)^2 + 1}} \tag{1-33}$$

幅频特性和相频特性分别为

$$\frac{Y(j\omega)}{X(j\omega)} = \frac{K}{\tau j\omega + 1} \tag{1-34}$$

$$\varphi(\omega) = \arctan(-\omega\tau) \tag{1-35}$$

一阶环节的幅频特性与相频特性如图 1-7 所示。

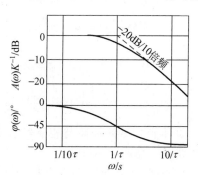

图 1-7　一阶环节波特图

当输入为阶跃函数，即 $\begin{cases} x=0, & t<0 \\ x=A, & t>0 \end{cases}$ 时，式(1-31)的解为

$$y = KA(1 - e^{-t/\tau}) \tag{1-36}$$

动态相对误差

$$\gamma = \frac{KA - KA(1 - e^{-t/\tau})}{KA} = e^{-t/\tau} \tag{1-37}$$

当 $t=3\tau$ 时，$\gamma=0.05$；$t=5\tau$ 时，$\gamma=0.007$。

可见，一阶环节输入阶跃信号后在 $t>5\tau$ 之后采样，其动态误差可以忽略，可认为输出已接近稳态。反过来，若已知允许的相对误差值 γ 计算出稳定时间

$$T_s = \tau \ln \gamma \tag{1-38}$$

上述各式中的 τ 为一阶环节的时间常数，τ 值小则阶跃响应迅速，频率响应的上截止频率高。τ 值的大小表示惯性的大小，故一阶环节又称为惯性环节。图 1-8 所示的由刚度为 k 的弹簧和阻尼系数为 c 的阻尼器组成的机械系统，是一阶环节在传感器中的应用实例。其时间常数 $\tau = c/k$。如液体温度传感器、某些气体传感器等。

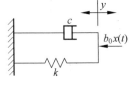

图 1-8 一阶环节实例

3) 二阶传感器

二阶环节的微分方程为

$$a_2 \frac{d^2 y}{dx^2} + a_1 \frac{dy}{dt} + a_0 y = b_0 x \tag{1-39}$$

也可写成

$$(\tau^2 s^2 + 2\xi\tau s + 1)Y(s) = KX(s) \tag{1-40}$$

式中　时间常数——$\tau = \sqrt{\dfrac{a_2}{a_0}}$；

自振频率——$\omega_0 = \dfrac{1}{\tau} = \sqrt{\dfrac{a_0}{a_2}}$；

阻尼比——$\xi = \dfrac{a_1}{2\sqrt{a_0 a_2}}$；

静态灵敏度——$k = \dfrac{b_0}{a_0}$。

传感器的频率特性、幅频特性、相频特性分别为

$$W(j\omega) = \frac{K}{1 - \omega^2 \tau^2 + j2\xi\omega\tau} \tag{1-41}$$

$$K(\omega) = \frac{K}{\sqrt{[1 - \omega^2 \tau^2]^2 + [2\xi\omega\tau]^2}} \tag{1-42}$$

$$\varphi(\omega) = -\arctan \frac{2\xi\omega\tau}{1 - \omega^2 \tau^2} \tag{1-43}$$

二阶环节的幅频特性与相频特性如图 1-9 所示，其阶跃响应如图 1-10 所示。

由图 1-10 可见，阻尼比 ξ 的影响较大。当 ξ 趋于 0 时，在 $\omega\tau=1$ 处，$K(\omega)$ 趋于无穷大，这一现象称

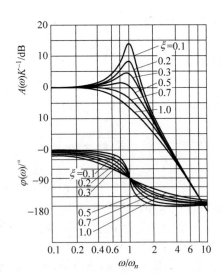

图 1-9 二阶环节的幅频特性与相频特性

为谐振。

随着 ξ 的增大,谐振现象逐渐不明显。当 $\xi \geqslant 0.707$ 时,不再出现谐振,这时 $K(\omega)$ 将随着 $\omega\tau$ 的增大而单调下降。

为了求得二阶传感器的过渡函数,需要在输入阶跃量 $x=A$ 的情况下求解下列方程

$$\tau^2 \frac{d^2 y}{dt^2} + 2\xi\tau \frac{dy}{dt} + y = KA \tag{1-44}$$

其特征方程根据阻尼比的大小不同,可分为以下四种情况。

(1) 当 $0<\xi<1$(欠阻尼)时

$$y = KA\left[1 - \frac{e^{-\xi\omega_n t}}{\sqrt{1-\xi^2}}\sin(\sqrt{1-\xi^2}\omega_n t + \varphi)\right] \tag{1-45}$$

式中 $\varphi = \arcsin\sqrt{1-\xi^2}$——衰减振荡相位差。

(2) $\xi=0$ 时,式(1-45)变成 $y=KA[1-\sin(\omega_n t+\varphi)]$,形成等幅振荡,这时振荡频率就是二阶环节的振动角频率 ω_n,称为"固有频率"。

(3) 当 $\xi=1$(临界阻尼)时

$$y = KA[1-(1+\omega_n t)e^{-\omega_n t}] \tag{1-46}$$

(4) 当 $\xi>1$(过阻尼)时

$$y = KA\left[1 - \frac{(\xi+\sqrt{\xi^2-1})}{2\sqrt{\xi^2-1}}e^{(-\xi+\sqrt{\xi^2-1})\omega_n t} + \frac{(\xi-\sqrt{\xi^2-1})}{2\sqrt{\xi^2-1}}e^{(-\xi-\sqrt{\xi^2-1})\omega_n t}\right] \tag{1-47}$$

实际传感器 ξ 值的安排要求过冲量 δ_m 不要太大,稳定时间 T_s 不要太长。在 $\xi=0.6\sim0.7$ 范围内,可获得较为合适的综合指标。

由图1-11所示,弹簧(k)、阻尼(c)和质量(m)组成的机械系统是二阶环节在传感器中的应用实例。在外力 F 作用下,其运动状态的微分方程描述为

$$m\frac{d^2 y}{dx^2} + c\frac{dy}{dx} + ky = F \tag{1-48}$$

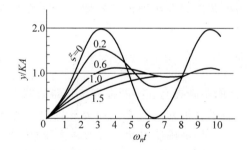

图1-10 二阶环节的阶跃响应

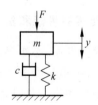

图1-11 二阶环节实例

4) 高阶传感器

对于可写出运动方程的传感器,仍可依据式(1-24)、式(1-25)写出传递函数、频率特性等。对于高阶系统进行计算是比较困难的,有些传感器难以写出其运动方程,这时可采用试验方法来获得其动态特性。对于近年来迅速发展的数字式传感器,其基本要求是不丢数,因此输入量变化的临界速度就成为衡量其动态响应特性的关键指标。故应从分析模拟环节的频率特性、细分电路的响应能力、逻辑部件的响应时间以及采样频率等诸多方面着手,从中找出限制动态性能的薄弱环节来研究并改善其动态特性。

1.5 传感器的发展趋势

随着自然科学的发展和社会的不断进步,人们对传感器的需求越来越多样化,这也促进了传感器技术的发展。在信息化社会,几乎没有任何一种科学技术的发展和应用能够离开传感器和信号探测技术的支持。现代测控系统自动化、智能化的发展,要求传感器的准确度高、可靠性高、稳定性好,而且具有一定的数据处理能力和自检、自校准、自补偿能力,有些场合还需要能同时测量多个参数的体积小的多功能传感器。传感器和传感器技术的发展水平已成为判断一个国家科学技术现代化程度与生产水平高低的重要依据,也是衡量一个国家综合科技实力的重要标志。

当前,传感器技术的发展主要有两个方向:一个是对于传感器本身的开发,进行基础研究,探索新理论,发现新现象,开发传感器的新材料和新工艺;另一个是与计算机共同构成的传感器系统,以实现传感器的集成化、智能化和多功能化。

传感器工作的基本原理是利用物理现象、化学反应和生物效应,所以发现新现象与新效应是发展传感器技术、研制新型传感器的重要理论基础。例如,利用抗体和抗原在电极表面相遇复合时,会引起电极电位的变化,利用这一现象可制出免疫传感器。另外利用约瑟夫逊效应可制成超导量子干涉仪(Superconducting Quantum Interference Device,SQUID),不仅能测量磁,还对温度、电压、重力也能进行超精密的测量。

1. 开发新材料

新型传感器敏感元件材料是研制新型传感器的重要物质基础。例如,光导纤维能制成压力、流量、温度、位移等多种传感器;用高分子聚合物薄膜作为传感器敏感材料的研究,在国内外也已经开展起来。利用高分子聚合物能随周围环境的相对湿度大小成比例地吸附和释放水分子的原理,制成的等离子聚合物聚苯乙烯薄膜湿度传感器具有测湿范围宽、尺寸小、温度系数小和响应速度快的特点。

2. 提高传感器性能和扩大检测范围

检测技术的发展,必然要求传感器的性能不断提高。不断提高传感器的准确度,扩展检测范围,不断突破检测参数的极限,是信息技术发展对传感器的研究开发提出的新的要求。例如用直线光栅测线位移时,测量范围在几米时,准确度可达几微米。这种能够检测极其微弱信号的传感器技术,不仅指出了传感器开发的方向和能力,也可以促进其他技术的发展。

3. 传感器的微型化和微功耗

现在各类控制仪器设备的功能越来越强大,要求各个部件体积也是越小越好,因此传感器本身的体积也会要求更小。微传感器的特征之一就是体积小,其敏感元件的尺寸一般为微米级,由微机械加工技术制作而成。由利用微机械工艺技术制作的传感器具有体积小、重量轻、反应快、灵敏度高以及成本低等优点。目前形成产品的主要有微型压力传感器、微型陀螺和微型加速度传感器等,它们的体积是原来传统传感器的几十甚至几百分之一,重量也从几千克下降到几十克乃至几克。此外,由于实际工作环境的限制,例如在野外现场或者远离电网的地方,开发微功耗的传感器和无源传感器是必然的发展方向,这样既可以节省能源又可提高系统寿命。

4. 传感器的智能化

智能传感器是测量技术、半导体技术、计算技术、信息处理技术、微电子学和材料科学互相结合的综合密集型技术。智能传感器与一般传感器相比具有自补偿能力、自校准能力、自诊断能力、数值处理能力、双向通信能力、信息存储、记忆和数字量输出功能。它可充分利用计算机的计算和存储能力,对传感器的数据进行处理,并能对它内部行为进行调节,使采集的数据更可靠。

5. 传感器的集成化和多功能化

传感器的集成化一般包含两方面含义,其一是将传感器与其后级的放大电路、运算电路、温度补偿电路等制成一个组件,实现一体化。与一般传感器相比,集成度高的传感器具有体积小、反应快、抗干扰、稳定性好的优点;其二是将同一类传感器集成在同一芯片上构成二维阵列式传感器。传感器的功能化与集成化是相对应的。多功能传感器能转化两种以上的不同物理量。例如,国外研制的压力成像器的微系统,整个膜片的尺寸为 10mm×10mm,集成 1024 个微型压力传感器,传感器之间的距离为 250lm①,每个压力膜片的尺寸为 50lm×50lm。Tronic 公司在直径 100mm 的 SOI② 基片上集成了 5500 多个电容式压力敏感元件。通过使用特殊的陶瓷将温度和湿度敏感元件集成在一起,制成温湿度传感器。

6. 传感器的数字化与网络化

随着现代化的发展,传感器的功能已突破传统的功能,其输出也不再是单一的模拟信号,而是经过微处理器处理好的数字信号,有的甚至带有控制功能,这种传感器就叫做数字传感器。它有如下特点:

(1) 将模拟信号转换成数字输出,提高了传感器输出信号抗干扰能力,特别适用于电磁干扰强,信号距离远的工作现场;

(2) 利用软件对传感器进行线性修正及性能补偿,减少系统误差;

(3) 一致性和互换性好。

传感器网络化是传感器领域发展的一项新兴技术,利用 TCP/IP 协议,使工作现场测控数据能就近传输至互联网络,并与网络上的节点直接进行通信,实现数据的实时发布与共享。传感器网络化的目标就是采用标准的网络协议,同时采用模块化结构将传感器和网络技术有机地结合起来。

传感器和传感器技术是现代检测与控制系统的关键技术,其应用已深入到社会生产与生活的各个领域,传感器和传感器技术的研究和开发工作具有广阔的前景。

---

① 光通量的单位。发光强度为 1 坎德拉(cd)的点光源,在单位立体角(1 球面度)内发出的光通量为 1 流明(lm)。
② SOI(Silicon-On-Insulator,绝缘衬底上的硅)技术是在顶层硅和背衬底之间引入了一层埋氧化层。

本 章 习 题

1. 传感器的定义是什么？
2. 传感器主要由哪些部分组成？请简单介绍各个组成部分。
3. 传感器未来发展的方向主要有哪些？

第 2 章 电阻式传感器

电阻式传感器是一种能把非电物理量(如位移、力、压力、加速度、扭矩等)转换成与之有确定对应关系的电阻量,再经过转换元件转换成便于传送和记录的电压(电流)信号的一种装置。电阻式传感器在非电量检测中应用十分广泛。

电阻式传感器具有结构简单、输出精度高、线性和稳定性好等一系列的优点;但它受环境条件(如温度)影响较大,且有分辨力不高等不足之处。电阻式传感器种类较多,主要有变阻器式、电阻应变式和固态压阻式传感器等三种类型。前两种传感器一般采用的敏感元件是弹性敏感元件,转换元件分别是电位器和电阻应变片,而压阻式传感器的敏感元件和传感元件均为半导体(如硅)。变阻器式传感器结构简单、价格便宜、输出信号功率大、被测量与转换量间容易实现线性或某些确定的函数关系。但由于电位器可靠性差、干扰(噪声)大、使用寿命短,比其他类型的电阻式传感器性能要差一些,故其应用范围在逐渐缩小;应变式传感器是利用金属的电阻应变效应将被测量转换为电量输出的一种传感器。这类传感器结构简单、尺寸小、重量轻、使用方便、性能稳定可靠、分辨力高、灵敏度高、价格便宜,工艺较成熟,因此在航空航天、机械、化工、建筑、医学、汽车工业等领域有广泛的应用。

2.1 电阻应变式传感器

电阻应变式传感器具有悠久的历史,是应用最广泛的传感器之一。将电阻应变片(resistance strain gage)粘贴到各种弹性敏感元件特定表面上,当加速度、力、力矩、压力及流量等物理量作用于弹性元件时,会导致元件应力和应变的变化,进而引起电阻应变片电阻的变化。电阻的变化经电路处理后以电信号的方式输出,这就是电阻应变式传感器的工作原理。利用应变式变换原理实现的传感器称为应变式传感器(strain gage sensor)。

2.1.1 金属电阻应变效应

电阻应变片的工作原理是基于金属的应变效应。金属丝的电阻随着它所受的机械变形(拉伸或压缩)的大小而发生相应变化的现象称为金属的电阻应变效应。

由物理学已知,一根金属丝的电阻为

$$R = \rho \frac{l}{A} \tag{2-1}$$

式中 R——金属丝的电阻(Ω);

ρ——金属丝的电阻率($\Omega \cdot m$);

l——金属丝的长度(m);

A——金属丝的截面积(m²)。

取一段金属丝如图 2-1 所示。当金属丝受拉而伸长 dl 时,其横截面将相应减小 dA,电阻率则必然因金属晶格发生变形等因素的影响引起变化 $d\rho$,从而引起电阻 R 变化为 dR,即

$$dR = \frac{l}{A}d\rho + \frac{\rho}{A}dl - \frac{\rho l}{A^2}dA \quad (2\text{-}2)$$

$$\frac{dR}{R} = \frac{dl}{l} - \frac{dA}{A} + \frac{d\rho}{\rho} \quad (2\text{-}3)$$

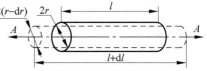

图 2-1 金属丝的圆截面

根据材料学的知识,杆件在轴向受拉或受压时,其纵向应变与横向应变的关系为

$$\frac{\frac{dr}{r}}{\frac{dl}{l}} = -\mu \quad (2\text{-}4)$$

式中,μ 为金属丝材料的泊松系数,且 $\frac{dA}{A} = 2\frac{dr}{r}$。

金属丝电阻率的相对变化与其轴向所受应力 σ 有关,即

$$\frac{d\rho}{\rho} = \lambda\sigma = \lambda E\varepsilon \quad (2\text{-}5)$$

式中 $d\rho/\rho$——金属丝电阻率的相对变化量;

ε——金属丝材料的应变;

E——金属丝材料的弹性模量;

λ——压阻系数,与材料有关。

将式(2-4)代入式(2-3)得

$$\frac{dR}{R} = (1 + 2\mu + \lambda E)\varepsilon \quad (2\text{-}6)$$

令 $K_S = (1 + 2\mu + \lambda E)$,则有

$$\frac{dR}{R} = K_S\varepsilon \quad (2\text{-}7)$$

K_S 称为金属丝的灵敏系数,表示金属丝产生单位变形时,电阻的相对变化量。

由式(2-6)与式(2-7)可以看出,金属丝的灵敏系数 K_S 受两个因素影响,第一项 $(1+2\mu)$ 是由于金属丝受拉伸后,材料的几何尺寸发生变化而引起的;第二项是由于材料发生变形时,其自由电子的活动能力和数量均发生了变化,导致材料的电阻率 ρ 发生变化,即 λE 项。而对于特定材料 $(1+2\mu+\lambda E)$ 是常数,式(2-6)所表达的电阻丝电阻变化率与应变呈线性关系,这就是电阻应变片测量应变的理论基础。

由于 λE 项目前还不能用解析式来表达,所以 K_S 只能靠实验求得。实验证明,在金属丝变形的弹性范围内,电阻的相对变化 $\frac{dR}{R}$ 与应变 ε 是成正比的,因而 K_S 为一常数。因此式(2-7)以增量形式表示为

$$\frac{\Delta R}{R} = K_S\varepsilon \quad (2\text{-}8)$$

2.1.2 应变片的基本结构和测量原理

1. 应变片的结构

电阻丝应变片是用直径为 0.01~0.05mm 具有高电阻率的电阻丝制成的。为了获得高的电阻值,将电阻丝排列成栅网状,称为敏感栅,并粘贴在绝缘的基片上,电阻丝的两端焊接引线。敏感栅上面粘贴有保护用的覆盖层,如图 2-2 所示。

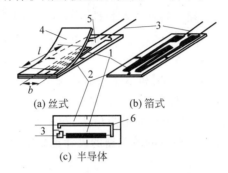

图 2-2　典型应变片的结构及组成
1—敏感栅;2—基底;3—引线;4—盖层;5—黏结剂;6—电极

应变片的结构形式很多,但其主要组成部分基本相同。

(1) 敏感栅:应变片中实现应变-电阻转换的转换元件。它通常由直径为 0.01~0.05mm 的金属丝绕成栅状,或用金属箔腐蚀成栅状。图 2-2(a)中 l 表示栅长,b 表示栅宽。其电阻值一般在 100Ω 以上。

(2) 基底:为保持敏感栅固定的形状、尺寸和位置,通常用黏结剂将其固结在纸质或胶质的基底上。工作时,基底起着把试件应变准确地传递给敏感栅的作用。为此,基底必须很薄,一般为 0.02~0.04mm。

(3) 引线:它起着敏感栅与测量电路之间的过渡连接和引导作用。通常取直径约 0.1~0.15mm 的低阻镀锡铜线,并用钎焊与敏感栅端连接。

(4) 盖层:用纸、胶做成覆盖在敏感栅上的保护层;起着防潮、防蚀、防损等作用。

(5) 黏结剂:在制造应变片时,用它分别把盖层和敏感栅粘贴于基底;在使用应变片时,用它把应变片基底再粘贴在试件表面的被测部位。因此它也起着传递应变的作用。

2. 测量原理及其特点

用应变片测量时,将其粘贴在被测对象表面上。当被测对象受力变形时,应变片的敏感栅也随同变形,其电阻值发生相应变化,通过转换电路转换为电压或电流的变化,从而实现应变的测量。

通过弹性敏感元件,将位移、力、力矩、加速度、压力等物理量转换为应变,则可用应变片测量上述各量,做成各种应变式传感器。

应变片有如下的优点:①测量应变时的灵敏度和准确度高,性能稳定、可靠,可测 1~ 2$\mu\varepsilon$,误差小于 1%。②应变片尺寸小、重量轻、结构简单、使用方便、测量速度快。测量时对被测件的工作状态和应力分布基本上无影响。既可用于静态测量,又可用于动态测量。③测量范围大。既可测量弹性变形,也可测量塑性变形,变形范围可从 1‰～2‰。④适应性强,可在高温、超低温、高压、水下、强磁场以及核辐射等恶劣环境下使用。⑤便于多点测量、远距离测量和遥测。⑥价格便宜,品种多,工艺较成熟,便于选择和使用,可以测量各种物理量。

2.2 应变片的静态特性

要正确使用电阻应变片,必须了解其工作特性的一些主要参数。

1. 应变片的电阻值 R_0

应变片的电阻值指应变片在未使用和不受力的情况下,在室温条件(25℃)下测定的电阻值,也称原始阻值。应变片的电阻值已趋于标准化,有 60Ω、120Ω、350Ω、600Ω 和 1000Ω 等多种阻值,其中 120Ω 最常用。应变片的电阻值大,可以加大应变片承受的电压,从而可以提高输出信号,但一般情况下其相应的敏感栅的尺寸也要随之增大。

2. 绝缘电阻

绝缘电阻是敏感栅和基底之间的电阻值,一般应大于 100MΩ。

3. 横向效应及横向效应系数

金属应变片的敏感栅通常都呈栅状。它由轴向纵栅和圆弧横栅两部分组成,如图 2-3(a)所示。由于试件承受单向应力 σ 时,其表面处于平面应变状态中,即轴向拉伸 ε_x 和横向收缩 ε_y。粘贴在试件表面上的应变片,其纵栅和横栅对应的变化则分别感应 ε_x 和 ε_y(如图 2-3(b)所示),从而引起总的电阻相对变化为

$$\frac{\Delta R}{R} = K_x \varepsilon_x + K_y \varepsilon_y = K_x (1 + aH) \varepsilon_x \tag{2-9}$$

式中 K_x——纵向灵敏系数,它表示当 $\varepsilon_y = 0$ 时,单位轴向应变 ε_x 引起的电阻相对变化;

    K_y——横向灵敏系数,它表示当 $\varepsilon_x = 0$ 时,单位横向应变 ε_y 引起的电阻相对变化;

    $a = \varepsilon_y / \varepsilon_x$——双向应变比;

    $H = K_y / K_x$——双向应变灵敏系数比。

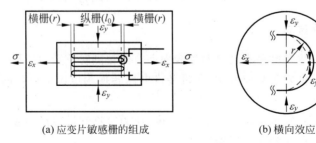

图 2-3 横向效应

式(2-9)为一般情况下应变-电阻转换公式。它表明：

(1) 在标定条件下，有 $a=\varepsilon_y/\varepsilon_x=-\mu_0$，则

$$\frac{\Delta R}{R}=K_x(1-\mu_0 H)\varepsilon_x=k\varepsilon_x \tag{2-10}$$

其中，$k=K_x(1-\mu_0 H)$，μ_0 是金属材料的泊松系数，$\mu_0=0.285$。

由式(2-10)可见，在单位应力、双向应变情况下，横向应变总是起着抵消纵向应变的作用。应变片这种既敏感纵向应变，又同时受横向应变影响而使灵敏系数及相对电阻比都减小的现象，称为横向效应。其大小用横向效应系数 H（百分数）来表示，即

$$H=\frac{K_y}{K_x}\times 100\% \tag{2-11}$$

(2) 由于横向效应的存在，在非标定条件下：①试件取泊松比 $\mu_0\neq 0.285$ 的一般材料；②主应力与应变片轴向不一致，由此引起的应变场为任意的 ε_x 和 ε_y，倘若仍用标定灵敏系数 K 的应变片进行测试，将会产生较大误差。其相对误差为

$$e=\frac{H}{1-\mu_0 H}(\mu_0+a)\times 100\% \tag{2-12}$$

若单向应力与应变片轴向一致，则有 $a=-\mu$，则式(2-12)变成

$$e=\frac{H}{1-\mu_0 H}(\mu_0-\mu)\times 100\% \tag{2-13}$$

由此可见，要消减横向效应产生的误差，有效的办法是减小横向效应系数 H。理论分析和实验表明，对丝绕式应变片，纵栅 l_0 愈长，横栅 r 愈小，则 H 愈小。

4. 灵敏系数 K

当应变片应用于试件表面时，在其轴线方向的单向应力作用下，应变片的电阻值相对变化与试件表面上粘贴应变片区域的轴向应变之比，称为应变片灵敏系数。必须指出，应变片灵敏系数 K 并不等于金属单丝的灵敏系数 K_S，一般情况下，$K<K_S$。这是因为，在单向应力产生双向应变的情况下，K 除受到敏感栅结构形状、成型工艺、黏结剂和基底性能的影响外，尤其受到栅端圆弧部分横向效应的影响。

应变片灵敏系数 K 直接关系到应变片的测量准确度，其误差大小是衡量应变片质量优劣的主要标志。因此，K 值通常采用从批量生产中抽样每一批，通过实测确定，这就是应变片的标定，故 K 又称标定灵敏系数。应变片的标定必须按规定的统一标准来进行，规定条件是：①试件材料取泊松比 $\mu_0=0.285$ 的钢；②试件单向受力；③应变片轴向与主应力方向一致。

5. 机械滞后 Z_j

机械滞后是指粘贴的应变片在一定温度下受到增（加载）、减（卸载）循环机械应变时，同一应变量下应变指示值的最大差值。而产生机械滞后的主要原因是由于敏感栅基底和黏合剂在承受机械应变之后留下的残余变形所致。机械滞后的大小与应变片所承受的应变量有关，加载时的机械应变量大，卸载过程中是新的应变量；第一次承受应变载荷时常常发生较大的机械滞后，经过几次加载、卸载循环后，机械滞后会明显减少，如图 2-4 所示。

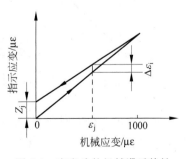

图 2-4 应变片的机械滞后特性

通常在室温条件下,要求机械滞后 $Z_j<3\sim10\mu\varepsilon$。通常,在正式使用之前都预先加载、卸载若干次,以减少机械滞后对测量结果的影响。

6. 允许电流

允许电流是指应变片不因电流产生的热量而影响测量精度所允许通过的最大电流。它与应变片本身、试件、黏合剂和使用环境等有关,要根据应变片的阻值和具体电路来计算。为了保证测量精度,在静态测量时,允许电流一般为 25mA;动态测量可达 75～100mA。通常箔式应变片通过的电流较大。

7. 应变极限($\varepsilon_{\lim}$)

应变片测量的应变范围是有一定限度的,误差超过一定限度则认为应变片已经失去了工作能力。

应当指出,应变片的线性(灵敏系数为常数)特性,只有在一定的应变限度范围内才能保持。当试件输入的真实应变超过某一限值时,应变片的输出特性将出现非线性。在恒温条件下,使非线性误差达到 10% 时的真实应变值,称为应变极限 $\varepsilon_{\lim}$,如图 2-5 所示。

应变极限是衡量应变片测量范围和过载能力的指标,通常要求 $\varepsilon_{\lim}\geqslant 8000\mu\varepsilon$。影响 $\varepsilon_{\lim}$ 的主要因素及改善措施,与蠕变基本相同。

8. 蠕变和零漂

如果在一定温度下使应变片承受一恒定的机械应变,这时指示应变随时间变化的特性参数,称为应变片的蠕变,如图 2-6 中 θ 所示。当试件初始空载时,应变片示值仍会随时间变化的现象称为零漂,如图 2-6 中的 P_0 所示。蠕变反映了应变片在长时间工作中对时间的稳定性,通常 θ 取值范围是 $3\sim15\mu\varepsilon$。引起蠕变的主要原因是:制作应变片时内部产生的内应力和工作中出现的剪应力,使丝栅、基底,尤其是胶层之间产生的滑移所致。选用弹性模量较大的黏结剂和基底材料,适当减薄胶层和基底,并使之充分固化,有利于蠕变性能的改善。

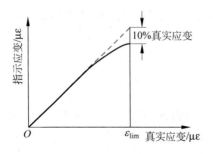

图 2-5 应变片的应变极限特性

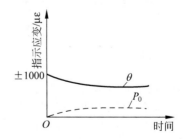

图 2-6 应变片的蠕变和零漂特性

可以看出,这两项指标都是用来衡量应变片特性对时间的稳定性的,对于长时间测量的应变片才有意义。实际上,无论是标定或用于测量,蠕变值中都已经包含零漂,而零漂在空载时就会出现。

2.3 应变片的动态特性

当使用电阻应变片测量变化频率较高的动态应变时,要考虑其动态响应特性。应变片的动态响应特性就是其感受随时间变化的应变时的响应特性。

2.3.1 应变波的传播过程

应变以波的形式从被测试件(弹性元件)中经过基底、黏合层,最后传播到敏感栅上,并由应变片将试件变形的应变波全部反映出来。

1. 应变波在试件材料中的传播

应变波在试件材料中的传播速度与声波速度相同,其速度可以按下式计算

$$v = \sqrt{\frac{E}{\rho}} \tag{2-14}$$

式中　v——应变波在试件中的传播速度;
　　　E——试件材料的纵向弹性模量;
　　　ρ——试件材料的密度。

应变波在不同材料中的传播速度如表 2-1 所示。

表 2-1　应变波在不同材料中的传播速度

材 料 名 称	传播速度/m·s^{-1}	材 料 名 称	传播速度/m·s^{-1}
混凝土	2800～4100	有机玻璃	1500～1900
水泥砂浆	3000～3500	赛璐珞	850～1400
石膏	3200～5000	环氧树脂	700～1450
钢	4500～5100	环氧树脂合成物	500～1500
铝合金	5100	橡胶	30
镁合金	5100	电木	1500～1700
铜合金	3400～3800	型钢结构物	5000～5100
钛合金	4700～4900		

2. 应变波在黏接层和应变片基片中的传播

由于黏接层和基片的总厚度非常小,所以它的传播时间是极短的,可以忽略不计。

3. 应变波在应变片线栅长度内的传播

当应变波在敏感栅长度方向上传播时,情况与前两者大不一样。应变片反映出来的应变波形,是应变片丝栅长度内所感受应变量的平均值,即只有当应变波通过应变片全部长度后,应变片所反映的波形才能达到最大值。这就会有一定的时间延迟,将对动态测量产生影响。

2.3.2 应变片工作频率范围的估算

从应变波的传播过程可以看出,影响应变片频率响应特性的主要因素是应变片的基长和应变波在试件材料中的传播速度。应变片的可测频率或称截止频率可分下面两种情况来分析。

1. 正弦应变波

当应变波按正弦规律变化时,由于应变片具有一定的长度,在同一瞬间沿基长方向的各点上所感受的应变是不同的。当应变片所反应的平均应变相对应变片中心点处的真实应变相差太大时,就会使测量失真,产生测量误差。

下面讨论应变片的基长与测量时所能允许的极限工作频率的关系。假设应变波为正弦波,其波长为 λ,固有频率为 f,如图 2-7 所示。

为了计算方便,令应变波方程为

$$\varepsilon = \varepsilon_0 \sin \omega t \tag{2-15}$$

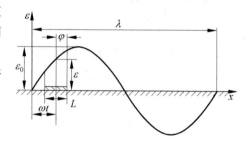

图 2-7 应变片对正弦应变波的响应

其中,$\omega = 2\pi f$。

根据图 2-7 所示,波长 λ 对应相位角 2π,基长 L 对应相位角 2φ,可得 $L/\lambda = 2\varphi/2\pi$,此时应变片反应的平均应变值为

$$\bar{\varepsilon} = \frac{1}{L}\int_{\omega t-\varphi}^{\omega t+\varphi} \varepsilon_0 \sin \omega t \, dt = \varepsilon_0 \sin(\omega t) \frac{\sin\varphi}{\varphi} \tag{2-16}$$

当角度 φ 较小时,函数 $\dfrac{\sin\varphi}{\varphi}$ 可用展开级数的头两项来代替,即

$$\frac{\sin\varphi}{\varphi} \approx 1 - \frac{\varphi^2}{6} \tag{2-17}$$

所以,应变片中点处的真实应变值与整个应变片所反应的平均应变值的相对误差为

$$\delta = \frac{\varepsilon - \bar{\varepsilon}}{\varepsilon} = 1 - \frac{\bar{\varepsilon}}{\varepsilon} = 1 - \frac{\sin\varphi}{\varphi} \approx \frac{\varphi^2}{6} \tag{2-18}$$

将 $\varphi = \pi L/\lambda$ 代入到式(2-18),得到

$$\delta = \frac{1}{6}\left(\frac{\pi L}{\lambda}\right)^2 = \frac{1}{6}\left(\frac{\pi L f}{v}\right)^2 \tag{2-19}$$

其中 $v = \lambda f$ 为应变波传播速度,因此

$$f = \frac{v}{\pi L}\sqrt{6\delta} \tag{2-20}$$

或

$$L = \frac{v}{\pi f}\sqrt{6\delta} \tag{2-21}$$

由此可知,当允许误差 δ 及应变波的传播速度 v 为一定时,所测应变的极限频率(最高工作频率)是由基长来决定的。一般取基长为应变波长的 $1/10 \sim 1/20$,即

$$f = \left(\frac{1}{10} \sim \frac{1}{20}\right)\frac{v}{L} \qquad (2\text{-}22)$$

表 2-2 为利用式(2-22)求出的不同基长所对应的极限频率。

表 2-2 不同基长应变片的最高工作频率($v=5000\text{m/s}$)

应变片基长/mm	1	2	3	5	10	15	20
最高工作频率/kHz	250	125	83.3	50	25	16.6	12.5

2. 阶跃应变波

阶跃应变波的情况如图 2-8 所示,图中 a 表示试件产生的阶跃机械应变波;b 表示传播速度为 v 的应变波,滞后一段时间 $t_h = L/v$ 的理论响应特性;c 表示应变片对应变波的实际响应特性。

由于应变片所反映的变形有一定的时间延迟才能达到最大值,所以,应变片的理论与实际响应特性不一致,以输出从稳态的 10% 上升到稳态值的 90% 的这段时间作为上升时间 t_r,则有如下估算式

$$t_r = \frac{0.8L}{v} \qquad (2\text{-}23)$$

式中,L 为应变片的基长。

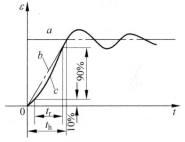

图 2-8 应变片对阶跃应变的响应特性

以上讨论的应变片对动态应变的频率响应特性,当 $(1/\lambda) \ll 1$(通常 $1/\lambda = 1/10 \sim 1/20$)的前提下,是能满足一般工程测试要求的。实际衡量应变片动态工作性能的另一个重要指标是疲劳寿命。它是指粘贴在试件上的应变片,在恒幅交变应力作用下,连续工作直至疲劳损坏时的循环次数。它与应变片的取材、工艺和引线焊接、粘贴质量等因素有关,一般要求 $N = 10^5 \sim 10^7$ 次。

2.4 测量电路

电阻应变片将应变的变化转换成电阻的变化后,由于应变量及其应变电阻变化一般都很微小,既难以直接精确测量,又不便直接处理。因此,必须采用转换电路,把应变片的电阻变化转换成电压或电流变化。通常采用电桥电路实现这种转换。根据电源的不同,电桥分直流电桥和交流电桥。

2.4.1 直流电桥

1. 直流电桥平衡条件

直流电桥如图 2-9(a)所示,图中 U 为电桥电源电压,有四个电阻 R_1、R_2、R_3 和 R_4 作为桥臂,R_L 为负载内阻,输出电压 U_L 为

$$U_L = \left(\frac{R_1}{R_1+R_2} - \frac{R_4}{R_3+R_4}\right)U = \frac{R_1 R_3 - R_2 R_4}{(R_1+R_2)(R_3+R_4)}U \qquad (2\text{-}24)$$

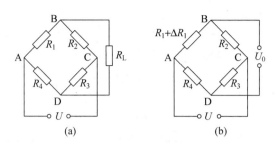

图 2-9 直流电桥

$U_L = 0$ 时电桥平衡,则平衡条件为

$$R_1 R_3 - R_2 R_4 = 0 \tag{2-25}$$

这说明要使电桥平衡,其相邻两臂电阻的比值应相等或相对两臂电阻的乘积相等。

2. 直流电桥输出电压灵敏度

应变片工作时,其电阻变化很小,电桥的相应输出电压也很小。要推动记录仪工作,须将输出电压放大,为此必须了解 $\Delta R/R$ 与电桥输出电压的关系。

如图 2-9(b)所示,设 R_1 为工作应变片,它随被测参数变化而变化,而 R_2、R_3 和 R_4 为固定电阻。U_0 为输出电压。当被测参数的变化引起了电阻变化 ΔR_1 时,即 $R_1 = R_1 + \Delta R_1$,电桥平衡被破坏,产生电桥输出不平衡电压。

$$U_0 = \frac{(R_1 + \Delta R_1)R_3 - R_2 R_4}{(R_1 + \Delta R_1 + R_2)(R_3 + R_4)} U = \frac{R_1 R_3 + \Delta R_1 R_3 - R_2 R_4}{(R_1 + \Delta R_1 + R_2)(R_3 + R_4)} U \tag{2-26}$$

利用式(2-25)将上式变为

$$U_0 = \frac{\Delta R_1 R_3}{(R_1 + \Delta R_1 + R_2)(R_3 + R_4)} U = \frac{\frac{R_3}{R_4} \frac{\Delta R_1}{R_1}}{\left(1 + \frac{R_2}{R_1} + \frac{\Delta R_1}{R_1}\right)\left(1 + \frac{R_3}{R_4}\right)} U \tag{2-27}$$

设桥臂比 $R_1/R_2 = R_4/R_3 = 1/n$,略去分母中的 $\Delta R_1/R_1$,可得

$$U_0 = \frac{n}{(1+n)^2} \frac{\Delta R_1}{R_1} U \tag{2-28}$$

定义 $S_u = \frac{U_0}{\Delta R_1 / R_1}$ 为单臂工作应变片电桥输出电压灵敏度,其物理意义就是单位电阻相对变化量引起电桥输出电压的大小。

可得单臂工作应变片的电桥电压灵敏度为

$$S_u = \frac{n}{(1+n)^2} U \tag{2-29}$$

显然,S_u 与电桥电源电压成正比,同时与桥臂比 n 有关。

U 值的选择受应变片功耗的限制。当 U 值确定后,为使电压灵敏度 S_u 达到最大取 $dS_u/dn = 0$,即 $(1-n)/(1+n)^3 = 0$,故可求得 $n = 1$。当 $n = 1$ 时,$R_1 = R_2, R_3 = R_4$,此时 S_u 电桥的电压灵敏度最高。此时,由式(2-28)和式(2-29)得

$$U_0 = \frac{U}{4} \frac{\Delta R_1}{R_1} \tag{2-30}$$

$$S_u = \frac{U}{4}$$

式(2-30)说明,当电源电压 U 及应变片电阻相对变化一定时,电桥的输出电压及其电压灵敏度与各桥臂的阻值无关。电桥电源电压越高,输出电压的灵敏度越高。但提高电源电压使应变片和桥臂电阻功耗增加,温度误差增大。一般电源电压取 3~6V 为宜。

3. 输出电压非线性误差

前面在讨论电桥的输出特性时,应用了 $R_1 \gg \Delta R_1$ 的近似条件,才得出 U_0 对 ΔR_1 的线性关系。当 ΔR_1 过大而不能忽略时,桥路输出电压将存在较大的非线性误差。下面以全等臂四分之一电桥($R_1=R_2=R_3=R_4=R$)电压输出为例,计算桥路输出非线性误差的大小。

全等臂四分之一电桥输出电压的精确值为

$$U_0' = \frac{U}{2} \frac{\frac{\Delta R}{R}}{2+\frac{\Delta R}{R}} \tag{2-31}$$

输出电压的非线性误差为

$$e_\varphi = \frac{U_0 - U_0'}{U_0} = \frac{\Delta R/R}{1+n+\Delta R/R} \tag{2-32}$$

式中, U_0' 为实际输出。如果 $n=1$,则

$$e_\varphi = \frac{\Delta R/2R}{1+\Delta R/2R} \tag{2-33}$$

将分母 $\frac{1}{1+\Delta R/2R}$ 按幂级数展开

$$e_\varphi = \frac{\Delta R}{2R}\left[1-\frac{\Delta R}{2R}+\frac{1}{4}\left(\frac{\Delta R}{R}\right)^2-\frac{1}{8}\left(\frac{\Delta R}{R}\right)^3+\cdots\right] \tag{2-34}$$

略去高次项,可以得到

$$e_\varphi \approx \frac{\Delta R}{2R} \tag{2-35}$$

对电阻式应变片电桥,有

$$e_\varphi \approx \frac{1}{2}k\varepsilon \tag{2-36}$$

利用非线性误差的表达式,可以按照忽略要求所允许的最大非线性误差来选择应变片或确定应变片的最大测量范围。

对于一般应变片,其灵敏度系数 $K=2$,当承受的应变 $\varepsilon<5000\mu\varepsilon$ 时, $e_\varphi=0.5\%$。当要求测量的精度较高时,或应变量更大时,非线性误差就不能忽略。所以,对半导体应变片的测量电路要进行特殊的处理,以减小非线性误差。

一般可采用差动电桥和恒流源电桥消除非线性误差。

直流电桥的优点是:高稳定度的直流电源易于获得,电桥调节平衡电路简单,传感器至测量仪表连线导线的分布参数影响小。

2.4.2 交流电桥

1. 交流电桥的平衡条件

交流电桥的供桥电源为正弦交流电,而且4个桥臂不是纯电阻。即 Z_1、Z_2、Z_3、Z_4 为复

阻抗,其等效电路如图 2-10 所示。$\dot{U}$ 为交流电压源,开路输出电压为 $\dot{U}_0$。

设
$$Z_i = R_i + jX_i = Z_i e^{j\varphi}(i = 1, 2, 3, 4) \tag{2-37}$$

式中　R_i, X_i——各桥臂电阻和电抗;

　　　Z_i, φ_i——各桥臂复阻抗的模和幅角。

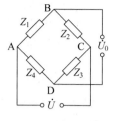

图 2-10　交流电桥

输出负载电压为
$$\dot{U}_0 = \dot{U} \frac{Z_1}{Z_1 + Z_2} - \dot{U} \frac{Z_4}{Z_3 + Z_4} = \dot{U} \frac{Z_1 Z_3 - Z_2 Z_4}{(Z_1 + Z_2)(Z_3 + Z_4)} \tag{2-38}$$

根据交流电路分析(和直流电路类似)可得平衡条件为
$$Z_1 Z_3 = Z_2 Z_4 \tag{2-39}$$

因此,式(2-37)的平衡条件必须同时满足
$$\begin{cases} Z_1 Z_3 = Z_2 Z_4 \\ \varphi_1 + \varphi_3 = \varphi_2 + \varphi_4 \end{cases} \tag{2-40}$$

得到交流电桥的平衡条件为相对桥臂阻抗模之积相等,相对桥臂阻抗角之和相等。当工作应变片 R_1 改变 ΔR_1,引起 Z_1 变化 ΔZ_1,可算出
$$\dot{U}_0 = \frac{\dfrac{Z_3}{Z_4} \dfrac{\Delta Z_1}{Z_1}}{\left(1 + \dfrac{Z_2}{Z_1} + \dfrac{\Delta Z_1}{Z_1}\right)\left(1 + \dfrac{Z_3}{Z_4}\right)} \dot{U} \tag{2-41}$$

并设初始时 $Z_1 = Z_2, Z_3 = Z_4$,略去分母中的 $\Delta Z_1 / Z_1$,则
$$\dot{U}_0 = \frac{\dot{U}}{4} \frac{\Delta Z_1}{Z_1} \tag{2-42}$$

上述结论与直流电桥的情况相似。

2. 电桥的调平

电桥的调平就是确保试件在未受载、无应变的初始条件下,应变电桥满足平衡条件(初始输出为零)。在实际的应变测量中,由于各桥臂应变片的性能参数不可能完全对称,加之应变片引出导线携带分布电容,如图 2-11 所示(其容抗与供桥电源频率有关),严重影响着交流电桥的初始平衡和输出特性。因此必须进行预调平衡。

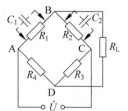

图 2-11　交流电桥分布电容影响

由交流电桥平衡条件可得
$$R_1 R_3 = R_2 R_4, \quad R_3 C_2 = R_4 C_1 \tag{2-43}$$

那么对全等臂电桥,则
$$R_1 = R_2 = R_3 = R_4, \quad C_1 = C_2 \tag{2-44}$$

式(2-44)表明,交流电桥平衡时,必须同时满足电阻平衡和电容平衡两个条件。

1) 电阻调平法

(1) 串联电阻法。如图 2-12(a)所示,图中 R_5 由下式确定

$$R_5 = \left[|\Delta r_1| + \left|\Delta r_3 \frac{R_3}{R_1}\right| \right]_{max} \tag{2-45}$$

式中,Δr_1,Δr_3 为桥臂 R_1 与 R_2 和 R_3 与 R_4 的偏差。

(2) 并联电阻法。如图 2-12(b)所示,多圈电位器 R_5 对应于电阻应变仪面板上的"电阻平衡"旋钮。通过调节 R_5 即可改变桥臂 AD 和 CD 的阻值比,使电桥满足平衡条件。其可调平衡范围取决于 R_6 的值,R_6 越小,可调范围越大,但测量误差也越大。因此,要在保证精度的前提下选取尽可能小的值。R_5 可采用 R_6 相同的阻值。R_6 可按下式确定

$$R_6 = \frac{R_3}{\left(\left|\frac{\Delta r_1}{R_1}\right| + \left|\frac{\Delta r_3}{R_3}\right|\right)_{max}} \tag{2-46}$$

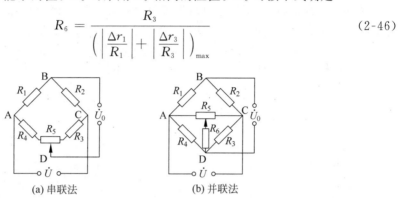

(a) 串联法　　　　(b) 并联法

图 2-12　电阻调平桥路

2) 电容调平法

(1) 差动电容法。如图 2-13(a)所示,C_3 和 C_4 为同轴差动电容;调节时,两电容变化大小相等,极性相反,以此调整电容平衡。

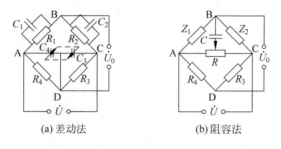

(a) 差动法　　　　(b) 阻容法

图 2-13　电容调平桥路

(2) 阻容调平法。如图 2-13(b)所示,它靠接入 T 形 RC 阻容电路起到电容预调平的作用。

必须注意:在同时具有电阻、电容调平装置进行阻抗调平的过程中,两者应不断交替调整才能取得理想的平衡结果。

2.4.3　差动电桥

采用差动电桥是消除非线性误差影响的有效措施。将两个工作应变片接入电桥的相邻臂,并使他们一个受拉,一个受压,如图 2-14(a)所示,称为半桥差动电桥。

半桥差动电桥电路的输出电压为

$$U_0 = \left(\frac{R_1+\Delta R_1}{R_1+\Delta R_1+R_2-\Delta R_2} - \frac{R_3}{R_3+R_4}\right)U \tag{2-47}$$

设初始时 $R_1=R_2=R_3=R_4$，$\Delta R_1=\Delta R_2$，则

$$\Delta U_0 = \frac{U}{2}\frac{\Delta R_1}{R_1} \tag{2-48}$$

比较式(2-30)和式(2-48)可见，半桥差动电路不仅没有非线性误差，而且电桥灵敏度也比单一应变片提高了1倍，还具有温度补偿作用。同样的全桥差动电桥的输出电压灵敏度是单一应变片工作时的4倍。如图2-14(b)为四臂电桥，等臂全桥的输出电压为

$$U_0 = \frac{U}{4}\left(\frac{\Delta R_1}{R_1} - \frac{\Delta R_2}{R_2} - \frac{\Delta R_3}{R_3} + \frac{\Delta R_4}{R_4}\right) \tag{2-49}$$

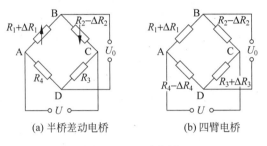

(a) 半桥差动电桥　　　　(b) 四臂电桥

图 2-14　差动电桥

利用电桥的特性不仅可以提高灵敏度，还可以抑制干扰信号，因为当电桥的各臂或相邻两臂同时有某一个增量时，对电桥的输出没有影响。

例如，平面膜片式压力传感器，应变片连接成全桥，且 $R_1=R_2=R_3=R_4$，$R_1=R_3=R+\Delta R$，$R_2=R_4=R-\Delta R$。如图2-15所示，应变片的 $K=2.0$，膜片允许测试的最大应变 $\varepsilon=800\mu\varepsilon$ 对应的压力为100kPa，电桥电压 U 为5V，试求最大应变时，测量电路输出端电压为多少？当输出端电压为3.2V时，所测压力为多少，A_4 的作用是什么？

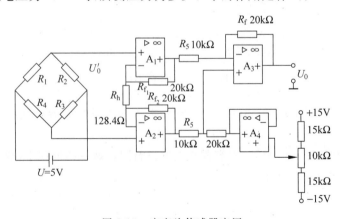

图 2-15　应变片传感器应用

该例为恒压源供电，且为全桥等臂，则电桥输出电压

$$U_0' = \frac{\Delta R}{R}U = S_u U$$

则电桥输出电压灵敏度

$$S_u = \frac{U'_0}{U} = k\varepsilon = 2.0 \times 800 \times 10^{-6} = 1.6 \text{mV/V}$$

该输出电压灵敏度意味着加 100kPa 压力时,每 1V 电桥电压 U 对应的输出电压为 1.6mV。故,电桥输出电压

$$U'_0 = 1.6\text{mV/V} \times 5\text{V} = 8\text{mV}$$

电路中 A_1、A_2、A_3、A_4 为 OPO7 运放,组成同相输入并串联差动放大器,放大倍数为

$$K_F = \left(1 + \frac{R_{f_1} + R_{f_2}}{R_b}\right)\frac{R_f}{R_5} = \left[1 + \frac{(20+20) \times 1000}{128.4}\right] \times \frac{20}{10} = 625$$

则最大应变时电路输出端输出电压 $U_0 = 8\text{mV} \times 625 = 5000\text{mV} = 5\text{V}$ 又因 0～100kPa 压力对应输出电压 0～5V,则当输出端电压为 3.2V 时,所以有 100∶5 = P∶3.2 则 P = 64kPa,从电路图中可知,A_4 构成为电压跟随器,通过调整正输入端电位器,从而调整 A_4 输出端电压,与 A_2 的输出相加,使压力传感器压力为零时,电路输出端电压也为零,即对电路进行调零。

2.5 应变片的温度效应和补偿

2.5.1 温度误差

用应变片测量时,希望其电阻只随应变而变,而不受其他因素的影响。但实际上环境温度变化时,对应变片电阻会有很大的影响。把应变片安装在一个弹性试件上,使试件不受任何外力的作用;环境温度发生变化,应变片的电阻也随之发生变化。在应变测量中如果不排除这种影响,会给测量带来很大的误差。这种由于环境温度带来的误差称为应变片的温度误差,又称为热输出。下面分析一下温度误差产生的原因。

1. 温度变化引起应变片敏感栅电阻变化而产生附加应变

电阻的热效应,即敏感栅金属丝电阻自身随温度产生的变化。电阻与温度的关系可以写成

$$R_t = R_0(1 + \alpha\Delta t) = R_0 + \Delta R_{ta} \tag{2-50}$$

式中 R_t——温度为 t 时的电阻值;
    R_0——温度为 t_0 时的电阻值;
    Δt——温度的变化值;
    ΔR_{ta}——温度变化 Δt 时的电阻变化,$\Delta R_{ta} = R_t - R_0 = R_0\alpha\Delta t$;
    α——敏感栅材料的电阻温度系数。

温度变化 Δt 时,将电阻变化折合成应变 ε_{ta},则

$$\varepsilon_{ta} = \frac{\Delta R_{ta}/R_0}{K} = \frac{\alpha\Delta t}{K} \tag{2-51}$$

式中,K 为应变片的灵敏系数。

2. 试件材料与敏感栅材料的线膨胀系数不同,使应变片产生附加应变

如果粘贴在试件上一段长度为 l_0 的应变丝,当温度变化为 Δt 时,应变丝受热膨胀至 l_{t1},而在应变丝 l_0 下的试件受热膨胀至 l_{t2}。

$$l_{t1} = l_0(1 + \beta_s \Delta t) \tag{2-52}$$

$$\Delta l_{t1} = l_{t1} - l_0 = l_0 \beta_s \Delta t \tag{2-53}$$

$$l_{t2} = l_0(1 + \beta_g \Delta t) \tag{2-54}$$

$$\Delta l_{t2} = l_{t2} - l_0 = l_0 \beta_g \Delta t \tag{2-55}$$

式中 l_0——温度为 t_0 时的应变丝长度;

l_{t1}——温度为 t_1 时的应变丝长度;

l_{t2}——温度为 t_2 时的应变丝下试件的长度;

β_s, β_g——分别为应变丝和试件材料的线膨胀系数;

$\Delta l_{t1}, \Delta l_{t2}$——分别为温度变化时应变丝和试件膨胀量。

由式(2-53)和式(2-55)可知,如果 β_s 和 β_g 不相等,则 Δl_{t1} 和 Δl_{t2} 也不相等,但是应变丝和试件是黏结在一起的,若 $\beta_s < \beta_g$,则应变丝被迫从 Δl_{t1} 拉长至 Δl_{t2},这就使应变丝产生附加变形 $\Delta l_{t\beta}$,即

$$\Delta l_{t\beta} = \Delta l_{t2} - \Delta l_{t1} = l_0(\beta_g - \beta_s)\Delta t \tag{2-56}$$

由此使应变片产生的附加电阻为

$$\Delta R_{t\beta} = R_0 K (\beta_g - \beta_s) \Delta t \tag{2-57}$$

折算为应变

$$\varepsilon_{t\beta} = \frac{\Delta l_{t\beta}}{l_0} = (\beta_g - \beta_s)\Delta t \tag{2-58}$$

设工作温度变化为 Δt℃,则由此引起粘贴在试件上的应变片总电阻的变化为

$$\Delta R_t = \Delta R_{ta} + \Delta R_{t\beta} = R_0 a \Delta t + R_0 K (\beta_g - \beta_s)\Delta t \tag{2-59}$$

折算成响应的应变量为

$$\varepsilon_t = \frac{\left(\frac{\Delta R_t}{R_0}\right)}{K} = \left[\frac{a}{K} + (\beta_s - \beta_g)\right]\Delta t \tag{2-60}$$

由式(2-60)可知,由于温度变化引起的附加电阻变化带来了附加应变变化,从而给测量带来误差。这个误差除了与环境温度变化有关外,还与应变片本身的性能参数(K, α, β_s)以及试件的线膨胀系数 β_g 有关。

当然,温度对应变片特性的影响,不仅仅是上述两个因素,还将会影响黏合剂传递变形的能力等。但在常温下,上述两个因素是造成应变片温度误差的主要原因。

2.5.2 温度误差补偿方法

温度补偿就是消除温度对测量应变的干扰。常采用自补偿法和桥路补偿法。

1. 温度误差自补偿法

粘贴在被测部位上的是一种特殊的应变片,当温度变化时,产生的附加应变为零或相互

抵消,这种特殊应变片称为温度自补偿应变片。利用温度自补偿应变片来实现温度补偿的方法称为温度自补偿法。

1) 单丝自补偿应变片

由式(2-60)可知,要实现温度自补偿的条件就是热输出 $\varepsilon_t = 0$,只要满足条件

$$a = -K(\beta_g - \beta_s) \tag{2-61}$$

在研制和选用应变片时,若选择敏感栅的合金材料,其 a、β_g 能与试件材料的 β_s 相匹配,即满足式(2-61),就能达到温度自补偿的目的。这种自补偿应变片的最大优点是结构简单,制造和使用方便。

2) 双丝自补偿应变片

这种应变片的敏感栅是由两种电阻温度系数不同的合金丝串接而成,如图 2-16 所示。应变片电阻 R 由两部分电阻 R_a 和 R_b 组成,即 $R = R_a + R_b$。当工作温度变化时,若 R_a 栅产生正的热输出 ε_{at} 与 R_b 栅产生负的热输出 ε_{bt} 能大小相等或相近,就可达到自补偿的目的,即

$$\frac{-\varepsilon_b}{\varepsilon_a} \approx \frac{\dfrac{R_a}{R}}{\dfrac{R_b}{R}} = \frac{R_a}{R_b} \tag{2-62}$$

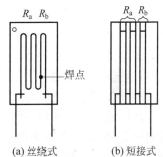

图 2-16 双丝自补偿应变片

满足式(2-62)的参数,可在同种试件上通过试验确定。这种应变片的特点与单丝自补偿应变片相似,但只能在选定的试件上使用。

2. 桥路补偿法

桥路补偿法是利用电桥的和、差原理来达到补偿的目的。

1) 双丝半桥式

双丝半桥式应变片的结构与双丝自补偿应变片相近。不同的是,敏感栅是由同符号电阻温度系数的两种合金丝串接而成,而且栅的两部分电阻 R_1 和 R_2 分别接入电桥的相邻两臂上。工作栅 R_1 接入电桥工作臂,补偿栅 R_2 外接补偿电阻 R_B(不敏感温度影响)后接入电桥补偿臂;另两臂照例接入平衡电阻 R_3 和 R_4,如图 2-17 所示。当温度变化时,只要电桥工作臂和补偿臂的热输出相等或相近,就能达到热补偿目的,即

$$\varepsilon_{1t} = \frac{\Delta R_{1t}}{KR_1} \approx \frac{\Delta R_{2t}}{K(R_2 + R_B)} = \varepsilon_{2t} \frac{R_2}{R_2 + R_B} \tag{2-63}$$

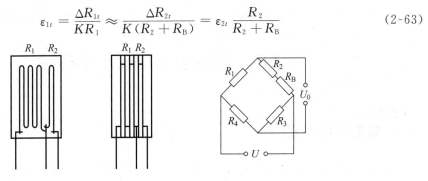

图 2-17 双丝半桥式热补偿应变片

而外接补偿电阻为

$$R_B \approx R_2 \left[\frac{\varepsilon_{2t}}{\varepsilon_{1t}} - 1 \right] \quad (2\text{-}64)$$

式中,ε_{1t}、ε_{2t}分别为工作栅和补偿栅的热输出。

双丝半桥式热补偿法的最大优点是通过调整 R_B 值,不仅可使热补偿达到最佳状态,而且还适用于不同线膨胀系数的试件。缺点是对 R_B 的精度要求高,而且当有应变时,补偿栅同样起着抵消工作栅有效应变的作用,使应变片输出灵敏度降低。为此应变片必须使用 ρ 大、a_t 小的材料做工作栅,选 ρ 小、a_t 大的材料做补偿栅。

2) 补偿块法

补偿块法是用两个参数相同的应变片 R_1、R_2。R_1 贴在试件上,接入电桥工作臂,R_2 贴在与试件同材料、同环境温度,但不参与机械应变的补偿块上,接入电桥相邻臂作补偿臂(R_3、R_4 同样为平衡电阻),如图 2-18 所示。这样,补偿臂产生与工作臂相同的热输出,通过差动电桥,起了补偿作用。这种方法简便,但补偿块的设置受到现场环境条件的限制。

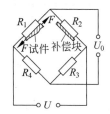

图 2-18 补偿块半桥热补偿应变片

3) 差动电桥补偿

巧妙地安装应变片并接入差动电桥就可以实现温度补偿,如图 2-19 所示。测量悬梁的弯曲应变时,将两个应变片分别贴于上下两面对称位置,R_1 与 R_B 特性相同,所以两电阻变化值相同而符号相反。将 R_1 与 R_B 按图 2-18 装在 R_1 和 R_2 的位置,因而电桥输出电压比单片时增加 1 倍。当梁上下温度一致时,R_B 与 R_1 可起温度补偿作用。

这种方法简单可行,使用普通应变片可对各种试件在较大范围内进行补偿,因而最为常用。

4) 热敏电阻补偿

如图 2-20 所示,热敏电阻 R_t 与应变片处在相同的温度下,当应变片的灵敏度随温度升高而下降时,热敏电阻 R_t 的阻值下降,从而提高电桥的输出电压。选择分流电阻 R_5 的值,可以使应变片灵敏度下降对电桥输出的影响得到很好的补偿。

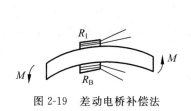

图 2-19 差动电桥补偿法

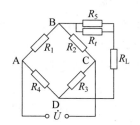

图 2-20 热敏电阻补偿电路

2.6 应变片的选用与粘贴

2.6.1 应变片的类型

应变片的类型主要有金属电阻应变片和半导体应变片两大类。现将几种常见的应变片及其特点介绍如下。

1. 金属丝式应变片

金属丝式应变片是将金属丝弯曲后用黏合剂贴在衬底上，按使用基片材质又可以分为纸基、纸浸胶基和用黏结剂和有机树脂薄膜制成的胶基。

纸基应变片制造简单、价格便宜、易于粘贴，但耐热性和耐潮湿性不好，一般多在短期的室内实验使用。如在其他恶劣环境中使用，应采取有效的防护措施。使用温度一般在70℃以下。如用酚醛树脂、聚酯树脂等胶将纸进行渗透、硬化等处理后，可使纸基应变片的特性得到改善，使用温度可提高到180℃，耐潮湿性也得到了提高，可以长期使用。但粘贴时应注意将应变片粘贴牢固，防止翘曲。

胶基应变片是用环氧树脂、酚醛树脂或聚酯树脂等有机聚合物的薄片直接制成，其耐潮湿性和绝缘性能较好，弹性系数高，使用温度范围为-50～170℃。长时间使用的测量仪表多用此种基底的应变片。

电阻丝两端焊有引出线，使用时只要将应变片贴于弹性体上就可构成应变式传感器。它结构简单，价格低，强度高，但允许通过的电流较小，测量精度较低，适用于测量要求不高的场合使用。

电阻丝是电阻应变片受力后引起电阻值变化的关键部件，它是一根具有较高电阻率的金属细丝，直径约为0.01～0.05mm。由于电阻丝很细，故要求电阻丝材料具有温度系数小、温度稳定性良好、电阻率大等特性。同时，金属电阻丝的相对灵敏系数要大，且能在相当大的应变范围内保持常数。金属丝式应变片有回线式和短接式两种，如图2-21所示。回线式最为常用，它制作简单，性能稳定，成本低，易粘贴，但其应变横向效应较大。短接式应变片两端用直径比栅线直径大5～10倍的镀银丝短接。优点是克服了横向效应，但制造工艺复杂。常用的电阻丝材料有铜-镍(康铜)合金、镍-铬合金、铂、铂-铬合金、铂-钨合金、卡玛丝等。

2. 金属箔式应变片

箔式应变片的工作原理和结构与丝式应变片基本相同，但制作方法不同。它是利用照相制版或光刻技术代替丝式应变片的绕线工艺。在厚约0.003～0.01mm的金属箔底面上涂绝缘层作为应变片的基底。然后在箔片表面涂上一层感光胶剂，经过照相制版后，印晒到箔片表面的感光胶剂上，再经过腐蚀等工艺，制成所需图形的敏感栅(也称为应变花)。其结构如图2-22所示。

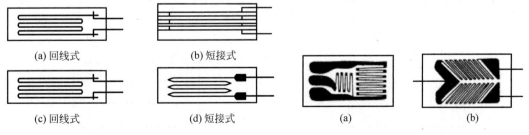

图2-21 金属丝式应变片　　　　图2-22 金属箔式应变片

箔式应变片与丝式应变片相比有如下优点：
(1) 可制成多种复杂形状尺寸的敏感栅，最小可做到0.2mm，以适应不同的测量要求；

(2) 与被测件粘贴接触面积大；

(3) 散热条件好，允许电流大，提高了输出灵敏度；

(4) 横向效应小；

(5) 蠕变和机械滞后小，疲劳寿命长；

(6) 生产效率高，便于生产工艺自动化。

缺点：电阻值的分散性比金属丝的大，有的相差几十欧姆，需做阻值调整（可做激光修阻）。在常温下，金属箔式应变片已逐步取代了金属丝式应变片。

3. 金属薄膜应变片

金属薄膜应变片是薄膜技术发展的产物。采用真空蒸发或真空沉积等镀膜技术在薄的绝缘基片上形成厚度在 $0.1\mu m$ 以下的金属电阻材料薄膜的敏感栅，最后再加上保护层。它灵敏度系数高，易于实现工业化；特别是可以直接制作在弹性敏感元件上，形成测量元件或传感器。由于这种方法免去了应变片的粘贴工艺过程，因此具有一定优势。

4. 半导体应变片

半导体应变片是利用半导体材料的压阻效应而制成的一种纯电阻性元件。所谓压阻效应是指对一块单晶半导体材料的某一轴向施加一定的载荷而产生应力时，它的电阻率会发生变化，这种物理现象称为半导体的压阻效应。使用方法也是粘贴在弹性元件或被测物体上，随被测试件的应变，其电阻发生相应的变化。

半导体应变片最突出的优点：灵敏度高，可测微小应变、机械滞后小、横向效应小、体积小。主要缺点：温度稳定性差、灵敏度系数分散性大，所以在使用时需采用温度补偿和非线性补偿措施。

半导体应变片有以下三种类型。

(1) 体型半导体应变片：这是一种将半导体材料硅或锗晶体按一定方向切割成的片状小条，经腐蚀压焊粘贴在基片上而成的应变片。

(2) 薄膜型半导体应变片：这种应变片是利用真空沉积技术将半导体材料沉积在带有绝缘层的试件上制成，其结构示意图见图 2-23。

(3) 扩散型半导体应变片：将 P 型杂质扩散到 N 型硅单晶基底上，形成一层极薄的 P 型导电层，再通过超声波和热压焊法接上引出线就形成了扩散型半导体应变片。图 2-24 为扩散型半导体应变片示意图。这是一种应用很广的半导体应变片。

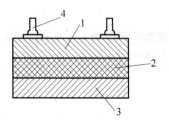

图 2-23 薄膜型半导体应变片

1—锗膜；2—绝缘层；3—金属箔基底；4—引线

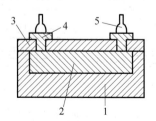

图 2-24 扩散型半导体应变片

1—N 型硅；2—P 型硅扩散层；3—二氧化硅绝缘层；4—铝电极；5—引线

2.6.2 应变片的选用

现代应变片已发展成为一个很大的品种系列,尺寸长的有几百毫米,短的仅 0.1mm;形式上有丝式应变片、箔式应变片等;使用环境条件有高温、低温、水下、高压、辐射、强磁场等。美国威世(Vishay)公司仅箔式片一项,即有四万余种,可见面对种类繁多的应变片,如何选用是一个重要问题。

所有应变片中,金属丝式应变片属于最基本的结构。在我国,由于箔式片原材料和工艺等问题,目前金属丝式应变片(尤其是高温和低温片)仍占据着比较重要的地位。在有些国家,箔式应变片几乎全部取代金属丝式应变片,是应变式传感器用片的主要品种。薄膜片是目前高精度传感器中很有发展前途的新型电阻应变片,这种片的优点是:阻值比箔式高,形状和尺寸也比箔式片更小、更准确;没有箔式应变片由于腐蚀引入的疵病;制成的产品结构导热良好,对于较宽的工作温度范围也可达到较完善的补偿;尤其突出的是,陶瓷绝缘代替了胶接,既避免了复杂的分选和粘贴,又避免了由胶接所引入的漂移及疲劳等,制成的传感器可以达到较高的水平。应变片的各项指标是按规定在较大应变($1000\sim3000\mu\varepsilon$)下给出的,而在实际使用时,应变较小,往往无法直接引用。所以选择应变片时,必须注意传感器的特点,否则即使等级很高的应变片,仍有可能得不到性能优良的传感器。

一般情况下,选用应变片应根据试件的材质、受力状态、工作环境条件、测量精度要求等因素,权衡后确定。试件的材质主要应考虑材料的弹性模量,材质的均匀程度等。对于弹性模量高的均质材料,可选小标距应变片;对弹性模量低或试件较薄的材料,由于应变片端部附近产生应力集中(即加强效应),应考虑其对测试精度的影响;对材质不均的材料,宜选用大标距的应变片。工作环境条件主要是考虑温度、湿度、压力、电磁场、核辐射、腐蚀等的影响。例如,潮湿环境可选用酚醛树脂或聚酰亚胺胶基应变片;核辐射环境中应选用聚酰亚胺或无机黏结剂及康-铜或镍-铬合金制成的应变片;强磁场下应选用镍-铬合金或铂-钨合金制成的应变片。试件的应变状态,主要考虑应变梯度的大小,以及应变性质(静态应变还是动态应变)等,使所测得的平均应变尽可能反映测点的实际应变。应变梯度大的应变场中,应尽量选用小标距应变片,同时要考虑小标距应变片受横向效应影响,而进行适当补偿或修正。当大应变梯度垂直于应变片灵敏轴线时,应变片小栅栏距尽可能选小些;大应变测量时应选用应变极限高的应变片或大应变片;微小应变,应选灵敏度高的应变片;动态应变测量一般都选频响高的应变片。从保证测试精度来看选用康-铜合金、卡玛等材料制成的箔式片为宜;考虑价格低廉,粘贴方便,纸基应变片也可使用。应变片电阻值选择通常为 120Ω,以便与目前生产的仪器相配合;动态测量时,为提高输出信号,阻值也可选得较大,当然不需配用已生产出的仪器,可根据具体需要在阻值系列中灵活选用。应变片灵敏系数通常选取 $K=2$,以便与仪器配合;当然为得到大的输出,也可选用灵敏系数大的应变片。

2.6.3 应变片的粘贴

应变片是用黏结剂粘贴到被测件上的。黏结剂形成的胶层必须迅速地将被测件的应变传递到敏感栅上。黏结剂的性能及粘贴工艺的质量直接影响着应变片的工作特性,如零漂、蠕变、滞后、灵敏系数等。可见选择黏结剂和合适的黏结工艺对应变片的测量精度有着极其重要的影响。

1. 黏结剂材料的选择

黏结剂的主要功能是在切向准确地传递试件的应变。因此,黏结剂材料应具有以下特点:

(1) 黏结强度好,固化内应力小(固化收缩小且黏结剂的膨胀系数要与试件的膨胀系数相接近等);

(2) 机械强度好、挠性好,即抗剪弹性模量要大,一般抗剪强度应大于 $9.8 \times 10^6 \text{Pa}$;

(3) 良好的电绝缘性;

(4) 耐老化性好、耐湿、耐油、耐老化、动应力测量时耐疲劳性好等;

(5) 弹性模量大,蠕变、滞后小,温度和力学性能参数要尽量与试件匹配;

(6) 对被黏结的材料不起腐蚀作用;

(7) 对使用者没有毒害或毒害很小;

(8) 有较大的使用温度范围。

一般情况下,粘贴与制作应变片的黏结剂是可以通用的。但是,粘贴应变片时受到现场加温、加压条件的限制,在实际应用中很难找到一种黏合剂能同时满足上述全部要求。所以,在选用时要根据基片材料、工作温度、潮湿程度、稳定性、是否加温加压、粘贴时间等因素合理选择黏结剂。通常在室温工作的应变片多采用常温、常压固化条件的黏结剂;非金属基应变片在高温工作时,可将其先粘贴在金属基底上,然后再焊接在试件上。

常用的黏结剂类型:硝化纤维素型、氰基丙烯酸型、聚酯树脂型、环氧树脂类和酚醛树脂类等。

2. 应变片的粘贴

粘贴工艺:被测件粘贴表面处理(研磨和清洗)、贴片位置的确定、贴片、干燥固化、贴片质量检查、引线的焊接与固定以及防护与屏蔽等。

应变片的粘贴工艺步骤如下:

(1) 应变片的检查与选择。首先要对采用的应变片进行外观检查,观察应变片的敏感栅是否整齐、均匀,是否有锈斑以及短路和折弯等现象。其次要对选用的应变片的阻值进行测量,阻值选取合适将对传感器的平衡调整带来方便。

(2) 试件的表面处理。为了获得良好的黏合强度,必须对试件表面进行处理,清除试件表面杂质、油污及疏松层等。一般的处理办法可采用砂纸打磨,较好的处理方法是采用无油喷砂法,这样不但能得到比抛光更大的表面积,而且可以获得质量均匀的结果。为了表面的清洁,可用化学清洗剂如氯化碳、丙酮、甲苯等进行反复清洗,也可采用超声波清洗。值得注意的是,为避免氧化,应变片的粘贴应尽快进行。如果不立刻贴片,可涂上一层凡士林暂作保护。

(3) 底层处理。为了保证应变片能牢固地贴在试件上,并具有足够的绝缘电阻,改善胶接性能,可在粘贴位置涂上一层底胶。

（4）贴片。将应变片底面用清洁剂清洗干净,然后在试件表面和应变片底面各涂上一层薄而均匀的黏合剂。待稍干后,将应变片对准划线位置迅速贴上,然后盖一层玻璃纸,用手指或胶辊加压,挤出气泡及多余的胶水,保证胶层尽可能薄而均匀。

（5）固化。黏合剂的固化是否完全,直接影响到胶的物理机械性能。关键是要掌握好温度、时间和循环周期。无论是自然干燥还是加热固化都要严格按照工艺规范进行。为了防止强度降低、绝缘破坏以及电化腐蚀,在固化后的应变片上应涂上防潮保护层,一般可采用稀释的黏合胶。

（6）粘贴质量检查。首先是从外观上检查粘贴位置是否正确,黏合层是否有气泡、漏粘、破损等。然后测量应变片敏感栅是否有断路或短路现象,测量敏感栅的绝缘电阻以及线和试件之间的绝缘电阻。一般情况下,绝缘电阻为 50MΩ 即可,有些高精度测量,则需要 200MΩ 以上。

（7）引线焊接与组桥连线。检查合格后既可焊接引出导线,引线应适当加以固定。应变片之间通过漆包线连接组成桥路。连接长度应尽量一致,不宜过多。

（8）防护和屏蔽。为了保证应变片工作的长期稳定性,应采取防潮、防水等措施,如在应变片及其引出线上涂以石蜡、石蜡松香混合剂、环氧树脂、有机硅、清漆等保护层。

2.7　应变式传感器的种类

在测试技术中,除了直接用电阻应变丝(片)来测量试件的应变和应力外,还广泛利用它制成各种应变式传感器来测量各种物理量,如力、力矩、压力、加速度和流体速度等。应变传感器的基本构成通常可分为弹性敏感元件和应变片(丝)两部分。弹性敏感元件在被测物理量的作用下产生一个与被测物理量成正比的应变,利用应变丝(片)作为转换元件将应变转换为电阻变化,利用电桥原理转换为电压或电流的变化。

1. 应变式测力传感器

载荷和力传感器是试验技术和工业测量中用得较多的一种传感器;其中又以采用应变片的应变式力传感器为最多,传感器量程为 $0.1 \sim 10^7$N。测力传感器主要作为各种电子秤和材料试验机的测力元件或用于飞机和航空发动机的地面测试等,按照弹性元件结构形式(如柱形、筒形、环形、梁式、轮辐式等)和受载性质(如拉、压、弯曲和剪切等),分为许多种类型。

应变式传感器中使用 4 个相同的应变片。当被测力变化时,其中两个应变片感受拉伸应变,电阻增大;另外两个应变片感受压缩应变,电阻减小。通过四臂电桥将电阻转换为电压的变化。这样将获得最大的灵敏度,同时具有良好的线性度及温度补偿性能。

2. 应变式压力传感器

压力传感器主要用来测量流体的压力,视其弹性体的结构形式有单一式和组合式之分。单一式是指应变片直接粘贴在受压弹性膜片或筒上。膜片式应变压力传感器的结构、应力分布及布片与固态压阻式传感器相似。

组合式压力传感器则由受压弹性元件(如膜片、膜盒或波纹管)和应变弹性元件(如各种梁)组合而成。前者承受压力,后者粘贴应变片。两者之间通过传力件传递压力作用。这种结构的优点是受压弹性元件能对流体高温、腐蚀等影响起到隔离作用,使传感器具有良好的工作环境。

3. 应变式位移传感器

应变式位移传感器是把被测位移量转变成弹性元件的变形和应变,然后通过应变片应变电桥,输出正比于被测位移的电量。它可用来近测或远测静态与动态的位移量。因此,既要求弹性元件刚度小,对被测对象的影响反力小,又要求系统的固有频率高,动态频响特性好。按弹性元件结构形式的不同,应变式位移传感器可分为弹簧组合式、梁式、弓形等几类。

4. 其他应变式传感器

利用应变片除可构成上述几种主要传感器外,还可构成其他应变式传感器。如通过弹性元件和应变片,可构成应变式扭矩传感器等。应变式传感器的结构与设计的关键是弹性体形式的选择与计算、应变片的合理布片与接桥。

2.8 电阻应变式传感器的应用

电阻应变式传感器主要有各种力传感器、压力传感器、加速度传感器及各种应变测量仪等。电阻应变式传感器的应用可概括为两个方面:①直接用来测定结构的应变或应力。例如,为了研究机械、桥梁、建筑等某些构件在工作状态下的受力、变形情况,可利用不同形状的应变片,粘贴在构件的预定部位,测得构件的拉、压应力及扭矩、弯矩等,为结构设计、应力校核或构件破坏的预测等提供可靠的实验数据。②将应变片粘贴于弹性元件上,作为测量力、位移、压力、加速度等物理参数的传感器。在这种情况下,通过弹性元件得到与被测量成正比的应变,再由应变片转换为电阻的变化。在运用电阻应变式传感器时,应注意到一些问题,例如机械滞后、零漂、绝缘电阻等。出现这些问题的原因往往与应变片的粘贴工艺有关,如黏结剂的选择、应变片的保护、弹性体的表面加工与清洗等。此外,由于应变片电阻的温度敏感性,特别是半导体应变片,其周围环境温度变化或自身工作电流的变化均会导致阻值变化,带来测量误差,在这种情况下还需进行温度补偿。电阻应变片已是一种使用方便、适应性强、比较完备的器件。近年来半导体应变片的日臻完善,使应变片电测技术更具广阔前景。

1. 手提式电子秤

手提式电子秤,成本低,称重精度高,携带方便,适于购物时用。手提式电子秤采用准S型双孔弹性体,如图 2-25 所示,重力 P 作用在中心线上。弹性体双孔位置贴四片箔式电阻应变片。双孔弹性体可简化为在一线受一力偶 M,其大小与 P 及双孔弹性体长度有关。

$$U_0 = \frac{U}{4}\left(\frac{\Delta R_1}{R_1} - \frac{\Delta R_2}{R_2} + \frac{\Delta R_3}{R_3} - \frac{\Delta R_4}{R_4}\right)$$

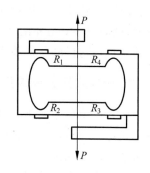

图 2-25 准S型称重传感器

测量电路主要由测量电桥、差动放大电路、A/D 转换及显示等组成。这里主要介绍测量电桥电路：电阻应变片组成全桥测量电路。当传感器的弹性元件受到被称重物的重力作用时引起弹性体的变形，使得粘贴在弹性体上的电阻应变片 $R_1 \sim R_4$ 的阻值发生变化。不加载荷时电桥处于平衡，加载时，电桥将产生输出。选择 $R_1 \sim R_4$ 为特性相同的应变片，其输出为

$$U_0 = \frac{U}{4}\left(\frac{\Delta R_1}{R_1} - \frac{\Delta R_2}{R_2} + \frac{\Delta R_3}{R_3} - \frac{\Delta R_4}{R_4}\right)$$

由于 R_1、R_3 受拉，R_2、R_4 受压，故 ΔR_1、ΔR_3 为正值，ΔR_2、ΔR_4 为负值，又由于四个应变片的特性相同，故电桥的输出为

$$U_0 = 4 \times \frac{U}{4} \times \frac{\Delta R}{R} = US_\mathrm{u}$$

输出的电压 U_0 经过差动放大电路、A/D 转换及显示电路后，最终将测量结果显示出来。

2. 筒形结构的称重传感器

筒形结构称重传感器的弹性元件设计成图 2-26(a)所示的筒形结构，4 片应变片采用差动布片和全桥连线，见图 2-26(b)。这种布片和接桥的最大优点是可排除载荷偏心或侧向力引起的干扰。

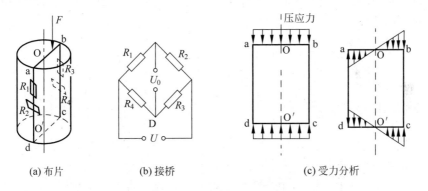

(a) 布片　　(b) 接桥　　(c) 受力分析

图 2-26　筒形结构称重传感器接桥

假设筒形结构的弹性元件受偏心力 F 的作用，这时产生的应力可分为压应力和弯应力，受力分析如图 2-26(c)所示。各应变片感受的应变 ε_i 为相应的压应变 ε_{Fi} 与弯应变 ε_{Mi} 的代数和，即

$$\varepsilon_i = \varepsilon_{Mi} + \varepsilon_{Fi}$$

则传感器的输出为

$$\Delta U_0 = \frac{U}{4}K(\varepsilon_1 - \varepsilon_2 + \varepsilon_3 - \varepsilon_4)$$
$$= \frac{U}{4}K[(\varepsilon_{F1} - \varepsilon_{M1}) + u(\varepsilon_{F2} - \varepsilon_{M2}) + (\varepsilon_{F3} + \varepsilon_{M3}) + u(\varepsilon_{F4} + \varepsilon_{M4})]$$

因

$$\begin{cases} \varepsilon_{F1} = \varepsilon_{F2} = \varepsilon_{F3} = \varepsilon_{F4} = \varepsilon_F \\ \varepsilon_{M1} = \varepsilon_{M2} = \varepsilon_{M3} = \varepsilon_{M4} = \varepsilon_M \end{cases}$$

所以

$$\Delta U_0 = \frac{U}{4} K \left[2(1+u)\varepsilon_F \right]$$

可见,偏心力的干扰被消除了。

本 章 习 题

1. 金属电阻应变片与半导体应变片的工作原理有何区别,各有何优缺点?

2. 图 2-27 为直流电桥。说明电桥的工作原理。若按不同的桥臂工作方式,可分为哪几种,各自的输出电压如何计算?

3. 图 2-28 为一直流电桥。图中 $E=4\text{V}$,$R_1=R_2=R_3=R_4=120\Omega$,试求:

(1) R_1 为应变片,其余为外接电阻,当 R_1 的增量 $\Delta R=1.2\Omega$ 时,电桥输出电压 U_0 是多少?

(2) R_1、R_2 都是应变片,型号规格相同,感应应变的极性和大小都相同,其余为外接电阻,电桥输出电压 U_0 是多少?

(3) 如果 R_2 和 R_1 感受应变的极性相反,且 $\Delta R_1 = \Delta R_2 = 1.2\Omega$ 时,电桥输出电压 U_0 是多少?

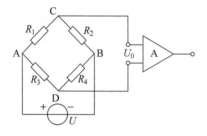

图 2-27 直流电桥

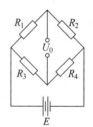

图 2-28 直流电桥

4. 简要说明筒式应变压力传感器的工作原理。

第 3 章 电容式传感器

电容式传感器是将被测非电量的变化转换为电容量变化的一种传感器。它结构简单、体积小、分辨力高,可非接触式测量,并能在高温、高辐射和强烈振动等恶劣条件下工作,广泛应用于压力、差压、液位、振动、位移、加速度、成分含量等多方面测量。随着材料、工艺、电子技术,特别是集成技术的发展,电容式传感器的优点得到发扬而缺点不断得到克服,正逐渐成为一种高灵敏度、高精度,在动态、低压及一些特殊测量方面大有发展前途的传感器。

3.1 电容式传感器的工作原理及类型

电容式传感器是一个具有可变参数的电容器。由绝缘介质分开的两个平行金属板组成平板电容器,当忽略边缘效应影响时,其电容量与真空介电常数 ε_0($8.854\times10^{-12}\mathrm{F/m}$)、极板间介质的相对介电常数 ε_r、极板的有效面积 A 以及两极板间的距离 d 有关,即

$$C = \frac{\varepsilon_0 \varepsilon_r A}{d} \tag{3-1}$$

式中 d——两平行极板之间的距离;
A——两平行极板的正对覆盖面积;
ε_r——介质材料的相对介电常数;
ε_0——真空介电常数;
C——电容量。

当被测量使得式(3-1)中的 d、A 或 ε_r 三个参数中任意一个发生变化时,都会引起电容量的变化,再通过测量电路就可转换为电量输出。因此,电容式传感器可分为变极距型、变面积型和变介质型三种类型。

1. 变极距型电容式传感器

图 3-1 为变极距型电容传感器的原理图。当传感器的 ε_r 和 A 为常数,初始极距为 d_0,由式(3-1)可知其初始电容量 C_0 为

$$C_0 = \frac{\varepsilon_0 \varepsilon_r A}{d_0} \tag{3-2}$$

当动极板因被测量变化而向上移动使 d_0 减小 Δd 时,电容量增大 ΔC,则有

$$C_0 + \Delta C = \frac{\varepsilon_0 \varepsilon_r A}{d_0 - \Delta d} = \frac{C_0}{1 - \frac{\Delta d}{d_0}} \tag{3-3}$$

可见,传感器输出特性 $C=f(d)$ 是非线性的,如图 3-2 所示。电容相对变化量为

$$\frac{\Delta C}{C_0} = \frac{\Delta d}{d_0}\left(1 - \frac{\Delta d}{d_0}\right)^{-1} \tag{3-4}$$

如果满足条件$(\Delta d/d_0) \ll 1$,式(3-4)可按级数展开成

$$\frac{\Delta C}{C_0} = \frac{\Delta d}{d_0}\left(1 + \frac{\Delta d}{d_0} + \left(\frac{\Delta d}{d_0}\right)^2 + \left(\frac{\Delta d}{d_0}\right)^3 + \cdots\right) \tag{3-5}$$

略去高次项(非线性),可得近似的线性关系和灵敏度 k_g 分别为

$$\frac{\Delta C}{C_0} \approx \frac{\Delta d}{d_0} \tag{3-6}$$

和

$$k_g = \frac{\Delta C}{\Delta d} = \frac{C_0}{d_0} = \frac{\varepsilon_0 \varepsilon_r A}{d_0^2} \tag{3-7}$$

如果考虑式(3-5)中的线性项及二次项,则

$$\frac{\Delta C}{C_0} = \frac{\Delta d}{d_0}\left(1 + \frac{\Delta d}{d_0}\right) \tag{3-8}$$

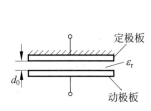

图 3-1 变极距型电容传感器原理图

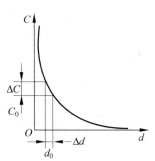

图 3-2 $C=f(d)$ 特性曲线

式(3-6)的特性如图 3-3 中的直线 a,而式(3-8)的特性如曲线 b。因此,以式(3-6)作为传感器的特性使用时,其相对非线性误差 e_f 为

$$e_f = \frac{\left|\left(\frac{\Delta d}{d_0}\right)^2\right|}{\left|\frac{\Delta d}{d_0}\right|} \times 100\% = \left|\frac{\Delta d}{d_0}\right| \times 100\% \tag{3-9}$$

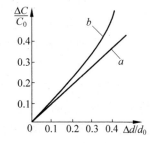

图 3-3 变极距型电容传感器的非线性特性

由以上讨论可知:①变极距型电容传感器只有在$|\Delta d/d_0|$很小(小测量范围)时,才有近似的线性输出;②灵敏度 S 与初始极距 d_0 的平方成反比,故可用减少 d_0 的办法来提高灵敏度。例如在电容式压力传感器中,常取 $d_0=0.1\sim 0.2$mm, $C_0=20\sim 100$pF。由于变极距型的分辨力可达 0.001μm、误差小于 0.01μm,故多应用在微位移检测中。

由式(3-9)可见,d_0 的减小会导致非线性误差增大;d_0 过小还可能引起电容器击穿或短路。因此,极板间可采用高介电常数的材料(云母、塑料膜等)作介质,如图 3-4 所示。设两种介质的相对介电质常数分别为 ε_{r1}、ε_{r2}(对于空气:$\varepsilon_{r1}=1$),相应的介质厚度分别为 d_1、d_2,则有

$$C = \frac{\varepsilon_0 A}{d_1 + d_2/\varepsilon_{r2}} \tag{3-10}$$

图 3-5 所示为差动结构，动极板置于两定极板之间。初始位置时，$d_1=d_2=d_0$，两边初始电容相等。当动极板向上有位移 Δd 时，两边极距为 $d_1=d_0-\Delta d, d_2=d_0+\Delta d$；两组电容一增一减。与单极式自感传感器的解析方法相同，由式(3-4)和式(3-5)可得电容总的相对变化量为

$$\frac{\Delta C}{C_0}=\frac{\Delta C_1-\Delta C_2}{C_0}=2\frac{\Delta d}{d_0}\left[1+\left(\frac{\Delta d}{d_0}\right)^2+\left(\frac{\Delta d}{d_0}\right)^4+\cdots\right] \tag{3-11}$$

略去高次项，可得近似的线性关系为

$$\frac{\Delta C}{C_0}=2\frac{\Delta d}{d_0} \tag{3-12}$$

相对非线性误差 e'_f 为

$$e'_f=\frac{\left|2\left(\frac{\Delta d}{d_0}\right)^3\right|}{\left|2\left(\frac{\Delta d}{d_0}\right)\right|}\times100\%=\left(\frac{\Delta d}{d_0}\right)^2\times100\% \tag{3-13}$$

式(3-13)与式(3-6)及式(3-9)相比可知，差动式比单极式灵敏度提高一倍，且非线性误差大为减小。由于结构上的对称性，它还能有效地补偿温度变化所造成的误差。

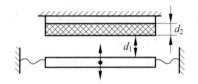

图 3-4 具有固体介质的变极距型电容传感器

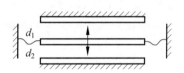

图 3-5 变极距型差动式结构

例如，有一只变极距电容传感元件，两极板重叠有效面积为 $8\times10^{-4}\mathrm{m}^2$，两极板间的距离为 1mm，已知空气的相对介电常数为 1.0006，试计算该传感器的灵敏度。

求变极距型电容传感器的灵敏度时利用下式

$$k_g=\frac{\Delta C}{\Delta d}=\frac{C_0}{d_0}=\frac{\varepsilon_0\varepsilon_r A}{d_0^2}$$

由此可见，极距越小，灵敏度就越高。

把已知数据代入上式，得灵敏度为

$$k_g=\frac{\Delta C}{\Delta d}=\frac{C_0}{d_0}=\frac{\varepsilon_0\varepsilon_r A}{d_0^2}$$

$$=\frac{8.85\times10^{-12}\times1.0006\times8\times10^{-4}}{(1\times10^{-3})^2}\mathrm{F/m}=70\times10^{-10}\mathrm{F/m}=7\mathrm{nF/m}$$

2. 变面积型电容式传感器

变面积型电容传感器原理结构如图 3-6 所示。它与变极距型不同的是，被测量通过动极板移动，引起两极板有效覆盖面积 A 改变，从而得到电容的变化。设动极板相对定极板沿长度 l_0 方向平移 Δl 时，则电容为

$$C=C_0-\Delta C=\frac{\varepsilon_0\varepsilon_r(l_0-\Delta l)b_0}{d_0} \tag{3-14}$$

式中 l_0——极板长度；

b_0——极板宽度；

d_0——极板之间的距离；

$C_0 = \dfrac{\varepsilon_0 \varepsilon_r l_0 b_0}{d_0}$——初始电容。

电容的相对变化量为

$$\frac{\Delta C}{C_0} = \frac{\Delta l}{l_0} \tag{3-15}$$

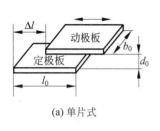
(a) 单片式

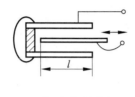
(b) 中间极板移动式

(c) 圆柱线位移式

图 3-6 变面积型电容传感器原理图

显然，这种传感器的输出特性呈线性。因而其量程不受线性范围的限制，适合于测量较大的直线位移和角位移。它的灵敏度为

$$k_g = \frac{\Delta C}{\Delta l} = \frac{\varepsilon_0 \varepsilon_r b_0}{d_0} \tag{3-16}$$

必须指出，上述讨论只在初始极距 d_0 精确且保持不变时成立，否则将导致测量误差。为减小这种影响，可以使用图 3-6(b) 所示中间极板移动的结构。图 3-6(c) 所示为圆柱线位移变面积型电容式传感器，当覆盖长度 l 变化时，电容量也随之变化，其初始电容量为

$$C_0 = \frac{2\pi \varepsilon l}{\ln(r_2/r_1)} \tag{3-17}$$

式中 l——外圆筒与内圆筒覆盖部分长度；

r_1、r_2——外圆筒内半径与内圆筒（或内圆柱）外半径，即它们的工作半径。

电容的变化量为

$$\Delta C = \frac{2\pi \varepsilon \Delta l}{\ln(r_2/r_1)} \tag{3-18}$$

变面积型电容传感器与变极距型相比，其灵敏度较低。因此，在实际应用中，常采用差动式结构，以提高灵敏度。角位移测量用的差动式典型结构如图 3-7 所示。图中 A、B 为同一平（柱）面而形状和尺寸均相同且互相绝缘的定极板。动极板 C 平行于 A、B，并在自身平（柱）面内绕 O 点摆动，从而改变极板间覆盖的有效面积，传感器电容随之改变。C 的初始位置必须保证与 A、B 的初始电容值相同。

对图 3-7(a) 有

$$C_{AC0} = C_{BC0} = \frac{\varepsilon_0 \varepsilon_r (R^2 - r^2) \alpha}{2d_0} \tag{3-19}$$

对图 3-7(b) 有

$$C_{AC0} = C_{BC0} = \frac{\varepsilon_0 \varepsilon_r l r \alpha}{d_0} \tag{3-20}$$

式中，α 为初始位置时一组极板相互覆盖有效面积所对应的角度（或所对应的圆心角）；d_0、ε_0 同前。

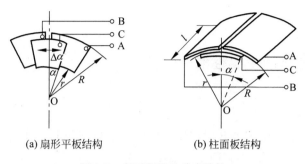

(a) 扇形平板结构　　　　(b) 柱面板结构

图 3-7　变面积型差动式结构

当动极板 C 随角度改变而摆动时两组电容值一增一减，差动输出。

3. 变介质型电容传感器

变介质型电容传感器应用广泛，可以用来测量纸张、绝缘薄膜等的厚度，也可用来测量粮食、纺织品、木材或煤等非导电固体物质的湿度。

图 3-8 为其原理结构。图 3-8(a) 中两平行极板固定不动，极距为 d_0，相对介电常数为 ε_{r2} 的电介质以不同深度插入电容器中，从而改变两种介质的极板覆盖面积。传感器的总电容量 C 为两个电容 C_1 和 C_2 的并联结果。由式(3-1)可知

$$C = C_1 + C_2 = \frac{\varepsilon_0 b_0}{d_0}[\varepsilon_{r1}(l_0 - l) + \varepsilon_{r2} l] \tag{3-21}$$

式中　l_0、b_0——极板长度和宽度；

　　　l——第二种电介质进入极间的长度。

若电介质 l_0 为空气（$\varepsilon_{r1}=1$），当 $l=0$ 时传感器的初始电容 $C_0 = \varepsilon_0 l_0 b_0 / d_0$；当电介质 2 进入极间 l 后引起电容的相对变化为

$$\frac{\Delta C}{C_0} = \frac{C - C_0}{C_0} = \frac{\varepsilon_{r2} - 1}{l_0} l \tag{3-22}$$

可见，电容的变化量与电介质 2 的移动量 l 呈线性关系。

上述原理可用于非导电材料的物位测量。如图 3-8(b) 所示，将电容器极板插入被监测的介质中，随着灌装量的增加，其极板覆盖面积增大。由式(3-21)可知，测出的电容量即反映灌装高度 l。

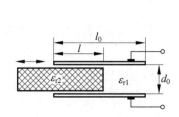 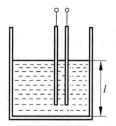

(a) 电介质插入式　　　　(b) 非导电材料物位的电容测量

图 3-8　变介质型电容传感器

3.2 电容式传感器的主要性能及特点

3.2.1 电容式传感器的主要性能

1. 静态灵敏度

静态灵敏度是被测量缓慢变化时传感器电容变化量与引起其变化的被测量变化之比。对于变极距型,由式(3-4)可知,其静态灵敏度 k_g 为

$$k_g = \frac{\Delta C}{\Delta d} = \frac{C_0}{d}\left(\frac{1}{1-\Delta d/d}\right) \tag{3-23}$$

因为 $\Delta d/d < 1$,将上式展开成泰勒级数得

$$k_g = \frac{C_0}{d}\left[1 + \frac{\Delta d}{d} + \left(\frac{\Delta d}{d}\right)^2 + \left(\frac{\Delta d}{d}\right)^3 + \left(\frac{\Delta d}{d}\right)^4 + \cdots\right] \tag{3-24}$$

可见其灵敏度是初始极板间距 d 的函数,同时还随被测量而变化。减小 d 可以提高灵敏度,但 d 过小易导致电容器击穿(空气的击穿电压为 3kV/mm)。可在极间加一层云母片(其击穿电压大于 10^3 kV/mm)或塑料膜来改善电容器的耐压性能。

对于圆柱形变面积型电容式传感器,由式(3-18)可知其静态灵敏度为常数,即

$$k_g = \frac{\Delta C}{\Delta l} = \frac{C_0}{l} = \frac{2\pi\varepsilon}{\ln(r_2/r_1)} \tag{3-25}$$

灵敏度取决于 r_2/r_1,r_2 与 r_1 越接近,灵敏度越高。虽然内外极筒原始覆盖长度 l 与灵敏度无关,但 l 不可太小,否则边缘效应将影响到传感器的线性。

另外,变极距型和变面积型电容式传感器还可采用差动结构形式来提高静态灵敏度,一般能提高一倍。例如,对图 3-7 中变面积型差动式线位移式电容传感器,由式(3-17)和式(3-18)可得其静态灵敏度为

$$k_g = \frac{\Delta C}{\Delta l} = \left[\frac{2\pi\varepsilon(l+\Delta l)}{\ln(r_2/r_1)} - \frac{2\pi\varepsilon(l-\Delta l)}{\ln(r_2/r_1)}\right]/\Delta l = \frac{4\pi\varepsilon}{\ln(r_2/r_1)} \tag{3-26}$$

可见比相应单组式的灵敏度提高一倍。

由 3.1 节分析可知:变面积型和变介电常数型电容式传感器在忽略边缘效应时,其输入被测量与输出电容量一般呈线性关系,因而其静态灵敏度为常数。

2. 非线性

对变极距型电容式传感器而言,当极板间距 d 变化 $\pm\Delta d$ 时,其电容量随之变化,根据式(3-2)有

$$\Delta C = C_0 \frac{\Delta d}{d \pm \Delta d} = C_0 \frac{\Delta d}{d}\left(\frac{1}{1 \pm \Delta d/d}\right) \tag{3-27}$$

因 $\Delta d/d \ll 1$,所以

$$\Delta C = C_0 \frac{\Delta d}{d}\left[1 \mp \frac{\Delta d}{d} + \left(\frac{\Delta d}{d}\right)^2 \mp \left(\frac{\Delta d}{d}\right)^3 + \cdots\right] \tag{3-28}$$

显然，输出电容 ΔC 与被测量 Δd 之间是非线性关系。只有当 $\Delta d/d \ll 1$ 时，略去各非线性项后才能得到近似线性关系为 $\Delta C = C_0 (\Delta d/d)$。由于 d 取值不能大，否则将降低灵敏度，因此变极距型电容式传感器常工作在一个较小的范围内（小于 10 毫米），而且最大 Δd 应小于极板间距 d 的 $1/5 \sim 1/10$。采用差动形式，并取两电容之差为输出量 ΔC，容易得到

$$\Delta C = 2C_0 \frac{\Delta d}{d} \left[1 + \left(\frac{\Delta d}{d}\right)^2 + \left(\frac{\Delta d}{d}\right)^4 + \cdots \right] \tag{3-29}$$

相比之下，差动式的非线性得到了很大的改善，灵敏度也提高了一倍。

如果采用容抗 $X_C = 1/(\omega C)$ 作为电容式传感器输出量，那么被测量 Δd 就与 ΔX_C 呈线性关系，不一定要满足 $\Delta d \ll d$ 这一要求了。

变面积型和变介电常数型（测厚度除外）电容式传感器具有很好的线性，但这是以忽略边缘效应为前提条件的。实际上由于边缘效应引起极板（或极筒）间电场分布不均匀，导致非线性问题仍然存在，且灵敏度下降，但比变极距型好得多。

3.2.2 电容式传感器的特点

电容式传感器与电阻式、电感式等传感器相比具有以下优点：

(1) 测量范围大。金属应变丝由于应变极限的限制，$\Delta R/R$ 一般低于 1%，而半导体应变片可达 20%，电容传感器相对变化量可大于 100%。

(2) 温度稳定性好。电容式传感器的电容值一般与电极材料无关，有利于选择温度系数低的材料，又因电容器本身功耗非常小，所以发热极小，因此传感器具有良好的零点稳定性，由自身发热而引起的零漂可以认为是不存在的。

(3) 结构简单、适应性强。电容式传感器结构简单，易于制造，易于保证较高的精度；可以做得非常小巧，以实现某些特殊的测量；电容式传感器一般用金属作电极、以无机材料（如玻璃、石英、陶瓷等）作绝缘支撑，因此能在高低温、强辐射及强磁场等恶劣的环境中工作，可以承受很大的温度变化，承受高压力、高冲击、过载等；能测超高压和低压差，也能对带磁工件进行测量。

(4) 动态响应好。电容式传感器由于极板间的静电引力很小（约几个 10^{-5} N），需要的作用能量极小，它的可动部分可以做得很小很薄，即质量很轻，因此其固有频率很高，动态响应时间短，能在几兆赫的频率下工作，特别适合动态测量。又由于其介质损耗小，可以用较高频率供电，因此系统工作频率高。它可用于测量高速变化的参数，如测量振动、瞬时压力等，且具有很高的灵敏度。

(5) 可以实现非接触测量、具有平均效应。当被测量为回转轴的振动或偏心、小型滚珠轴承的径向间隙等，采用非接触测量时，电容式传感器具有平均效应，可以减小工件表面粗糙度等对测量的影响。

电容式传感器存在如下缺点：

(1) 输出阻抗高、负载能力差。电容式传感器的电容量受其电极几何尺寸等限制，一般为几十到几百皮法（pF），使传感器的输出阻抗很高，尤其当采用音频范围内的交流电源时，输出阻抗高达 $10^6 \sim 10^8 \Omega$。因此传感器带负载能力差，易受外界干扰影响而产生不稳定现

象,严重时甚至无法工作,必须采取屏蔽措施,从而给设计和使用带来不便。容抗大还要求传感器绝缘部分的电阻值极高(几十兆欧以上),否则绝缘部分将作为旁路电阻而影响传感器的性能(如灵敏度降低),为此还要特别注意周围环境如温湿度、清洁度等对绝缘性能的影响。高频供电虽然可降低传感器输出阻抗,但放大、传输远比低频时复杂,且寄生电容影响加大,难以保证工作稳定。

(2) 寄生电容影响大。电容式传感器的初始电容量很小,而传感器的引线电缆电容($1\sim2m$ 导线可达数十甚至上百 pF)、测量电路的杂散电容以及传感器极板与其周围导体构成的电容等寄生电容却较大,这一方面降低了传感器的灵敏度;另一方面这些电容(如电缆电容)常常是随机变化的,将使传感器工作不稳定,影响测量精度,其变化量甚至超过被测量引起的电容变化量,导致传感器无法工作。因此对电缆的选择、安装、接线方法都要有要求。

上述不足直接导致电容式传感器测量电路复杂。但随着材料、工艺、电子技术,特别是集成电路的高速发展,已经可以把复杂的测量电路与电容传感器做成一体形成集成式电容传感器,使电容式传感器的优点得到发扬而缺点不断得到克服,成为一种大有发展前途的传感器。

3.2.3 电容式传感器的设计要点

对于电容式传感器,设计时可以从下面几个方面考虑:

1. 减小环境温度、湿度等变化所产生的影响,保证绝缘材料的绝缘性能

温度变化使传感器内各零件的几何尺寸、相互位置及某些介质的介电常数发生变化,从而改变传感器的电容量,产生温度误差。湿度也影响某些介质的介电常数和绝缘电阻值。因此必须从选材、结构、加工工艺等方面来减小温度等误差并保证绝缘材料具有高的绝缘性能。

电容式传感器的金属电极材料以选用温度系数低的铁-镍合金为好,但较难加工。也可采用在陶瓷或石英上喷镀金或银的工艺,这样电极可以做得极薄,对减小边缘效应极为有利。

传感器内电极表面不便经常清洗,应加以密封,用以防尘、防潮。若在电极表面镀以极薄的惰性金属(如铑等)层,则可代替密封件起保护作用,可防尘、防湿、防腐蚀,在高温下可减少表面损耗、降低温度系数,但成本较高。

传感器内,电极的支架除要有一定的机械强度外还要有稳定的性能。因此选用温度系数小和几何尺寸长期稳定性好,并具有高绝缘电阻、低吸潮性和高表面电阻的材料,例如石英、云母、人造宝石及各种陶瓷等做支架。虽然这些材料较难加工,但性能远高于塑料、有机玻璃等。在温度不太高的环境下,聚四氟乙烯具有良好的绝缘性能,可以考虑选用。

尽量采用空气或云母等作为电容式传感器的电介质,这些电介质的介电常数的温度系数接近为零,而且不受湿度变化的影响。若用某些液体如硅油、煤油等作为电介质,当环境温度、湿度变化时,它们的介电常数随之改变,产生误差。这种误差虽可用后续电路加以补偿,但无法完全消除。

在可能的情况下,传感器内尽量采用差动对称结构,再通过某些类型的测量电路来减小温度等误差。可以用数学关系式来表达温度等变化所产生的误差来作为设计依据。

尽量选用高的电源频率,一般为50kHz至几兆赫兹,以降低对传感器绝缘部分的绝缘要求。

传感器内所有的零件应先进行清洗、烘干后再装配。传感器要密封以防止水分侵入内部而引起电容值变化和绝缘性能下降。传感器的壳体刚性要好,以免安装时变形。

2. 消除和减小边缘效应

边缘效应不仅使电容式传感器的灵敏度降低而且产生非线性,应尽量减小和消除。

适当减小极间距,使电极直径或边长与间距比很大,可减小边缘效应的影响,但易产生击穿并有可能限制测量范围。电极应做得极薄,使之与极间距相比很小,这样也可减小边缘效应的影响。此外,可在结构上增设等位环来消除边缘效应,如图3-9所示。等位环3与电极2在同一平面上并将电极2包围,且与电极2绝缘但等电位,这就能使电极2的边缘电力线平直,电极1和2之间的电场基本均匀,而发散的边缘电场发生在等位环3外周不影响传感器两极板间电场。

应该指出,边缘效应引起的非线性与变极距型电容式传感器原理上的非线性恰好相反,因此在一定程度上起了补偿作用,但传感器灵敏度同时下降。

3. 减小和消除寄生电容的影响

由前文可知,寄生电容与传感器电容相并联影响传感器灵敏度,而它的变化则为虚假信号,影响传感器的精度。为减小和消除这种影响,可采用如下方法:

(1) 增加传感器原始电容值。采用减小极板或极筒间的间距(平板式间距为0.2~0.5mm,圆筒式间距为0.15mm),增加工作面积或工作长度来增加原始电容值,但受加工及装配工艺、精度、示值范围、击穿电压、结构等限制,一般电容值在$10^{-3} \sim 10^3$pF范围内。

(2) 注意传感器的接地和屏蔽。图3-10为采用接地屏蔽的圆筒形电容式传感器。图中可动极筒与连杆固定在一起随被测量移动,并与传感器的屏蔽壳(良导体)同为地。因此当可动极筒移动时,它与屏蔽壳之间的电容值将保持不变,从而消除了由此产生的虚假信号。

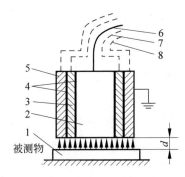

图3-9 带有等位环的平板电容传感器原理图
1,2—电极;3—等位环;4—绝缘层;5—套筒;
6—芯线;7—内屏蔽层;8—外屏蔽层

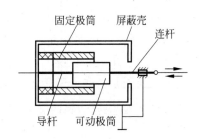

图3-10 圆筒形电容式传感器的接地屏蔽示意图

引线电缆也必须屏蔽在传感器屏蔽壳内。为减小电缆电容的影响,应尽可能使用短的电缆线,缩短传感器至后续电路前置级的距离。

(3) 集成化。将传感器与测量电路本身或其前置级装在一个壳体内,这样寄生电容大为减小,其变化也小,使传感器工作稳定。但因电子元器件本身的特点,不能在超高温、极低温或环境条件恶劣的场合工作。

(4) 采用驱动电缆技术。当电容式传感器的电容值很小,而因某些原因(如环境温度较高),测量电路必须与传感器分开时,可采用驱动电缆技术,如图 3-11 所示。

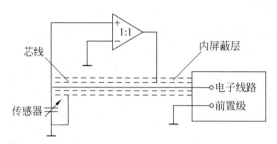

图 3-11　驱动电缆技术原理图

传感器与测量电路前置级间的引线为双屏蔽层电缆,其内屏蔽层与信号传输线(即电缆芯线)通过 1∶1 放大器而为等电位,从而消除了芯线与内屏蔽层之间的电容。由于屏蔽线上有随传感器输出信号变化而变化的电压,因此称为驱动电缆。采用这种技术可使电缆线长达 10m 且不至影响传感器的性能。外屏蔽层接大地(或接传感器的接地端)用来防止外界电场的干扰。内外屏蔽层之间的电容是 1∶1 放大器的负载。1∶1 放大器是一个输入阻抗要求很高、具有容性负载、放大倍数为 1(准确度要求达 1/1000)的同相(要求相移为零)放大器。因此驱动电缆技术对 1∶1 放大器要求很高,电路复杂,但能保证电容式传感器的电容值小于 1pF 时,也能正常工作。

(5) 整体屏蔽。将电容式传感器和所采用的转换电路、传输电缆等用同一个屏蔽壳屏蔽起来,正确选取接地点,可减小寄生电容的影响和防止外界的干扰。如图 3-12(a)所示是差动电容式传感器交流电桥采用的整体屏蔽系统,屏蔽层接地点选择在两固定辅助阻抗臂 R_3 和 R_4 中间,使电缆芯线与其屏蔽层之间的寄生电容 C_3 和 C_4 分别与 R_3 和 R_4 相并联。如果 R_3 和 R_4 比 C_3 和 C_4 的容抗小得多,则寄生电容 C_3 和 C_4 对电桥的平衡状态的影响就很小。

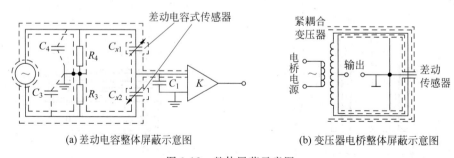

(a) 差动电容整体屏蔽示意图　　(b) 变压器电桥整体屏蔽示意图

图 3-12　整体屏蔽示意图

最易满足上述要求的是变压器电桥如图 3-12(b)所示,这时 R_3 和 R_4 是具有中心抽头并相互紧密耦合的两个电感线圈,流过 R_3 和 R_4 的电流大小基本相等但方向相反。因为 R_3

和 R_4 在结构上完全对称,所以线圈中的合成磁通接近于零,R_3 和 R_4 仅为其绕组的铜电阻及漏感抗,它们都很小。因此寄生电容 C_3 和 C_4 对 R_3 和 R_4 的分路作用即可被削弱到很低的程度而不至于影响交流电桥的平衡。还可以再加一层屏蔽,所加外屏蔽层接地点则选在差动式电容传感器两电容 C_{x1} 和 C_{x2} 之间。

这样进一步降低了外界电磁场的干扰,而内外屏蔽层之间的寄生电容等效作用在测量电路前置级,不影响电桥的平衡,因此在电缆线长达 10m 以上时仍能测出 1pF 的电容。当电容式传感器的原始电容值较大(几百皮法)时,只要选择适当的接地点仍可采用一般的同轴屏蔽电缆。电缆长达 10m 时,传感器也能正常工作。

4. 防止和减小外界干扰

电容式传感器是高阻抗传感元件,易受外界干扰的影响。当外界干扰(如电磁场)在传感器上和导线之间感应出电压并与信号一起输送至测量电路时就会产生误差,甚至使传感器无法正常工作。此外,接地点不同所产生的接地电压差也是一种干扰信号,也会带来误差和故障。防止和减小干扰的某些措施已在前面有初步讨论,现归纳如下:

(1) 屏蔽和接地。用良导体作传感器壳体,将传感元件包围起来,并可靠接地;用金属网套住导线彼此绝缘(即屏蔽电缆),金属网可靠接地;用双层屏蔽线可靠接地;用双层屏蔽罩且可靠接地;传感器与测量电路前置级一起装在良好屏蔽壳体内并可靠接地等。

(2) 增加原始电容量,降低容抗。

(3) 导线间的分布电容有静电感应,因此导线和导线之间距离应远,导线要尽可能短,最好成直角排列,若必须平行排列时可采用同轴屏蔽电缆线。

(4) 尽可能一点接地,避免多点接地。地线要用粗的良导体或宽印制线。

(5) 尽量采用差动式电容传感器,可减小非线性误差,提高传感器灵敏度,减小寄生电容的影响和温度、湿度等其他环境因素导致的测量误差。

3.3 电容式传感器的测量电路

电容式传感器将被测非电量变换为电容变化量后,其电容值非常微小,必须采用信号转换电路将微小电容的变化转换为电压、电流或频率信号,以便于显示、记录以及传输。

3.3.1 变压器电桥

如图 3-13 所示为电容传感器的电桥测量电路,它一般用稳频、稳幅和固定波形的低阻信号源去激励,最后经过电流放大及相敏检波处理得到直流输出信号。

当传感器极板在中心位置时,电容 $C_1=C_2=C_0$,电桥平衡,输出 $\dot{U}_\circ=0$;当传感器极板位移 Δd 引起其电容变化 ΔC 时,测量电桥有不平衡输出。这时电桥的空载输出电压为

$$\dot{U}_\circ = \frac{\dot{U}}{Z_1+Z_2}Z_1 - \frac{\dot{U}}{2} \qquad (3-30)$$

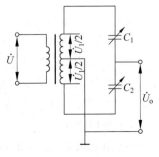

图 3-13 变压器电桥电路

式中，Z_1、Z_2 为传感器的两个差动电容的复阻抗。

由式(3-30)可得

$$\dot{U}_o = \frac{\dot{U}}{2}\frac{C_1-C_2}{C_1+C_2} = \frac{\dot{U}}{2}\frac{\Delta C}{C_0} = \frac{\dot{U}}{2}\frac{\Delta d}{d_0} \tag{3-31}$$

式中，d_0 为差动电容极板间的初始间隙。

$$C_1 = C_0 + \Delta C = \varepsilon_0\varepsilon_r A/(d_0-\Delta d) \tag{3-32}$$

$$C_2 = C_0 - \Delta C = \varepsilon_0\varepsilon_r A/(d_0+\Delta d) \tag{3-33}$$

由式(3-31)可见，把变隙式差动电容传感器接入变压器电桥，其电桥的输出电压与输入位移呈线性关系。

3.3.2 双 T 二极管交流电桥电路

双 T 二极管交流电桥电路(又称二极管 T 型网络)如图 3-14 所示。它是利用电容器充放电原理组成的电路。

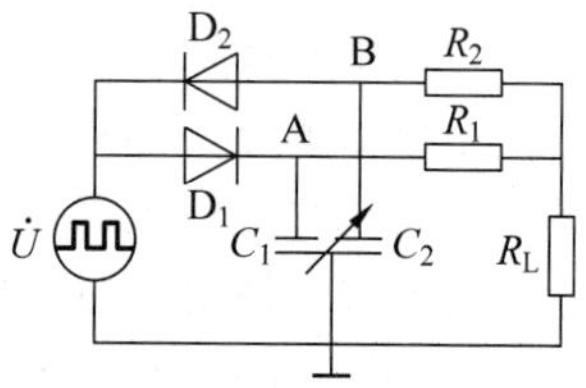

图 3-14 中，$\dot{U}$ 是高频电源，提供幅值为 U 的对称方波(正弦波也适用)；D_1、D_2 为特性完全相同的两个二极管，$R_1=R_2=R$；C_1、C_2 为传感器的两个差动电容。当传感器没有位移输入时，$C_1=C_2$，R_L 在一个周期内流过的平均电流为零，无电压输出。当 C_1 和 C_2 变化时，R_L 上产生的平均电流将不再为零，因而有信号输出。其输出电压的平均值为

图 3-14 双 T 二极管交流电桥

$$\overline{U}_o = I_L R_L = \frac{1}{T}\left\{\int_0^T [I_1(t)-I_2(t)]\mathrm{d}t\right\} \tag{3-34}$$

由式(3-34)可得

$$\overline{U}_o \approx \frac{R(R+2R_L)}{(R+R_L)^2}R_L Uf(C_1-C_2) \tag{3-35}$$

式中，f 为电源频率。

当 R_L 已知时，式(3-35)中

$$K = \frac{R(R+2R_L)}{(R+R_L)^2}R_L \tag{3-36}$$

则

$$\overline{U}_o = KUf(C_1-C_2) \tag{3-37}$$

该电路适用于各种电容式传感器。其应用特点和要求：

(1) 电源、传感器电容、负载均可同时在一点接地；
(2) 二极管 D_1、D_2 工作于高电平下，因而非线性失真小；
(3) 其灵敏度与电源频率有关，因此电源频率需要稳定；
(4) 将 D_1、D_2、R_1、R_2 安装在 C_1、C_2 附近能消除电缆寄生电容影响，线路简单；
(5) 输出电压较高；
(6) 负载电阻 R_L 将影响电容放电速度，从而决定输出信号的上升时间。

3.3.3 差动脉冲宽度调制电路

如图 3-15 所示为一种差动脉冲宽度调制电路。当接通电源后,若触发器 Q 端为高电平(U_1),则 $\bar{Q}$ 端为低电平。

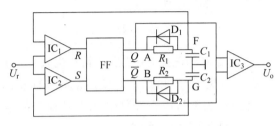

图 3-15　差动脉冲调宽电路

工作时,当双稳态触发器(FF)的输出 A 点为高电位时,通过 R_1 对 C_1 充电;当 F 点电位 U_F 大于参考电压 U_r 时,比较器 IC_1 产生一脉冲使触发器翻转,从而使 Q 端为低电平,$\bar{Q}$ 端为高电平(U_1)。此时,电容 C_1 通过二极管 D_1 迅速放电至零,而触发器由 $\bar{Q}$ 端经 R_2 向 C_2 充电;当 G 点电位 U_G 大于参考电压 U_r 时,比较器 IC_2 输出一脉冲使触发器翻转,从而循环上述过程。

可以看出,电路充放电的时间,即触发器输出方波脉冲的宽度受电容 C_1、C_2 调制。当 $C_1=C_2$ 时,各点的电压波形如图 3-16(a)所示,Q 和 $\bar{Q}$ 两端电平的脉冲宽度相等,两端间的平均电压为零。当 $C_1>C_2$ 时,各点的电压波形如图 3-16(b)所示,Q、$\bar{Q}$ 两端间的平均电压(经一低通滤波器)为

$$U_o = \frac{T_1 - T_2}{T_1 + T_2}U_1 = \frac{C_1 - C_2}{C_1 + C_2}U_1 \tag{3-38}$$

式中,T_1,T_2 为 Q 端和 $\bar{Q}$ 端输出方波脉冲的宽度,即 C_1 和 C_2 的充电时间。

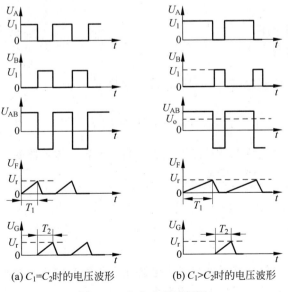

(a) $C_1=C_2$ 时的电压波形　　(b) $C_1>C_2$ 时的电压波形

图 3-16　各点电压波形图

当该电路用于差动式变极距型电容传感器时，由式(3-38)有

$$U_o = \frac{\Delta d}{d_0} U_1 \tag{3-39}$$

这种电路只采用直流电源，无需振荡器，要求直流电源低电压稳定度较高，但比高稳定度的稳频稳幅交流电源易于做到。

用于差动式变面积型电容传感器时有

$$U_o = \frac{\Delta A}{A} U_1 \tag{3-40}$$

这种电路不需要载频和附加解调电路，无波形和相移失真；输出信号只需要通过低通滤波器引出；直流信号的极性取决于 C_1 和 C_2；对变极距和变面积的电容传感器均可获得线性输出。这种脉宽调制电路也便于与传感器做在一起，从而使传输误差和干扰大大减小。

由此可见，脉冲宽度调制电路具有以下特点：

(1) 输出电压与被测位移(或面积)变化呈线性关系；
(2) 不需要解调电路，只要经过低通滤波器就可以得到较大的直流输出电压；
(3) 不需要载波；
(4) 调宽频率的变化对输出没有影响。

3.3.4 运算放大器电路

图 3-17 是运算放大器电路的原理图。

C_1 为传感器电容，它跨接在高增益运算放大器的输入端和输出端之间。放大器的输入阻抗很高($Z_i \to \infty$)，因此可视作理想运算放大器。其输出端输出与 C_1 成反比的电压 U_o，即

$$\dot{U}_o = -\dot{U}_i \frac{C_0}{C_1} \tag{3-41}$$

式中　$\dot{U}_i$——信号源电压；
　　　C_0——固定电容。

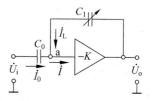

图 3-17　运算放大器电路

对变极距型电容传感器 $\left(C_1 = \frac{\varepsilon_0 \varepsilon_r A}{d}\right)$，式(3-41)可写为

$$\dot{U}_o = -\dot{U}_i \frac{C_0}{\varepsilon_0 \varepsilon_r A} d \tag{3-42}$$

可见这种电路的最大特点就是能够克服变间隙电容式传感器的非线性而使其输出电压与输入位移(间隙变化)有线性关系。

3.3.5 调频电路

这种电路是将电容传感器元件与一个电感元件相配合构成一个调频振荡器，如图 3-18 所示。当被测量使电容传感器的电容值发生变化时，振荡器的振荡频率产生相应变化。振

荡器的振荡频率由下式决定：

$$f = \frac{1}{2\pi\sqrt{LC}} \qquad (3\text{-}43)$$

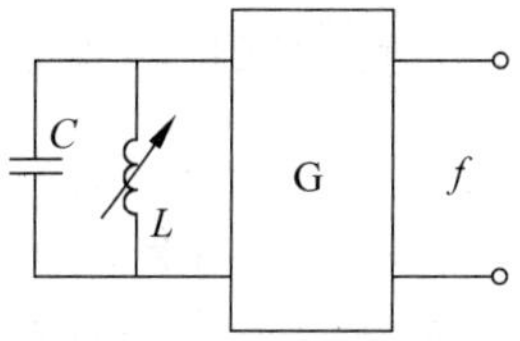

式中　L——振荡回路的电感；
　　　C——振荡回路的总电容。

　　C 一般由传感器电容 $C_0 \pm \Delta C_0$ 和谐振回路中的固定电容 C_1 及电缆电容 C_c 组成，即 $C = C_1 + C_c + C_0 \pm \Delta C_0$。

图 3-18　调频测量电路

　　当 $\Delta C \neq 0$ 时，振荡频率随 ΔC 而改变，

$$f = f_0 \mp \Delta f = \frac{1}{2\pi\sqrt{L(C_1 + C_c + C_0 \pm \Delta C_0)}} \qquad (3\text{-}44)$$

其中，$f_0 = \dfrac{1}{2\pi\sqrt{L(C_1 + C_c + C_0)}}$ 为传感器处于初始状态时振荡电路的谐振频率。

　　由式(3-44)可知，振荡器输出信号是一个受被测量调制的调谐波，其频率由该式决定。可以通过限幅、鉴频、放大等电路输出一定电压信号，也可以直接通过计数器测定其频率值。

　　这类测量电路的特点是灵敏度高，可测量 $0.01\mu m$ 甚至更小的位移变化量；抗干扰能力强；能获得高电平的直流信号或频率数字信号。缺点是受温度影响大，给电路设计和传感器设计带来一定的困难。

3.4　电容式传感器的应用

　　电容式传感器可用来测量直线位移、角位移、振动振幅，尤其适合测量高频振动振幅、精密轴系回转精度、加速度等机械量。变极距型电容式传感器适用于较小位移的测量，量程在 $0.01\mu m$ 至数百微米、误差小于 $0.01\mu m$、分辨力可达 $0.001\mu m$。变面积型电容式传感器能测量较大的位移，量程为零点几毫米至数百毫米之间、线性优于 0.5%、分辨力为 $0.001 \sim 0.01\mu m$。电容式角度传感器和角位移传感器的动态范围为 $0.1''$ 至几十度，分辨力约 $0.1''$，零位稳定性可达角秒级，广泛用于精密测量角度，如用于高精度陀螺和摆式加速度计。电容式测振幅传感器可测峰值为 $0 \sim 50\mu m$、频率为 $10 \sim 2000Hz$，灵敏度高于 $0.01\mu m$，非线性误差小于 $0.05\mu m$。

　　电容式传感器还可用来测量压力、压差、液位、料面、成分含量（如油、粮食中的含水量）、非金属材料的涂层、油膜等的厚度，测量电介质的湿度、密度、厚度等，在自动检测和控制系统中也常常用来作为位置信号发生器。差动电容式压力传感器测量范围可达 $50MPa$，误差小于 0.5%。电容式传感器厚度测量范围为几百微米，分辨力可达 $0.01\mu m$。电容式接近开关不仅能检测金属，而且能检测塑料、木材、纸、液体等其他电介质，但目前还不能达到超小型，其动作距离约为 $10 \sim 20mm$。静电电容式电平开关是广泛用于检测储存在油罐、料斗等容器中各种物体位置的一种成熟产品。当电容式传感器测量金属表面状况、距离尺寸、振动振幅时，往往采用单边式变极距型，这时被测物是电容器的一个电极，另一个电极则在传感器内。这类传感器属非接触测量，动态范围比较小，约为十分之几毫米，测量误差小于 $0.1\mu m$，分辨力为 $0.001 \sim 0.01\mu m$。

1. 电容式位移传感器

如图 3-19 所示为一种变面积型电容式位移传感器。它采用差动式结构、圆柱形电极，与测杆相连的动电极随被测位移而轴向移动，从而改变活动电极与两个固定电极之间的覆盖面积，使电容发生变化。它用于接触式测量，电容与位移呈线性关系。

2. 电容式加速度传感器

如图 3-20 所示为电容式传感器及由其构成的力平衡式挠性加速度计。

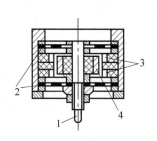

图 3-19 电容式位移传感器
1—测杆；2—开槽簧片；3—固定电极；4—活动电极

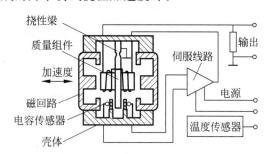

图 3-20 电容式挠性加速度传感器

敏感加速度的质量组件由石英动极板及力发生器线圈组成，并由石英挠性梁弹性支撑，其稳定性极高。固定于壳体的两个石英定极板与动极板构成差动结构，两极面均镀金属膜形成电极。由两组对称 E 形磁路与线圈构成的永磁动圈式力发生器，互为推挽结构，大大提高了磁路的利用率和抗干扰性。

工作时，质量组件感知被测加速度，使电容传感器产生相应输出，经测量（伺服）电路转换成比例电流输入力发生器，使其产生一电磁力与质量组件的惯性力精确平衡，迫使质量组件随被加速的载体而运动；此时，流过力发生器的电流，即精确反映了被测加速度值。在这种加速度传感器中，传感器和力发生器的工作面均采用微气隙"压膜阻尼"，使它比通常的油阻尼具有更好的动态特性。典型的石英电容式挠性加速度传感器的量程为 $0\sim150\text{m/s}^2$，分辨力 $1\times10^{-5}\text{m/s}^2$，非线性误差和不重复性误差均不大于 $0.03\%\text{F.S.}$。

3. 电容式力和压力传感器

如图 3-21 所示为大吨位电子吊秤用电容式称重传感器。扁环形弹性元件内腔上下平面上分别固连电容传感器的定极板和动极板。称重时，弹性元件受力变形，使动极板位移，导致传感器电容量变化，从而引起由该电容组成的振荡器频率变化。频率信号经计数、编码，传输到显示部分。

如图 3-22 所示为一种典型的小型差动电容式压力传感器结构。加有预张力的不锈钢膜片作为敏感元件，同时作为可变电容的活动极板。电容的两个固定极板是在玻璃基片上镀有金属层的球面极片。在压差作用下，膜片凹向压力小的一面，导致电容量发生变化。球面极片（图中被夸大）可以在压力过载时保护膜片，并改善性能。其灵敏度取决于初始间隙 d，d 越小，灵敏度越高。其动态响应主要取决于膜片的固有频率。这种传感器可与图 3-15 所示差动脉冲调宽电路相连构成测量系统。

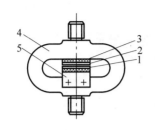
图 3-21 电容式称重传感器
1—动极板；2—定极板；3—绝缘材料；
4—弹性体；5—极板支架

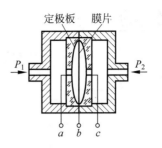
图 3-22 差动电容式传感器

4. 电容式湿度传感器

湿度传感器主要用来测量环境的相对湿度。传感器的感湿组件是高分子薄膜式湿敏电容，其结构如图 3-23 所示。它的两个上电极是梳状金属电极，下电极是一网状多孔金属电极，上下电极间是亲水性高分子介质膜。两个梳状上电极、高分子薄膜和下电极构成两个串联的电容器，如图 3-23(c)所示。当环境相对湿度改变时，高分子薄膜通过网状下电极吸收或放出水分，使高分子薄膜的介电常数发生变化，从而导致电容量变化。

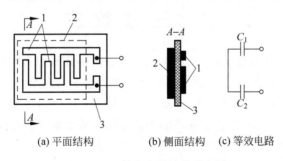

(a) 平面结构　　　(b) 侧面结构　　　(c) 等效电路

图 3-23 湿敏电容器结构示意图
1—上电极；2—下电极；3—介质膜

本 章 习 题

1. 说明电容式传感器的工作原理，电容式传感器有哪几种类型？差动结构的电容传感器有什么优点？

2. 电容式传感器在实际应用中主要存在哪些问题对其理想特性产生较大影响？

3. 已知变面积型电容传感器的两极板间距离为 10mm，$\varepsilon=50\mu F/m$，两极板几何尺寸一样，为 30mm×20mm×5mm，在外力作用下，其中动极板在原位置上向外移动了 10mm，试求 ΔC、K 的值。

4. 一个圆形平板电容式传感器，其极板半径为 5mm，工作初始间隙为 0.3mm，空气介质，所采用的测量电路的灵敏度为 100mV/pF，读数仪表灵敏度为 5 格/mV。如果工作时传感器的间隙产生 $2\mu m$ 的变化量，则读数仪表的指示值变化多少格？

第 4 章

压电式传感器

压电式传感器是一种有源的双向机电传感器。它的工作原理是基于压电材料的压电效应。石英晶体的压电效应早在 1680 年即已发现,1948 年制作出第一个石英传感器,在石英晶体的压电效应被发现后,一系列的单晶、多晶陶瓷材料和近些年发展起来的有机高分子聚合材料,也都具有相当强的压电效应。压电效应自发现以来,在电子、超声、通信、引爆等许多技术领域均得到广泛的应用。压电式传感器具有使用频带宽、灵敏度高、信噪比高、结构简单、工作可靠、质量轻、测量范围广等许多优点,因此在压力冲击和振动等动态参数测试中,是主要的传感器品种,它可以把加速度、压力、位移、温度、湿度等许多非电量转换为电量。近年来由于电子技术飞跃发展,随着与之配套的二次仪表,以及低噪声、小电容、高绝缘电阻电缆的出现,使压电传感器使用更为广泛;同时,集成化、智能化的新型压电传感器也不断涌现。

4.1 压电效应

某些单晶体或多晶体陶瓷电介质,当沿着一定方向对其施加力的作用而使它变形时,内部就产生极化现象,同时在它的两个对应晶面上便产生符号相反的等量电荷,当外力取消后,电荷也消失,又重新恢复不带电状态,这种现象称为压电效应。当作用力方向改变时,电荷的极性也随着改变。相反,当在电介质的极化方向上施加电场作用时,这些电介质晶体会在一定的晶轴方向产生机械变形,外加电场消失,变型也随之消失,这种现象称为逆压电效应。具有这种压电效应的物质称为压电材料,常用的压电材料有石英、钛酸钡、锆钛酸铅等。

压电材料的压电特性常用压电方程来描述

$$q_i = d_{ij}\sigma_j \quad \text{或} \quad Q = d_{ij}F \tag{4-1}$$

式中 q——电荷的表面密度(C/cm^2);

σ——单位面积上的作用力(N/cm^2);

d_{ij}——压电常数(C/N),$i=1,2,3$;$j=1,2,3,4,5,6$。

压电常数有两个下角标,其中第一个角标 i 表示晶体的极化方向。当产生电荷的表面垂直于 x 轴(y 轴或 z 轴)时,记作 $i=1$(或 2,3)。第二个下角标 $j=1$(或 2,3,4,5,6),分别表示沿 x 轴、y 轴、z 轴方向的单向应力和在垂直于 x 轴、y 轴、z 轴的平面内作用的剪切力。单向应力的符号规定拉应力为正而压应力为负;剪切力的符号用右螺旋定则确定。

晶体在任意受力状态下所产生的表面电荷密度可由下列方程组决定

$$\begin{cases} q_1 = d_{11}\sigma_1 + d_{12}\sigma_2 + d_{13}\sigma_3 + d_{14}\sigma_4 + d_{15}\sigma_5 + d_{16}\sigma_6 \\ q_2 = d_{21}\sigma_1 + d_{22}\sigma_2 + d_{23}\sigma_3 + d_{24}\sigma_4 + d_{25}\sigma_5 + d_{26}\sigma_6 \\ q_3 = d_{31}\sigma_1 + d_{32}\sigma_2 + d_{33}\sigma_3 + d_{34}\sigma_4 + d_{35}\sigma_5 + d_{36}\sigma_6 \end{cases} \tag{4-2}$$

式中 q_1、q_2、q_2——垂直于 x 轴、y 轴和 z 轴的表面上的电荷密度;

$\sigma_1 、\sigma_2 、\sigma_3$——沿着 x 轴、y 轴和 z 轴的拉应力或压应力；

$\sigma_4 、\sigma_5 、\sigma_6$——垂直于 x 轴、y 轴、z 轴的平面内的剪切力。

这样，压电材料的压电特性可以用压电常数矩阵表示如下

$$\boldsymbol{d}_{ij} = \begin{bmatrix} d_{11} & d_{12} & d_{13} & d_{14} & d_{15} & d_{16} \\ d_{21} & d_{22} & d_{23} & d_{24} & d_{25} & d_{26} \\ d_{31} & d_{32} & d_{33} & d_{34} & d_{35} & d_{36} \end{bmatrix} \tag{4-3}$$

4.2 压电晶体

4.2.1 石英晶体的压电机理和压电常数

石英晶体是最常用的压电晶体之一。如图 4-1 所示为天然结构的石英晶体，它是个六角形晶柱。在直角坐标系中，z 轴表示其纵向轴，称为光轴；x 轴平行于正六面体的棱面，称为电轴；y 轴垂直于正六面体棱面，称为机械轴。通常沿电轴（x 轴）方向的力作用下产生电荷的压电效应称为"纵向压电效应"；而把沿机械轴（y 轴）方向的力作用下产生电荷的压电效应称为"横向压电效应"；在光轴（z 轴）方向受力时则不产生压电效应。

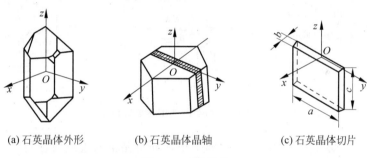

(a) 石英晶体外形　　(b) 石英晶体晶轴　　(c) 石英晶体切片

图 4-1　石英晶体

从晶体上沿轴线切下的薄片称为晶体切片，如图 4-1(c)所示即为石英晶体切片的示意图。当晶片在沿电轴方向受到外力 F_x 作用时，在与电轴垂直的平面上产生电荷 Q_x，它的大小为

$$Q_x = d_{11} F_x \tag{4-4}$$

式中，d_{11} 为压电系数（C/g 或 C/N）。

从式(4-4)中可以看出，当晶体受到电轴方向外力作用时，晶面上产生的电荷 Q_x 与作用力 F_x 成正比，而与晶片的几何尺寸无关。当 F_x 是压力时，电荷 Q_x 为负；当 F_x 是拉力时，电荷 Q_x 为正，如图 4-2(a)、(b)所示。

如果在同一晶片上，作用的力是沿着机械轴（y 轴）方向的，其电荷仍在与 x 轴垂直的平面上出现，而极性方向相反，如图 4-2(c)、(d)所示。此时电荷量为

$$Q_y = d_{12} \frac{a}{b} F_y = -d_{11} \frac{a}{b} F_y \tag{4-5}$$

式中　a、b——晶体切片的长度和厚度；

d_{12}——y 轴方向受力时的压电系数。

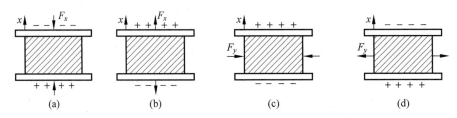

图 4-2　晶体切片上电荷符号与受力方向的关系

由于石英晶体轴对称,有 $d_{12}=-d_{11}$。

从式(4-5)可见,沿机械轴(y 轴)方向的力作用在晶体上时产生的电荷与晶体切片的尺寸有关。式中的负号说明沿 y 轴的压力所引起的电荷极性与沿 x 轴的压力所引起的电荷极性是相反的。

此外,石英晶体除了纵向、横向压电效应外,在切向应力作用下也会产生电荷。

石英晶体的上述特性与其内部分子结构有关。将一个单元组体中构成石英晶体的硅离子和氧离子,在垂直于 z 轴的 xy 平面上的投影,等效为一个正六边形排列,如图 4-3 所示。图中阳离子代表 Si^{4+} 离子,阴离子代表氧离子 O^{2-}。

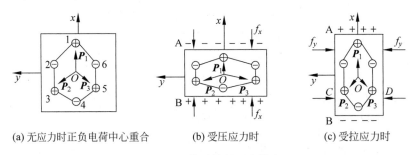

(a) 无应力时正负电荷中心重合　(b) 受压应力时　(c) 受拉应力时

图 4-3　石英晶体的压电效应

当石英晶体未受外力作用时,正、负离子正好分布在正六边形的顶角上,形成三个互成 120°夹角的电偶极矩 P_1、P_2、P_3,如图 4-3(a)所示。因为电偶极矩的定义为电荷 q 与间距 l 的乘积,即 $P=ql$,其方向是从负电荷指向正电荷,是矢量。此时正负电荷重心重合,电偶极矩的矢量和等于零,即 $P_1+P_2+P_3=0$,所以晶体表面不产生电荷,即呈中性。

当石英晶体受到沿 x 轴方向的压力(σ_1)作用时,晶体沿 x 方向将产生压缩变形,正、负离子中心不再重合,电偶极矩在 x 轴方向上的分量,由于相对位置也随之变动。如图 4-3(b)所示,此时正负电荷重心不再重合,电偶极矩在 x 方向上的分量由于 P_1 的减小和 P_2、P_3 的增大而不等于零,即 $(P_1+P_2+P_3)_x>0$。在 x 轴的正方向出现正电荷,电偶极矩在 y 方向上的分量仍为零(因为 P_2、P_3 在 y 方向上的分量大小相等而方向相反),不出现电荷。由于 P_1、P_2 和 P_3 在 z 轴方向上的分量为零,不受外力作用的影响,所以在 z 轴方向上也不出现电荷。从而使石英晶体的压电常数为

$$d_{11}\neq 0,\quad d_{21}=d_{31}=0$$

当石英晶体受到沿 y 轴方向的压力(σ_2)作用时,晶体沿 y 方向将产生压缩变形,其离子排列结构如图 4-3(c)所示。与图 4-3(b)情况相似,此时 P_1 增大,P_2、P_3 减小,在 x 方向出现电荷,其极性如图 4-3(c)所示,而在 y 轴和 z 轴方向上则不出现电荷。因此,压电常数为

$$d_{12} = -d_{11} \neq 0, \quad d_{22} = d_{32} = 0$$

当沿 z 轴方向上施加作用力(σ_3)时，因为晶体在 x 方向和 y 方向产生的变形完全相同，所以其离正、负电荷中心保持重合，电偶极矩矢量和为零，晶体表面无电荷呈现。这表明沿 z 轴方向施加作用力，晶体不会产生压电效应，其相应压电常数为

$$d_{13} = d_{23} = d_{33} = 0$$

当切应力 $\sigma_4(\tau_{yz})$ 作用于晶体时产生切应变，同时在 x 方向有伸缩应变，故在 x 方向上有电荷出现而产生压电效应，其相应的压电常数为

$$d_{14} \neq 0, \quad d_{15} = d_{16} = 0$$

当切应力 $\sigma_5(\tau_{zx})$ 和 $\sigma_6(\tau_{xy})$ 作用时都产生切应变，这种应变改变了 y 方向上 $\boldsymbol{P}=\boldsymbol{0}$ 的状态。所以 y 方向上有电荷出现，存在 y 方向上的压电效应，其相应的压电常数为

$$d_{15} = 0 \quad d_{25} \neq 0 \quad d_{35} = 0$$
$$d_{16} = 0 \quad d_{26} \neq 0 \quad d_{36} = 0$$

而且，$d_{25} = -d_{14}$，$d_{26} = -d_{11}$。所以，对于石英晶体，如前所述，其压电常数矩阵为

$$\boldsymbol{d}_{ij} = \begin{bmatrix} d_{11} & d_{12} & 0 & d_{14} & 0 & 0 \\ 0 & 0 & 0 & 0 & d_{25} & d_{26} \\ 0 & 0 & 0 & 0 & 0 & 0 \end{bmatrix} = \begin{bmatrix} d_{11} & -d_{11} & 0 & d_{14} & 0 & 0 \\ 0 & 0 & 0 & 0 & -d_{14} & -2d_{11} \\ 0 & 0 & 0 & 0 & 0 & 0 \end{bmatrix} \quad (4\text{-}6)$$

所以实际上只有 d_{11} 和 d_{14} 两个常数才是有意义的。

4.2.2 压电陶瓷

1. 压电陶瓷的压电机理和压电常数

压电陶瓷是人工制造的多晶体，它的压电机理与石英晶体不同。压电陶瓷材料内的晶粒有许多自发极化的电畴，在极化处理以前，各晶粒内电畴按任意方向排列，自发极化作用相互抵消，陶瓷内极化强度为零，如图 4-4(a)所示。

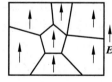
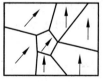

(a) 未极化的陶瓷　　(b) 正在极化的陶瓷　　(c) 极化后的陶瓷

图 4-4　压电陶瓷的极化

当陶瓷上施加外电场时，电畴自发极化方向转到与外加电场方向一致，如图 4-4(b)所示。既然进行了极化，此时压电陶瓷具有一定极化强度，当外加电场撤销后，各电畴的自发极化在一定程度上按原外加电场方向取向，陶瓷极化强度并不立即恢复到零，如图 4-4(c)所示。这种极化强度称为剩余极化强度，这样的陶瓷片极化的两端就出现束缚电荷，一端为正电荷，另一端为负电荷，如图 4-5 所示。由于束缚电荷的作用，在陶瓷片的电极表面上很快吸附了一层来自外界的自由电荷。这些自由电荷与陶瓷片内的束缚电荷符号相反而数值相等，它起着屏蔽和抵消陶瓷片内极化强度对外的作用，因此陶瓷片对外不表现极性。

如果在压电陶瓷片上加一个与极化方向平行的外力,陶瓷片将产生压缩变形,片内的正、负束缚电荷之间距离变小,电畴发生偏转,极化强度也变小。因此,原来吸附在极板上的自由电荷,有一部分被释放而出现放电现象。当压力撤销后,陶瓷片恢复原状,片内的正、负电荷之间的距离变大,极化强度也变大,因此电极上又吸附一部分自由电荷出现充电现象,这种由机械能转变为电能的现象,就是压电陶瓷的正压电效应,放电电荷的多少与外力的大小成正比关系,即

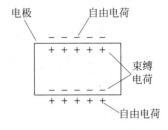

图 4-5 压电陶瓷片内的束缚电荷与电极上吸附的自由电荷示意图

$$Q = d_{33}F \tag{4-7}$$

式中 Q——电荷量;

d_{33}——压电陶瓷的压电常数;

F——作用力。

应该注意,刚刚极化后的压电陶瓷的特性是不稳定的,经过两三个月以后,压电常数才近似保持为一定常数,经过二年以后,压电常数又会下降,所以做成的传感器要经常校准。另外,压电陶瓷也存在逆压电效应。

2. 压电陶瓷种类

常见压电陶瓷有以下几种:

(1) 钛酸钡($BaTlO_3$)压电陶瓷,具有比较高的压电系数($d_{33}=(200\sim500)\times10^{-12}$ C/N),介电常数、机械强度不及石英。

(2) 锆钛酸铅 $Pb(ZrTi)O_3$ 系压电陶瓷(PZT)。压电系数较高($d_{33}=(200\sim500)\times10^{-12}$ C/N),各项机电参数随温度、时间等外界条件的变化而变化,在锆钛酸铅中添加一些微量元素,如 La、Nb、Sb、Sn、Mn、W 等,可以得到不同性能的 PZT 材料。

(3) 铌酸盐系压电陶瓷。这一系列的压电陶瓷是以铌酸钾($KNbO_3$)和铌酸铅($PbNb_2O_3$)为基础的。由于铌酸铅的介电常数比较低,所以在铌酸铅中用钡或锶替代一部分铅,可引起性能的根本变化,从而得到具有较高机械品质因数的铌酸盐压电陶瓷。铌酸钾是通过热压过程制成的,适用于 10~40MHz 的高频换能器。

(4) 铌镁酸铅 $Pb(Mg_{1/3}Nb_{2/3})O_3$-$PbTiO_3$-$PbZrO_3$ 压电陶瓷(PMN)。具有较高的压电系数($d_{33}=800\sim900\times10^{-12}$ C/N),在压力为 $400kg/cm^2$ 时仍能继续工作,可作为高温下的压力传感器。

4.2.3 压电元件的基本变形和连接方式

1. 压电元件的基本变形

由压电常数矩阵可以看出,对能量转换有意义的石英晶体的变形方式有以下 6 种。

(1) 厚度变形(TE 方式),如图 4-6(a)所示。这种变形方式利用石英晶体的纵向压电效应,产生的表面电荷密度或表面电荷为

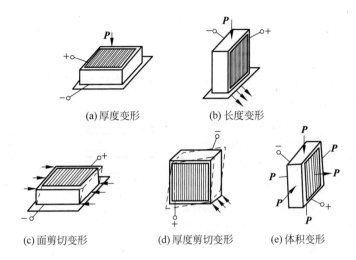

(a) 厚度变形　　(b) 长度变形

(c) 面剪切变形　　(d) 厚度剪切变形　　(e) 体积变形

图 4-6　压电元件的受力状态和变形方式

$$q_x = d_{11}\sigma_x \quad 或 \quad Q_x = d_{11}F_x \tag{4-8}$$

(2) 长度变形(LE 方式)，如图 4-6(b)所示。利用石英晶体的横向压电效应，表面电荷密度或表面电荷为

$$q_x = d_{12}\sigma_y \quad 或 \quad Q_x = d_{12}F_y\frac{S_x}{S_y} \tag{4-9}$$

式中　S_x——压电元件垂直于 x 轴的表面积；

　　　S_y——压电元件垂直于 y 轴的表面积。

(3) 面剪切变形(FS 方式)，如图 4-6(c)所示。相应的计算公式为

$$q_x = d_{14}\tau_{yz} \quad （对于 x 切晶片） \tag{4-10}$$

$$q_y = d_{25}\tau_{zx} \quad （对于 y 切晶片） \tag{4-11}$$

(4) 厚度剪切变形(TS 方式)，如图 4-6(d)所示。计算公式为

$$q_y = d_{26}\tau_{xy} \quad （对于 y 切晶片） \tag{4-12}$$

(5) 弯曲变形(BS 方式)。弯曲变形不是基本的变形方式，而是拉、压应力和剪切应力共同作用的结果，应根据具体的晶体切割及弯曲情况选择合适的压电常数进行计算。

(6) 体积变形(VE 方式)。对钛酸钡陶瓷，还有体积变形(VE 方式)可以利用，如图 4-6(e)所示，此时产生的表面电荷按下式计算

$$q_z = d_{31}\sigma_x + d_{32}\sigma_y + d_{33}\sigma_z \tag{4-13}$$

由于此时 $\sigma_x = \sigma_y = \sigma_z = \sigma$，同时对钛酸钡压电陶瓷有 $d_{31} = d_{32}$，所以

$$q_z = (2d_{31} + d_{33})\sigma = d_h\sigma \tag{4-14}$$

式中，$d_h = 2d_{31} + d_{33}$ 为体积压缩的压电常数。这种变形方式可用来进行液体或气体压力的测量。

因为对石英晶体各个方向施加相同的作用力(如液体压力、应力等)，石英晶体始终保持电中性不变，所以石英晶体没有体积变形的压电效应。

2. 压电元件的连接方式

在压电式传感器中，压电材料一般不用一片，而常常采用两片（或是两片以上）黏结在一起。由于压电材料的电荷是有极性的，因此接法也有两种，如图 4-7 所示，图 4-7(a)所示接法叫做"并联"，其输出电容 C' 为单片电容的两倍，但输出电压 U' 等于单片电压 U，极板上的电荷量 Q' 为单片电荷量 Q 的两倍，即

$$Q' = 2Q, \quad U' = U, \quad C' = 2C$$

图 4-7(b)所示接法称为两压电片的"串联"，从图中可知，输出的总电荷 Q' 等于单片电荷 Q，而输出电压 U' 为单片电压 U 的两倍，总电容 C' 为单片电容 C 的一半，即

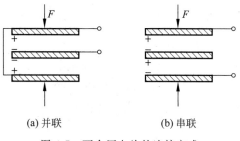

图 4-7 两个压电片的连接方式

(a) 并联　　(b) 串联

$$Q' = Q, \quad U' = 2U, \quad C' = \frac{C}{2}$$

上述两种连接方法可根据测试要求合理选用。

4.2.4 PVDF 压电薄膜

聚偏氟乙烯（Polyvinylidene Fluoride，PVDF）是 20 世纪 70 年代在日本问世的一种新型的高分子聚合物型压电材料，它具有如下优点：

（1）压电常数比石英高十多倍。

（2）柔性和加工性能好，可制成 $5\mu m$ 到 1mm 厚度不等、形状不同的大面积的薄膜，因此适于做大面积的传感阵列器件。

（3）声阻抗低，为 3.5×10^{-6} Pa·s/m，仅为 PZT 压电陶瓷的 1/10，它的声阻抗与水或人体肌肉的声阻抗很接近，并且柔顺性好，便于贴近人体，与人体接触时安全舒适，因此适于用作水听器和医用仪器的传感元件。

（4）频响宽，室温下在 $10^{-5} \sim 10^9$ Hz 范围内响应平坦，可在准静态、低频、高频、超声及超高频范围内应用。

（5）由于 PVDF 的分子结构链中有氟原子使得它的化学稳定性和耐疲劳性高，吸湿性低，并有良好的热稳定性。

（6）可耐受强电场作用（$75V/\mu m$）。

（7）质量轻，它的密度只是 PZT 压电陶瓷的 1/4，做成传感器对被测量的结构影响小。

（8）容易加工和安装，可以根据实际需要来制定形状。

如图 4-8 所示为应用 PVDF 制成的血压传感器结构图。传感器制成圆柱体的纵切形状，可以很好地与上腕部动脉沟吻合，使用起来十分方便。这种血压传感器具有结构简单、性能可靠、灵敏度高、抗干扰能力强、易于小型化的特点。

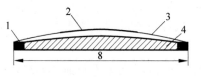

图 4-8 血压传感器结构图
1—塑料骨架；2—PVDF 薄膜；
3—硅凝胶弹性体；4—硬质衬底

4.3 测量电路

4.3.1 压电式传感器等效电路

压电式传感器对被测量的变化是通过压电元件产生电荷量的大小来反映的,因此它相当于一个电荷源。当压电片受力时在电极一个极板上聚集正电荷,另一个极板上聚集负电荷,这两种电荷量相等如图 4-9 所示。而压电元件电极表面聚集电荷时,它又相当于一个以压电材料为电介质的电容器。其电容量为

$$C_a = \frac{\varepsilon A}{h} = \frac{\varepsilon_r \varepsilon_0 A}{h} \quad (4\text{-}15)$$

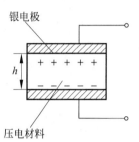

图 4-9 压电元件结构示意图

式中　A——极板面积;
　　　h——压电片厚度;
　　　ε——介质介电常数;
　　　ε_0——空气介电常数其为 $8.86 \times 10^{-4} \text{F/cm}$;
　　　ε_r——压电材料的相对介电常数。

两板间电压

$$U = \frac{Q}{C_a} \quad (4\text{-}16)$$

所以可以把压电式传感器等效成为一个电压源 $U = Q/C_a$ 和一个电容 C_a 的串联电路,如图 4-10(a)所示。压电式传感器也可以等效为一个电荷源与一个电容并联的电路,如图 4-10(b)所示。只有在外电路电阻无穷大,内部也无漏电时,受力所产生的电压 U 才能长期保存下来,如果电阻不是无穷大,则电路就要以时间常数 $R_L C_a$ 按指数规律放电。

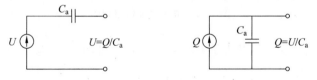

(a)压电式传感器的串联等效电路　　(b)压电式传感器的并联等效电路

图 4-10 压电式传感器的等效电路

因此,在测量一个变化频率很低的参数时,就需保证负载电阻 R_L 具有较高的数值,从而保证有很大的时间常数 $R_L C_a$,使漏电造成的电压降很小,不至于造成显著误差,这时 R_L 一般要达到数百兆欧以上。

4.3.2 测量电路

压电式传感器要求高的负载电阻 R_L,因此常在压电式传感器输出端后面,先接入一个

高输入阻抗的前置放大器,然后再接一般的放大电路及其他电路。前置放大器有两个作用,一是把压电传感器的微弱信号放大;二是把传感器的高阻抗输出变换为低阻抗输出。

压电式传感器的输出可以是电压,也可以是电荷。因此,它的前置放大器也有电压和电荷型两种形式。一般来说,压电式传感器的绝缘电阻 $R_a \geqslant 10^{10}$ Ω,为了尽可能保持压电传感器的输出值不变,要求前置放大器的输入电阻应尽量高,一般最低在 10^{11} Ω 以上,这样才能减小由于漏电造成的电压(或电荷)的损失,不致引起过大的测量误差。

1. 电压放大器(阻抗变换器)

压电式传感器在实际使用时要与测量仪表连在一起,这时还应考虑连接电缆的等效电容 C_c、放大器的输入电阻 R_i 及输入电容为 C_i,那么完整的电压放大器等效电路如图 4-11(a) 所示。如图 4-11(b) 所示为简化的电压放大器等效电路,等效电阻 R 为

$$R = \frac{R_a R_i}{R_a + R_i} \tag{4-17}$$

等效电容 C 为

$$C = C_c + C_i \tag{4-18}$$

式中　R_a——传感器绝缘电阻;
　　　R_i——前置放大器输入电阻;
　　　C_a——传感器内部电容;
　　　C_c——电缆电容;
　　　C_i——前置放大器输入电容。

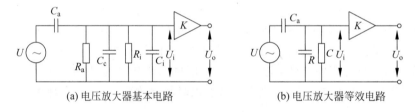

(a) 电压放大器基本电路　　　(b) 电压放大器等效电路

图 4-11　电压放大器原理图

如果压电元件受到交变正弦力 $F = F_m \sin \omega t$ 的作用,则在压电陶瓷元件上产生的电压值为

$$U_a = \frac{d_{33} F_m}{C_a} \sin \omega t = U_m \sin \omega t \tag{4-19}$$

式中,U_m 为压电元件输出电压的幅值,$U_m = d_{33} F_m / C_a$。

由图 4-10(b) 可见,输入放大器输入端的电压为 U_i,把它写成复数形式,则得到

$$\dot{U}_i = d_{33} \dot{F} \frac{j\omega R}{1 + j\omega R(C_a + C)} \tag{4-20}$$

U_i 的幅值为

$$U_{im} = \frac{d_{33} F_m \omega R}{\sqrt{1 + (\omega R)^2 (C_a + C_c + C_i)^2}} \tag{4-21}$$

输入电压与作用力之间的相位差 φ 为

$$\varphi = \frac{\pi}{2} - \arctan\omega(C_a + C_c + C_i)R \qquad (4\text{-}22)$$

所以,压电式传感器的电压灵敏度为

$$S_v = \frac{U_{im}}{F_m} = \frac{d_{33}}{\sqrt{\frac{1}{(\omega R)^2} + (C_a + C_c + C_i)^2}} \qquad (4\text{-}23)$$

由式(4-23)可知

(1) 当 ω 为零时,电压灵敏度 S_v 为零,所以压电式传感器不能测量静态物理量。

(2) 当 ωR 很大,即 $\omega R \gg 1$ 时,有 $S_v = \dfrac{d_{33}}{C_a + C_c + C_i}$,与输入频率 ω 无关,说明电压放大器有良好的高频特性。

(3) S_v 与 C_c 有关,C_c 改变时,S_v 也改变。所以不能随意更换传感器出厂时的连接电缆长度。另外,连接电缆过长会降低灵敏度。

电压放大器电路简单,元件价格低廉;但电缆长度对测量准确度影响较大,限制了其应用。解决电缆问题的办法是将放大器装入传感器之中,组成一体化传感器。

2. 电荷放大器

电荷放大器实质上是负反馈放大器,它能将高内阻的电荷源转换为低内阻的电压源,而且输出电压正比于输入电荷,因此,电荷放大器同样也起着阻抗变换的作用。电荷放大器等效电路如图 4-12 所示,其中 C_f、R_f 为反馈电路参数。

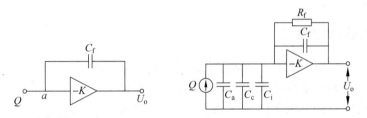

(a) 电荷放大器原理示意图　　(b) 电荷放大器等效电路

图 4-12　电荷放大器原理图

在高频时,忽略电阻 R_a、R_i 和 R_f 的影响,则输入到放大器的电荷量为

$$Q_i = Q - Q_f$$

所以

$$Q_f = (U_i - U_o)C_f = \left(-\frac{U_o}{K} - U_o\right)C_f = -(1+K)\frac{U_o}{K}C_f$$

$$Q_i = U_i(C_i + C_c + C_a) = -\frac{U_o}{K}(C_i + C_c + C_a)$$

式中,K 开环放大倍数。所以有

$$-\frac{U_o}{K}(C_i + C_c + C_a) = Q - \left[-(1+K)\frac{U_o}{K}C_f\right] = Q + (1+K)\frac{U_o}{K}C$$

故放大器的输出电压为

$$U_o = \frac{-KQ}{C_a + C_c + C_i + (1+K)C_f} \tag{4-24}$$

当 $K \gg 1$，而 $(1+K)C_f \gg C_i + C_c + C_a$ 时，放大器输出电压可以表示为

$$U_o = -\frac{Q}{C_f} \tag{4-25}$$

由式(4-25)可知，电荷放大器的输出电压只与反馈电容有关，而与连接电缆电容无关，更换电缆时不会影响传感器的输出灵敏度，这是电荷放大器最突出的一个优点。

在实际电路中，考虑到被测物理量的不同量程，反馈电容的容量可选用可调的，范围一般在 100~1000pF 之间。为减小零漂，使电荷放大器工作稳定，通常在反馈电容的两端，并联一个大电阻 R_f（约 $10^8 \sim 10^{10}\Omega$），其功能是提供直流反馈。

当低频时，电阻 R_f 的影响不能忽略。此时电荷放大器的输出电压为

$$\dot{U}_o = \frac{j\omega \dot{Q}}{1/R_f + j\omega C_f} \tag{4-26}$$

由此可得，电荷放大器的截止频率为

$$f_L = \frac{1}{2\pi R_f C_f} \tag{4-27}$$

如果 $C_f = 1000\text{pF}, R_f = 10^{10}\Omega$，则 $f_L = 0.016\text{Hz}$，这说明电荷放大器的低频响应也十分良好。

4.4 压电式传感器的应用

1. 压电式加速度传感器

如图 4-13 所示为压缩式压电加速度传感器的结构原理图，压电元件一般由两片压电片组成。在压电片的两个表面上镀银层，并在银层上焊接输出引线，或在两个压电片之间夹一片金属，引线就焊接在金属上，输出端的另一根引线直接与传感器基座相连。在压电片上放置一个比重较大的质量块，然后用一硬弹簧或螺栓、螺帽对质量块预加载荷。整个组件装在一个厚基座的金属壳体中，为了隔离试件的任何应变传递到压电元件上去，避免产生假信号输出，所以一般要加厚基座或选用刚度较大的材料来制造。

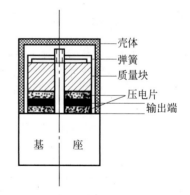

图 4-13 压缩式压电加速度传感器的结构原理图

测量时，将传感器基座与试件刚性固定在一起。当传感器感受振动时，由于弹簧的刚度相当大，而质量块的质量相对较小，可以认为质量块的惯性很小。因此质量块感受与传感器基座相同的振动，并受到与加速度方向相反的惯性力的作用。这样，质量块就有一正比于加速度的交变作用在压电片上。由于压电片具有压电效应，因此在它的两个表面上就产生交变电荷（电压），当振动频率远低于传感器的固有频率时，传感器的输出电荷（电压）与作用力成正比，并与试件的加速度成正比，输出电量由传感器输出端引出，输入到前置放大器后就可以用普通的测量仪器测出试件的加

速度,如在放大器中加进适当的积分电路,就可以测出试件的振动速度或位移。

2. 压电式测力传感器

图 4-14 给出单向压电式测力传感器的结构图,传感器用于机床动态切削力的测量。两压电晶片以并联方式连接,被测力通过传感器上盖作用在石英晶片上,在石英晶片表面上产生与被测力成正比的电荷。

3. 压电式流量计

压电式流量计是利用超声波在顺流方向和逆流方向的传播速度不同进行测量的。其测量装置是两个收发两用的压电超声换能器。测量时,将两个换能器安装在管道壁上,如图 4-15 所示。每间隔一段时间(如 1/100s),两个换能器交替发射和接收超声波。在顺流方向和逆流方向所接收的超声波相位差与流速成正比。根据这个关系,便可精确测定流速,而流速与管道横截面积的乘积等于流量。

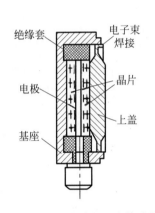

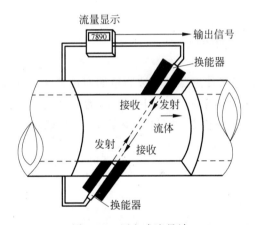

图 4-14　压电式单向测力传感器　　图 4-15　压电式流量计

这种流量计可以测量各种液体的流量,中压和低压气体的流速不受该流体的导电率、黏度、密度、腐蚀性以及成分的影响。

本章习题

1. 什么是压电效应?压电材料有哪些种类?压电传感器的应用特点是什么?

2. 为什么要在压电放大器输出端接一个高阻抗的前置放大器?这个前置放大器的主要作用是什么?

3. 某石英晶体受纵向压力 $F_x=9.8$N,其截面积 $S_x=5$cm,厚度 $\delta=0.5$cm。试求:

(1) 此压电元件两极片间的电压值。

(2) 若压电元件与高阻抗运算放大器之间连接电缆的电容为 $C_0=4$pF,求此时压电式传感器的输出电压。

第 5 章 电感式传感器

电感式传感器是将被测量转换成线圈的自感或互感的变化,通过一定的转换电路转化成电压或电流输出。这类传感器包括自感式传感器、互感式传感器、电涡流式传感器、压磁式传感器和感应同步器式传感器。

5.1 自感式传感器

5.1.1 工作原理

自感式传感器是将被测量的变化转变成线圈自感的变化。图 5-1 所示是自感式传感器原理图。在图 5-1(a)、(b)中,因为在铁芯与衔铁之间的空气隙很小,所以磁路是封闭的。根据自感的定义,线圈自感可由式(5-1)确定

$$L = \frac{\mathrm{d}\Phi_N}{\mathrm{d}I} = \frac{\mathrm{d}(N\Phi)}{\mathrm{d}I} = \frac{\mathrm{d}\left(\frac{N^2 I}{R_\mathrm{m}}\right)}{\mathrm{d}I} = \frac{N^2}{R_\mathrm{m}} \tag{5-1}$$

式中 Φ_N——回路内磁链数;
$\quad\quad\Phi$——每匝线圈的磁通量;
$\quad\quad I$——线圈中的电流;
$\quad\quad N$——线圈匝数;
$\quad\quad R_\mathrm{m}$——磁路的总磁阻。

对于图 5-1 的情况,因为气隙厚度较小,可以认为气隙磁场是均匀的,若忽略磁路铁损,则总磁阻为

$$R_\mathrm{m} = \frac{l_1}{\mu_1 S_1} + \frac{l_2}{\mu_2 S_2} + \frac{2\delta}{\mu_0 S} \tag{5-2}$$

式中 l_1——磁通通过铁芯的长度;
$\quad\quad l_2$——磁通通过衔铁的长度;
$\quad\quad \mu_1$——铁芯材料的导磁率;
$\quad\quad \mu_2$——衔铁材料的导磁率;
$\quad\quad \mu_0$——空气的导磁率,$\mu_0 = 4\pi \times 10^{-7}$ H/m;
$\quad\quad S_1$——铁芯的截面积;
$\quad\quad S_2$——衔铁的截面积;
$\quad\quad S$——空气隙的截面积;

δ——空气隙的长度。

将式(5-2)代入式(5-1)得

$$L = \frac{N^2}{\frac{l_1}{\mu_1 S_1} + \frac{l_2}{\mu_2 S_2} + \frac{2\delta}{\mu_0 S}} \tag{5-3}$$

当铁芯的结构和材料确定后,式(5-3)分母的第一项和第二项为常数,此时自感 L 是气隙厚度 δ 和气隙截面积 S 的函数,即 $L=f(\delta,S)$。如果保持 S 不变,则 L 为 δ 的单值函数,可构成变气隙型自感传感器,如图 5-1(a)所示;如果保持 δ 不变,使 S 随位移变化,则构成变截面型传感器,如图 5-1(b)所示。

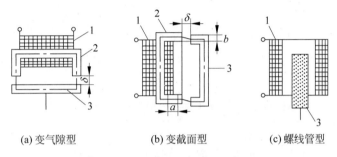

(a) 变气隙型　　　　(b) 变截面型　　　　(c) 螺线管型

图 5-1　自感式传感器原理图

1—线圈；2—铁芯；3—衔铁

如图 5-1(c)所示,线圈中放入圆柱形衔铁,当衔铁上下移动时,自感量将相应变化,这就构成了螺线管型自感传感器。

5.1.2　变隙式自感传感器

若 $S=S_0$,式(5-2)可改写为

$$R_m = \frac{l_1}{\mu_1 S_1} + \frac{l_2}{\mu_2 S_2} + \frac{2\delta}{\mu_0 S_0} \tag{5-4}$$

式中,S_0 为空气隙的截面积,其他参数同式(5-2)。

通常,气隙的磁阻远大于铁芯和衔铁的磁阻,即

$$\frac{2\delta}{\mu_0 S_0} \gg \frac{l_1}{\mu_1 S_1}$$

$$\frac{2\delta}{\mu_0 S_0} \gg \frac{l_2}{\mu_2 S_2}$$

则式(5-4)可写为

$$R_m \approx \frac{2\delta}{\mu_0 S_0} \tag{5-5}$$

将式(5-5)代入式(5-1)得

$$L = \frac{N^2}{R_m} = \frac{N^2 \mu_0 S_0}{2\delta} \tag{5-6}$$

由式(5-6)可知，L 与 δ 之间是非线性关系，特性曲线如图 5-2 所示。设自感传感器初始气隙为 δ_0，初始电感量为 L_0，衔铁位移引起气隙变化量为 $\Delta\delta$，当衔铁处于初始位置时，初始电感量为

$$L_0 = \frac{N^2 \mu_0 S_0}{2\delta_0} \tag{5-7}$$

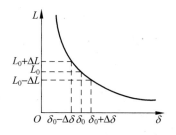

图 5-2 变隙式自感传感器特性曲线

当衔铁上移 $\Delta\delta$ 时，则将 $\delta = \delta_0 - \Delta\delta$，$L = L_0 + \Delta L$ 代入式(5-6)并整理得

$$L = L_0 + \Delta L = \frac{N^2 \mu_0 S_0}{2(\delta_0 - \Delta\delta)} = \frac{L_0}{1 - \frac{\Delta\delta}{\delta_0}} \tag{5-8}$$

当 $\Delta\delta/\delta_0 \ll 1$ 时，式(5-8)用泰勒级数展开成如下的形式

$$L = L_0 + \Delta L = L_0 \left[1 + \frac{\Delta\delta}{\delta_0} + \left(\frac{\Delta\delta}{\delta_0}\right)^2 + \cdots\right] \tag{5-9}$$

$$\Delta L = L_0 \frac{\Delta\delta}{\delta_0} \left[1 + \frac{\Delta\delta}{\delta_0} + \left(\frac{\Delta\delta}{\delta_0}\right)^2 + \cdots\right] \tag{5-10}$$

$$\frac{\Delta L}{L_0} = \frac{\Delta\delta}{\delta_0} \left[1 + \frac{\Delta\delta}{\delta_0} + \left(\frac{\Delta\delta}{\delta_0}\right)^2 + \cdots\right] \tag{5-11}$$

同理，当衔铁随被测物体的初始位置向下移动 $\Delta\delta$ 时，有

$$\Delta L = L_0 \frac{\Delta\delta}{\delta_0} \left[1 - \frac{\Delta\delta}{\delta_0} + \left(\frac{\Delta\delta}{\delta_0}\right)^2 - \left(\frac{\Delta\delta}{\delta_0}\right)^3 + \cdots\right] \tag{5-12}$$

$$\frac{\Delta L}{L_0} = \frac{\Delta\delta}{\delta_0} \left[1 - \frac{\Delta\delta}{\delta_0} + \left(\frac{\Delta\delta}{\delta_0}\right)^2 - \left(\frac{\Delta\delta}{\delta_0}\right)^3 + \cdots\right] \tag{5-13}$$

对式(5-11)和式(5-13)进行线性化处理，即忽略高次项，得

$$\frac{\Delta L}{L_0} = \frac{\Delta\delta}{\delta_0} \tag{5-14}$$

灵敏度 k_0 为

$$k_0 = \frac{\Delta L/L_0}{\Delta\delta} = \frac{1}{\delta_0} \tag{5-15}$$

由此可见，变气隙式自感传感器的测量范围与灵敏度及线性度是相矛盾的，因此变气隙式自感传感器适用于测量微小位移场合。为了减小非线性误差，实际测量中广泛采用差动变气隙式自感传感器。

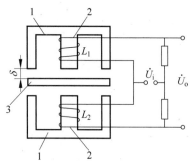

图 5-3 差动变气隙式自感传感器
1—铁芯；2—线圈；3—衔铁

如图 5-3 所示，差动变气隙式自感传感器由两个完全相同的电感线圈和一个衔铁组成。测量时，衔铁与被测件相连，当被测体上下移动时，带动衔铁也以相同的位移上下移动，使两个磁回路中的磁阻发生大小相等、方向相反的变化，导致一个线圈的电感量减小，另一个线圈的电感量增加，形成差动形式。使用时，两个电感线圈接在交流电桥的相邻桥臂，另两个桥臂接有电阻。

当衔铁向上移动时，两个线圈的电感变化量和分别由式(5-11)和式(5-13)表示，差动传感器电感的总变化

量 $\Delta L = \Delta L_1 + \Delta L_2$，即

$$\Delta L = \Delta L_1 + \Delta L_2 = 2L_0 \frac{\Delta \delta}{\delta_0}\left[1 + \left(\frac{\Delta \delta}{\delta_0}\right)^2 + \left(\frac{\Delta \delta}{\delta_0}\right)^4 + \cdots\right] \tag{5-16}$$

对上式线性化，即忽略高次项得

$$\frac{\Delta L}{L_0} = 2\frac{\Delta \delta}{\delta_0} \tag{5-17}$$

灵敏度 k_0 为

$$k_0 = \frac{\Delta L/L_0}{\Delta \delta} = \frac{2}{\delta_0} \tag{5-18}$$

比较式(5-10)和式(5-16)，可以得到以下结论：

(1) 差动变气隙式自感传感器的灵敏度是单线圈式自感传感器的 2 倍；

(2) 在线性化时，差动变气隙式自感传感器忽略 $(\Delta \delta/\delta_0)^3$ 以上的高次项，单线圈式忽略 $(\Delta \delta/\delta_0)^2$ 以上的高次项，因此差动式自感传感器线性度得到明显改善。

5.1.3 变截面式自感传感器

如图 5-1(b)所示的传感器气隙长度 δ 保持不变，令磁通截面积随被测非电量而变，设铁芯材料和衔铁材料的磁导率相同，则此变面积自感传感器的自感 L 为

$$L = \frac{N^2}{\dfrac{\delta_0}{\mu_0 S} + \dfrac{\delta}{\mu_0 \mu_r S}} = \frac{N^2 \mu_0}{\delta_0 + \dfrac{\delta}{\mu_r}} S = K'S \tag{5-19}$$

式中　δ_0——气隙总长度；

δ——铁芯和衔铁中的磁路总长度；

μ_r——铁芯和衔铁材料相对磁导率；

S——气隙磁通截面积；

$K' = \dfrac{\mu_0 N^2}{\delta_0 + \dfrac{\delta}{\mu_r}}$——常数。

对式(5-19)微分得灵敏度 k_0 为

$$k_0 = \frac{\mathrm{d}L}{\mathrm{d}S} = K' \tag{5-20}$$

由式(5-20)可知，变面积式自感传感器在忽略气隙磁通边缘效应的条件下，输入与输出呈线性关系。但与变气隙式自感传感器相比，其灵敏度下降。

5.1.4 螺线管式自感传感器

螺线管式自感传感器有单线圈和差动式两种结构形式。图 5-1(c)所示是单线圈螺线管式自感传感器。测量时，活动铁芯随被测体移动，线圈电感量发生变化，线圈电感量与铁芯插入深度有关。

图 5-4 是差动螺线管式自感传感器的结构原理图。它由两个完全相同的螺线管相连，

铁芯初始状态处于对称位置上,两边螺线管的初始电感量相等。当铁芯移动时,一个螺线管的电感量增加,另一个螺线管的电感量减小,且增加与减小的数值相等,形成了差动。

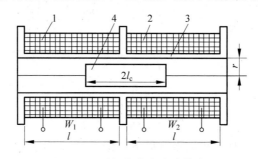

图 5-4 差动螺线管式自感传感器

1—螺线管线圈Ⅰ;2—螺线管线圈Ⅱ;3—骨架;4—活动铁芯

5.1.5 自感式传感器转换电路

自感式传感器把被测量的变化转变成了电感量的变化。为了测出电感量的变化,就要用转换电路把电感量的变化转换成电压(或电流)的变化。最常用的转换电路有调幅、调频和调相电路。

1. 调幅电路

1) 交流电桥

调幅电路的主要形式是交流电桥。关于交流电桥,已在第 2 章中讨论过,在此主要介绍在自感传感器中经常使用的变压器电桥。如图 5-5 所示是变压器电桥,Z_1 和 Z_2 为传感器两个线圈的阻抗,另两臂为电源变压器二次线圈的两半,每半的电压为 $u/2$。输出空载电压为

$$u_o = \frac{u}{Z_1+Z_2}Z_1 - \frac{u}{2} \tag{5-21}$$

在初始平衡状态,$Z_1=Z_2=Z$,$u_o=0$。当衔铁偏离中间零点时,设 $Z_1=Z+\Delta Z$,$Z_2=Z-\Delta Z$,代入式(5-21)可得

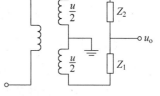

图 5-5 变压器电桥

$$u_o = \frac{\Delta Z}{2Z}u \tag{5-22}$$

式(5-22)表明输出电压的幅值随阻抗的变化(ΔZ)而变化,亦即电压的幅值随电感的变化(ΔL)而变化。

同理,当传感器衔铁移动方向相反时,则 $Z_1=Z-\Delta Z$,$Z_2=Z+\Delta Z$,代入式(5-21)可得

$$u_o = -\frac{\Delta Z}{2Z}u \tag{5-23}$$

比较式(5-22)和式(5-23),说明这两种情况的输出电压大小相等,方向相反。由于 u_o 是交流电压,输出指示无法判断位移方向,必须配合相敏检波电路来解决。

2) 谐振式调幅电路

图 5-6(a)是谐振式调幅电路。在谐振式调幅电路中,传感器电感 L 与电容 C 及变压器

的原边串联在一起,接入交流电源,变压器副边将有电压 U_o 输出,输出电压的频率与电源频率相同,而幅值随着电感 L 而变化,图 5-6(b)所示为输出电压 U_o 与电感 L 的关系曲线,其中 L_0 为谐振点的电感值,此电路灵敏度很高,但线性差,适用于线性要求不高的场合。

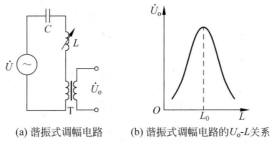

(a) 谐振式调幅电路　　(b) 谐振式调幅电路的 U_o-L 关系

图 5-6　谐振式调幅电路

2. 调频电路

调频电路的基本原理是传感器电感 L 的变化将引起输出电压频率的变化。

一般是把传感器电感 L 和电容 C 接入一个振荡回路中,其振荡频率 $f=1/(2\pi\sqrt{LC})$。谐振式调频电路如图 5-7(a)所示。当 L 变化时,振荡频率随之变化,根据 f 的大小即可测出被测量的值。图 5-7(b)表示 f 与 L 的特性,它具有明显的非线性关系。

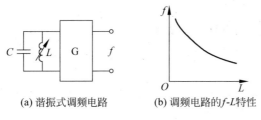

(a) 谐振式调频电路　　(b) 调频电路的 f-L 特性

图 5-7　调频电路

3. 调相电路

调相电路就是把传感器电感 L 变化转换为输出电压相位 φ 的变化。图 5-8(a)所示为一个相位电桥,一臂为传感器 L,一臂为固定电阻 R。设计时使电感线圈具有高的品质因数。忽略其损耗电阻,则电感线圈上压降 U_L 与固定电阻上压降 U_R 是两个相互垂直的分量,如图 5-8(b)所示。当电感 L 变化时,输出电压 U_o 的幅值不变,相位角 φ 随之变化,如图 5-8(c)所示。φ 与 L 的关系为

$$\varphi = -2\arctan\left(\frac{\omega L}{R}\right) \tag{5-24}$$

式中,ω 为电源角频率。

在这种情况下,当 L 有了微小变化 ΔL 后,输出相位变化 $\Delta \varphi$ 为

$$\Delta\varphi \approx \frac{2\dfrac{\omega L}{R}}{1+\left(\dfrac{\omega L}{R}\right)^2}\dfrac{\Delta L}{L} \tag{5-25}$$

图 5-8(c)给出了 φ 与 L 的特性关系。

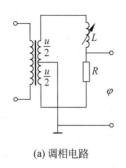 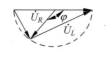 

(a) 调相电路　　　　(b) $\dot{U}_L$ 与 $\dot{U}_R$ 垂直　　　(c) 相位角 φ 与电感 L 的关系

图 5-8　调相电路

4. 自感传感器的灵敏度

自感传感器的灵敏度是指传感器结构(测头)和转换电路综合在一起的总灵敏度。下面以调幅电路为例讨论传感器灵敏度问题,对调频、调相电路可采用同样方法进行分析。

传感器结构灵敏度 k_0 定义为自感值相对变化与引起这一变化的衔铁位移之比,即

$$k_0 = \frac{(\Delta L/L)}{\Delta x} \tag{5-26}$$

转换电路的灵敏度 k_c 定义为空载输出电压 u_o 与自感相对变化之比,即

$$k_c = \frac{u_o}{(\Delta L/L)} \tag{5-27}$$

由式(5-26)和式(5-27)可得总灵敏度为

$$k_z = k_0 k_c = \frac{u_o}{\Delta x} \tag{5-28}$$

如果采用气隙型自感传感器,由式(5-15)得 $k_0 = 1/\delta_0$。采用如图 5-5 所示变压器电桥,由式(5-22)得

$$u_o = \frac{u}{2} \frac{\Delta Z}{Z}$$

因为一般电感线圈设计时具有较高的品质因数(Q 值),则上式可变为

$$u_o = \frac{u}{2} \frac{(\omega L)^2}{R^2 + (\omega L)^2} \frac{\Delta L}{L} \tag{5-29}$$

代入式(5-27)可得

$$k_c = \frac{u}{2} \frac{(\omega L)^2}{R^2 + (\omega L)^2} \tag{5-30}$$

则传感器灵敏度 k_z 为

$$k_z = \frac{1}{\delta_0} \frac{u}{2} \frac{(\omega L)^2}{R^2 + (\omega L)^2} \tag{5-31}$$

由式(5-31)可见,传感器灵敏度是三部分的乘积,第一部分 $1/\delta_0$ 决定于传感器的类型;第二部分决定于转换电路的形式;第三部分决定于供电电压的大小。传感器类型和转换电路不同,灵敏度表达式也就不同。在工厂生产中测定传感器的灵敏度是把传感器接入转换电路后进行的,而且规定传感器灵敏度的单位 mV/(μm·V),即当电源电压为 1V,衔铁偏移 1μm 时,输出电压为若干 mV。

5.1.6 自感式传感器的应用

如图 5-9 所示是一个测量尺寸用的轴向自感式传感器,轮廓尺寸 $\Phi 15mm\times 94mm$,其中直径 15mm,长度 94mm。可换的玛瑙测端 10 用螺纹拧在测杆 8 上,测杆 8 可在滚珠导轨 7 上作轴向移动。这里滚珠有四排,每排 8 粒,尺寸和形状误差都小于 $0.6\mu m$。测杆的上端固定着衔铁 3,当测杆移动时,带动衔铁在电感线圈 4 中移动。线圈 4 置于铁芯套筒 2 中,铁芯材料是铁氧体,型号为 MX1000。线圈匝数为 2×800,线径 $\Phi 0.13mm$,每个电感约为 4mH。测力由弹簧 5 产生,一般安排为 $0.2\sim 0.4N$。防转件 6 用来限制测杆的转动,以提高示值的重复性。密封件 9 用来防止灰尘进入传感器内。1 为传感器引线。外壳有标准直径 $\Phi 8mm$ 和 $\Phi 15mm$ 两个夹持部分,便于安装在比较仪座上或有关仪器上使用。

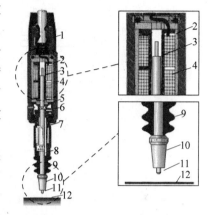

图 5-9 螺管式差动自感传感器
1—引线电缆;2—固定磁筒;3—衔铁;
4—线圈;5—测力弹簧;6—防转销;
7—钢球导轨(直线轴承);8—测杆;
9—密封套;10—测端;11—被测工件;
12—基准面

如图 5-10 所示为一种气体压力传感器的结构原理图。被测压力 F 变化时,弹簧管的自由端产生位移,带动衔铁移动,使传感器线圈 1、线圈 2 中的自感值一个增加,一个减小。线圈分别装在两个铁芯上,其初始位置可用螺钉来调节,也就是调整传感器的机械零点。传感器的整个机芯装在一个圆形的金属盒内,用螺纹接头与被测对象相连接。

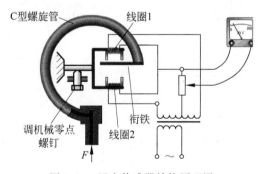

图 5-10 压力传感器结构原理图

5.2 差动变压器

5.2.1 工作原理

互感式电感传感器是把被测量转换成线圈互感量的变化。这种传感器是根据变压器的基本原理制成的,并且次级绕组用差动形式连接,故称为差动变压器式传感器,简称差动变压器。

差动变压器结构形式较多,如图 5-11 所示,有变隙式、变面积式和螺线管式等,但其工作原理基本一样。非电量测量中,应用最多的是螺线管式差动变压器,它可以测量 1~100mm 范围内的机械位移,并具有测量准确度高、灵敏度高、结构简单、性能可靠等优点。

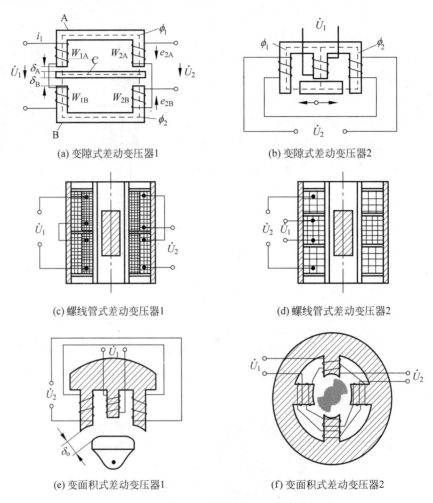

图 5-11　差动变压器式传感器结构示意图

螺线管式差动变压器结构如图 5-12 所示,它由活动铁芯、磁筒、骨架、初级线圈 N_1、两个次级线圈 N_{2a} 和 N_{2b} 等组成。

螺线管式差动变压器中的两个次级线圈反向串联,在理想情况下,忽略铁损、导磁体磁阻和线圈分布电容,其等效电路如图 5-13 所示。当初级线圈绕组加以适当频率的激励电压时,根据变压器的工作原理,在两个次级绕组 N_{2a} 和 N_{2b} 中就会产生感应电动势 $\dot{E}_{2a}$ 和 $\dot{E}_{2b}$。

$$\dot{E}_{2a} = -j\omega M_a \dot{I}_1 \tag{5-32}$$

$$\dot{E}_{2b} = -j\omega M_b \dot{I}_1 \tag{5-33}$$

式中,M_a 和 M_b 为初级绕组与两个次级绕组 N_{2a} 和 N_{2b} 的互感;$\dot{I}_1$ 为初级绕组中的电流,当次级开路时,有 $\dot{I}_1 = \dfrac{\dot{U}_1}{r_1 + j\omega L_1}$,其中 $\dot{U}_1$ 为初级绕组激励电压。

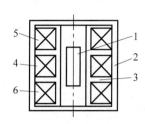 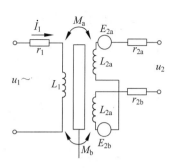

图 5-12　螺线管式差动变压器结构
1—活动衔铁；2—磁筒；3—骨架；
4—初级绕组；5,6—次级绕组

图 5-13　差动变压器等效电路

由于变压器两个次级绕组反向串联，且考虑到次级开路，则

$$\dot{U}_2 = \dot{E}_{2a} - \dot{E}_{2b} = -\frac{\mathrm{j}\omega(M_a - M_b)\dot{U}_1}{r_1 + \mathrm{j}\omega L_1} \tag{5-34}$$

如果变压器结构完全对称，则当活动铁芯处于初始平衡位置时，使两次级绕组磁回路的磁阻相等、磁通相同、互感系数相等，根据电磁感应原理，有 $\dot{E}_{2a} = \dot{E}_{2b}$。因而 $\dot{U}_2 = \dot{E}_{2a} - \dot{E}_{2b} = 0$，即差动变压器输出电压为零。

当活动铁芯向次级绕组 N_{2a} 方向移动时，由于磁阻的影响，N_{2a} 中的磁通将大于 N_{2b} 中的磁通，使 $M_a > M_b$，因而 $\dot{E}_{2a}$ 增加，$\dot{E}_{2b}$ 减小；反之，$\dot{E}_{2b}$ 增加，$\dot{E}_{2a}$ 减小。因为 $\dot{U}_2 = \dot{E}_{2a} - \dot{E}_{2b}$，所以当 $\dot{E}_{2a}$ 和 $\dot{E}_{2b}$ 随着铁芯位移 Δx 变化时，$\dot{U}_2$ 也随 Δx 而变化。如图 5-14 所示是差动变压器输出电压与活动铁芯位移 Δx 关系曲线。图中实线为理论特性曲线，虚线为实际特性曲线。

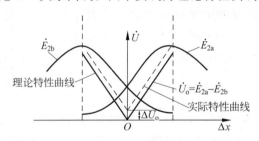

图 5-14　差动变压器输出特性曲线

5.2.2　差动变压器式传感器转换电路

差动变压器式传感器的转换电路一般采用反串电路和桥路两种。

反串电路是直接把两个二次线圈反向串接，如图 5-15 所示。在这种情况下，空载输出电压等于两个二次线圈感应电动势之差，即

$$\dot{U}_o = \dot{E}_{2a} - \dot{E}_{2b} \tag{5-35}$$

电桥电路如图 5-16 所示。图中 R_1、R_2 是桥臂电阻，R_P 是调零电位器。暂时不考虑电

位器,并设 $R_1 = R_2$,则输出电压为

$$\dot{U}_o = \frac{[\dot{E}_{2a} - (-\dot{E}_{2b})]R_2}{R_1 + R_2} - \dot{E}_{2b} = \frac{\dot{E}_{2a} - \dot{E}_{2b}}{2} \tag{5-36}$$

可见,桥路的灵敏度是反串电路的 1/2,其优点是利用 R_P 可进行电学调零,不需要另外配置调零电路。

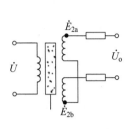

图 5-15 反串电路

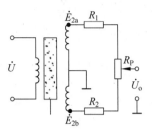

图 5-16 电桥电路

5.2.3 差动变压器式传感器的应用

差动变压器式传感器可以直接用于位移测量,也可以测量与位移有关的任何机械量,如力、力矩、压力、振动、加速度、液位等。下面介绍几种应用实例。

1. 位移的测量

图 5-17 所示为差动变压器式位移传感器。测头 1 通过套筒 3 与测杆 5 相连,2 是防尘罩,弹簧 9 产生测力。工作时,固定在测杆上的磁芯 7 在线圈 8 中移动。线圈及其骨架放在磁筒 6 内,并通过导线 10 接入电路。

2. 压力的测量

差动变压器式传感器与弹性敏感元件(如膜片、膜盒和弹簧管等)相结合,可以组成压力传感器。

如图 5-18 所示为差动变压器式压力传感器,衔铁固定在膜盒中心。在无压力作用时,膜盒处于初始状态,衔铁位于差动变压器线圈的中部,输出电压为零。当被测压力作用在膜盒上使其发生膨胀,衔铁移动,差动变压器输出正比于被测压力的电压。这种微压力传感器可测 $(-4 \sim 6) \times 10^4 \text{Pa}$ 的压力。

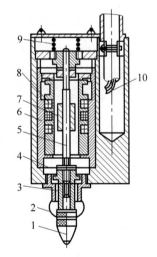

图 5-17 差动变压器式位移传感器
1—测头;2—防尘罩;3—套筒;
4—圆片簧;5—测杆;6—磁筒;
7—磁芯;8—线圈;9—弹簧
10—导线

3. 加速度的测量

如图 5-19 所示为差动变压器式加速度传感器。质量块 2 的材料是导磁的,它由两片片簧 1 支撑,线圈与骨架固定在基座上。测量时,基座固定在被测体上,与被测体一起运动,质

量块在弹簧片作用下相对线圈产生正比于加速度的位移。

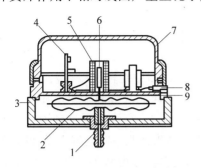

图 5-18 差动变压器式压力传感器

1—接头；2—膜盒；3—底座；4—线路板；5—差动变压器线圈；
6—衔铁；7—罩壳；8—插头；9—通孔

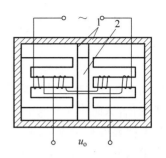

图 5-19 差动变压器式加速度传感器

1—片簧；2—质量块

5.3 零点残余电压

由式(5-21)可得自感传感器交流电桥输出电压为

$$U_\circ = \frac{u}{2} \cdot \frac{Z_1 - Z_2}{Z_1 + Z_2} \tag{5-37}$$

而差动变压器的输出电压如式(5-35)和式(5-36)所示。理论上，当活动铁芯处于中间位置时，两线圈阻抗相等，传感器输出电压为零。然而实际上，由于传感器的阻抗是复数阻抗，很难做到两线圈电阻和电感完全相等，这就致使传感器在铁芯处于中间位置时，输出电压不为零。传感器在零位移时的这个输出电压称为零点残余电压。如图 5-14 所示，实际输出特性曲线和理论输出特性曲线的差值 $\Delta U_\circ$ 就是零点残余电压。零点残余电压过大，会使传感器的灵敏度下降，非线性误差增大，不同挡位的放大倍数有显著差别，甚至造成放大器末级趋于饱和，致使仪器电路不能正常工作，甚至不再反映被测量的变化。在仪器的放大倍数较大时，尤其应该注意。

因此，零点残余电压的大小是判别传感器质量的重要指标之一。在制造传感器时，要规定其零点残余电压不得超过某一定值。例如，某自感测微仪的传感器，其输出信号经 200 倍放大后，在放大器末级测量，零点残余电压不得超过 80mV。仪器在使用过程中，若有迹象表明传感器的零点残余电压过大，就要进行调整。

零点残余电压主要是由传感器的两次级绕组的电气参数与几何尺寸不对称，以及磁性材料的非线性等问题引起的。零点残余电压的波形十分复杂，主要由基波和高次谐波组成。基波产生的主要原因是：传感器的两次级绕组的电气参数和几何尺寸不对称，导致它们产生的感应电势的幅值不等、相位不同，因此不论怎样调整衔铁位置，两线圈中感应电势都不能完全抵消。高次谐波中起主要作用的是三次谐波，产生的原因是由于磁性材料磁化曲线的非线性（磁饱和、磁滞）。

为了减小电感传感器的零点残余电压，可以采取下列措施：

(1) 在设计和工艺上，要求做到磁路对称、线圈对称。铁芯材料要均匀，特性要一致。两线圈绕制要均匀，松紧一致。

（2）采用拆圈的实验方法，调整两个线圈的等效参数，使其尽量相同，以减小零点残余电压。

（3）在电路上进行补偿。补偿方法主要有：加串联电阻、加并联电容、加反馈电阻或反馈电容等。

图 5-20 是几个补偿零点残余电压的实例。图 5-20(a)中在输出端接入电位器 R_p，电位器的动点接两二次侧线圈的公共点。调节电位器，可使两二次线圈输出电压的大小和相位发生变化，从而使零点电压为最小值。R_p 的电阻一般在 $10\text{k}\Omega$ 左右。这种方法对基波正交分量有明显的补偿效果，但对高次谐波无补偿作用。如果并联一只电容 C，就可有效地补偿高次谐波分量，如图 5-20(b)所示。电容 C 的大小要适当，常为 $0.1\mu\text{F}$ 以下，要通过实验确定。图 5-20(c)中，串联电阻 R 调整二次线圈的电阻值不平衡，并联电容改变其一输出电动势的相位，也能达到良好的零点残余电压补偿作用。图 5-20(d)中，接入 $R(10^5\Omega)$ 减小了两二次线圈的负载，可以避免外接负载不是纯电阻而引起较大的零点残余电压。相敏检波可以较好地消除零点残余电压。

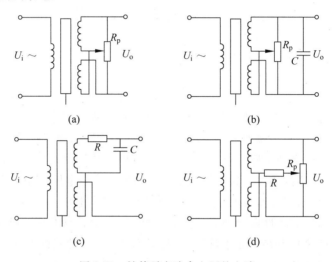

图 5-20 补偿零点残余电压的电路

5.4 电涡流式传感器

5.4.1 工作原理

电涡流式传感器是基于涡流效应工作的。金属导体置于交变磁场中，在导体内会产生感应电流，这种电流在导体内是闭合的，所以称为电涡流。这种现象称为涡流效应。

如图 5-21 所示，把一个金属导体置于线圈附近，当线圈中通以交变电流 $\dot{I}_1$ 时，线圈的周围空间就产生了交变磁场 H_1，处于此交变磁场中的金属导体内就会产生涡流 $\dot{I}_2$，此涡流将产生一个新的交变磁场 H_2，H_2 的方向和 H_1 的方向相反，削弱了原磁场 H_1，从而导致线圈的电感量、阻抗及品质因数发生变化。

若把导体视为一个线圈,则导体与线圈可以等效为相互耦合的两个线圈,如图 5-22 所示。根据基尔霍夫电压定律,可以列出方程:

$$\begin{cases} R_1 \dot{I}_1 + j\omega L_1 \dot{I}_1 - j\omega M \dot{I}_2 = \dot{U}_1 \\ R_2 \dot{I}_2 + j\omega L_2 \dot{I}_2 - j\omega M \dot{I}_1 = 0 \end{cases} \tag{5-38}$$

式中　R_1、L_1、$\dot{I}_1$——线圈的电阻、电感和电流;

　　　R_2、L_2、$\dot{I}_2$——金属导体的电阻、电感和电流;

　　　$\dot{U}_1$、ω——线圈激励电源电压和频率;

　　　M——导体与线圈之间的互感系数。

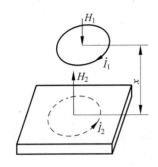

图 5-21　涡流作用原理

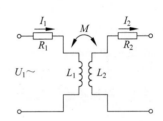

图 5-22　电涡流传感器等效电路

解方程得

$$\begin{cases} \dot{I}_1 = \dfrac{\dot{U}_1}{R_1 + \dfrac{\omega^2 M^2}{R_2^2 + (\omega L_2)^2} R_2 + j\omega \left[L_1 - \dfrac{\omega^2 M^2}{R_2^2 + (\omega L_2)^2} L_2 \right]} \\ \dot{I}_2 = \dfrac{\omega^2 M L_2 + j\omega M R_2}{R_2^2 + (\omega L_2)^2} \dot{I}_1 \end{cases} \tag{5-39}$$

由此得到线圈受到电涡流作用后的等效阻抗为

$$Z = R_1 + R_2 \frac{(\omega M)^2}{R_2^2 + (\omega L_2)^2} + j\omega \left[L_1 - L_2 \frac{(\omega M)^2}{R_2^2 + (\omega L_2)^2} \right] \tag{5-40}$$

线圈的等效电阻、电感分别为

$$R = R_1 + R_2 \frac{(\omega M)^2}{R_2^2 + (\omega L_2)^2} \tag{5-41}$$

$$L = L_1 - L_2 \frac{(\omega M)^2}{R_2^2 + (\omega L_2)^2} \tag{5-42}$$

由式(5-40)可知,线圈受到涡流的影响,其阻抗的实数部分增大,虚数部分减小,使得线圈的品质因数下降。

$$Q = \frac{Q_1 \left(1 - \dfrac{L_2 \omega^2 M^2}{L_1 Z_2^2} \right)}{1 + \dfrac{R_2 \omega^2 M^2}{R_1 Z_2^2}} \tag{5-43}$$

式中　Q_1——无涡流影响时线圈的品质因数；

　　　Z_2——金属导体中产生涡流部分的阻抗，$Z_2 = \sqrt{R_2^2 + (\omega L_2)^2}$。

由此可知，金属导体的电阻率 ρ、磁导率 μ、线圈激励电压的频率 ω 以及线圈与金属导体之间的距离 x 都将导致线圈的阻抗、电感量及品质因数发生变化。可以写成

$$Z = f(\rho, \mu, \omega, x) \tag{5-44}$$

如果改变其中某个参数，而其他参数保持不变，即可构成关于这个参数的电涡流传感器。

事实上，由于趋肤效应，涡流只存在于金属导体的表面薄层中，其穿透深度 h 可表示为

$$h = \sqrt{\frac{\rho}{\mu_0 \mu_r \pi f}} \tag{5-45}$$

式中　h——趋肤深度；

　　　μ_0、μ_r——空气磁导率和金属导体相对磁导率；

　　　ρ——导体的电阻率；

　　　f——激励电源频率。

由上式可知，趋肤深度 h 与激励电源频率 f 有关，频率越低，涡流贯穿深度 h 越大，反之，h 越小。因此电涡流传感器根据激励电源频率的高低，可以分为高频反射式和低频透射式两大类。

5.4.2　高频反射式电涡流传感器

高频反射式电涡流传感器结构如图 5-23 所示。将一个电感线圈绕制成扁平的圆形线圈，粘贴在框架上，就构成了电涡流式传感器。测量时，将传感器置于金属板附近，并加以高频电流。线圈上产生的高频磁场作用于金属板，在金属板的表面产生电涡流。该电涡流反射作用于传感器线圈，使传感器的电感量减小。当金属板的厚度远大于涡流的贯穿深度时，表面感应的电涡流几乎只取决于线圈与金属板之间的距离 x，而与金属板的厚度以及电阻率的变化无关。因此，高频反射式电涡流传感器可以测量位移量，也可以测量厚度、振幅、转速等能转换成 x 的各种被测量。

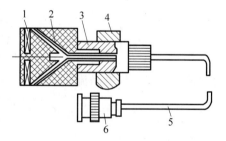

图 5-23　高频反射式电涡流传感器
1—线圈；2—框架；3—框架衬套；
4—支架；5—电缆；6—插头

5.4.3　低频透射式电涡流传感器

当加在传感器线圈上的激励电源的频率较低时，涡流的趋肤深度将加大。如图 5-24 所示为低频透射式电涡流传感器的工作原理。发射线圈 L_1 和接收线圈 L_2 分别位于金属板 M 的上、下方。发射线圈 L_1 通以低频电压信号，在其周围产生交变磁场。如果两线圈中不存在金属板，线圈 L_1 的磁场将直接贯穿 L_2，在 L_2 上产生感应电动势 E。在 L_1 和 L_2 之间

放置金属板 M 后,则在 M 中产生涡流。这个涡流损耗了磁场的能量,使 L_2 处的磁场强度减小,从而引起感应电动势 E 的减小。涡流的大小取决于金属板的厚度 h,h 越大,涡流损耗越大,E 就越小。因此,E 的大小反映了金属板的厚度 h,这就是涡流传感器测厚的原理。

事实上,涡流的大小不仅与金属板的厚度有关,而且还与金属板的电阻率 ρ、磁导率 μ 有关。金属材料电阻率 ρ、磁导率 μ 与材料的性质以及温度密切相关,利用这一特性,低频透射式电涡流传感器可以用来测量温度、材质、硬度、应力以及裂纹。

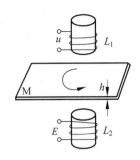

图 5-24 低频透射式电涡流传感器的工作原理

5.4.4 电涡流式传感器转换电路

电涡流式传感器的转换电路主要有调频式电路、调幅式电路和交流电桥式电路。

1. 调频式电路

如图 5-25 所示为调频式转换电路原理图。该转换电路由电容三点式振荡器和射极输出器两部分组成。振荡器由晶体管 VT_1、电容 C_1、C_2、C_3 和电涡流传感器线圈 L 构成。当被测量变化引起传感器线圈的电感量变化时,振荡器的振荡频率就相应地发生变化,从而实现频率调制。射极输出器由晶体管 VT_2 和射极电阻 R_6 等元件构成,起阻抗匹配作用。

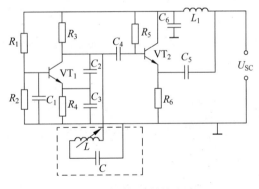

图 5-25 调频式转换电路

使用这种调频式转换电路,传感器输出电缆的分布电容的影响是不能忽略的。它会使振荡器的频率发生变化,从而影响测量结果。因此通常将 L、C 装在传感器内部。这样电缆的分布电容并联在大电容 C_2、C_3 上,对振荡器频率的影响就大大减小。

2. 调幅式电路

图 5-26 所示为调幅式电路原理图。传感器线圈 L 和电容器 C 并联组成谐振回路,石英晶体振荡器给谐振回路提供一个高频激励电流信号。LC 回路输出电压为

$$U_o = i_0 Z \tag{5-46}$$

式中，i_0 为高频激励电流；Z 为 LC 回路的阻抗。

3. 交流电桥式电路

如图 5-27 所示为交流电桥式电路原理图。图中 Z_1、Z_2 为差动式传感器的两个线圈，它们与电容 C_1、C_2 及电阻 R_1、R_2 组成四臂电桥。桥路输出电压幅值随传感器线圈阻抗变化而变化。

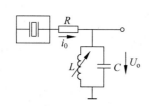

图 5-26　调幅式电路原理图

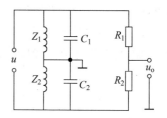

图 5-27　交流电桥式电路原理图

5.4.5　电涡流式传感器的应用

电涡流式传感器具有结构简单，灵敏度较高，测量范围大，抗干扰能力强，易于进行非接触的连续测量等优点，因此得到广泛的应用。如图 5-28 所示为电涡流探头。

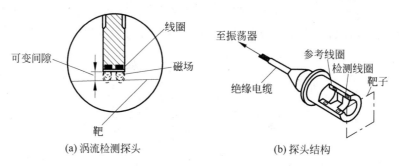

(a) 涡流检测探头　　　　　　(b) 探头结构

图 5-28　电涡流检测探头

1. 位移测量

电涡流式传感器可以测量各种形式的位移量。如图 5-29 所示为汽轮机主轴的轴向位移测量示意图。联轴器安装在汽轮机的主轴上，高频反射式电涡流传感器置于联轴器附近。当汽轮机主轴沿轴向存在位移时，传感器线圈与联轴器(金属导体)的距离发生变化，引起线圈阻抗变化，从而使传感器的输出发生改变。根据传感器的输出即可测得汽轮机主轴沿轴向的位移量。

2. 厚度测量

如图 5-30 所示为高频反射式涡流测厚仪测试系统原理图。

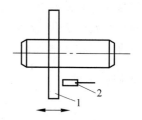

图 5-29　汽轮机主轴的轴向位移测量
1—联轴器；2—高频反射式电涡流传感器

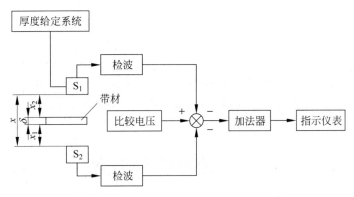

图 5-30　高频反射式涡流测厚仪测试系统

为了克服带材不够平整或运行过程中上下波动的影响，在带材的上、下两侧对称地设置了两个特性完全相同的涡流传感器 S_1、S_2。S_1、S_2 与被测带材表面之间的距离分别为 x_1 和 x_2。若带材厚度不变，则被测带材上、下表面之间的距离总有 $x_1+x_2=$ 常数的关系存在。两传感器的输出电压之和为 $2U_0$，数值不变。如果被测带材厚度改变量为 $\Delta\delta$ 则两传感器与带材之间的距离也改变了一个 $\Delta\delta$，两传感器输出电压此时为 $2U_0+\Delta U$。ΔU 经放大器放大后，通过指示仪表电路即可指示出带材的厚度变化值。带材厚度给定值与偏差指示值的代数和就是被测带材的厚度。

3. 转速测量

如图 5-31 所示，在与被测物体同轴安装的测量轮上开有一个或几个凹槽，或者是凸起的齿，将电涡流式传感器安放在测量轮附近，测量轮在旋转过程中，传感器线圈与导体之间的距离有规律地变化，根据输出信号的频率即可得到被测旋转体的转速。

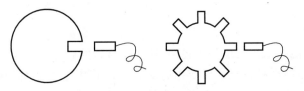

图 5-31　转速测量

4. 振幅测量

如图 5-32 所示，将电涡流式传感器安放在被测物体附近，当被测物体振动时，测得传感器线圈距离导体的距离即可知被测体振动的振幅。

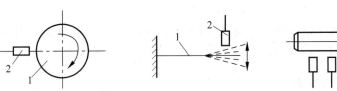

(a) 监控汽轮机或空气压　　(b) 测量发动机涡轮　　(c) 轴的振动形状，获得传感器
　　缩机主轴的径向振动　　　　　叶片的振幅　　　　　所在位置轴的瞬时振幅

图 5-32　电涡流式传感器测量振幅

5. 涡流探伤

电涡流式传感器可以用来检查金属表面和内部的裂纹以及焊接部位的缺陷等。使传感器与被测物体保持距离不变,如果在金属表面或者内部存在裂纹,金属的电阻率、磁导率就会变化,这将引起传感器参数的变化,使输出发生改变。根据输出的变化即可知裂纹或缺陷的存在。

5.5 压磁式传感器

5.5.1 压磁效应

压磁式传感器是基于压磁效应工作的。压磁效应是磁致伸缩逆效应。

1. 磁致伸缩效应

某些铁磁体及其合金,以及某些铁氧体在外磁场作用下产生机械变形的现象称为磁致伸缩效应或称焦耳效应。它是由于这些强磁性体内部的磁畴在其自发磁化方向的长度与其他方向是不同的,在没有外磁场作用时,各个磁畴排列杂乱,磁化均衡,当外加磁场时,均衡被破坏,各个磁畴转动,使它们的磁化方向尽量转到与外磁场相一致,因而磁性体沿外磁场方向的长度发生变化。伸缩量一般很小,量级约为 $10^{-5} \sim 10^{-6}$。具有磁致伸缩效应的磁性材料有硅钢片、坡莫合金等。

2. 压磁效应

磁致伸缩材料在外力(或应力、应变)作用下,引起内部发生形变,产生应力,使各磁畴之间界限发生移动,磁畴磁化强度矢量转动,从而使材料的磁化强度和磁导率发生相应的变化。这种由于应力使磁性材料磁性质变化的现象称为压磁效应,也称逆磁致伸缩效应。

压磁材料受压力时,在作用力方向磁导率减小,而在与作用力垂直方向磁导率略有增大;作用力是拉力,结果相反。作用力取消后,磁导率恢复原值。其压磁效应还与外磁场有关。

利用压磁效应制成压磁式传感器,可以用来测量拉力、压力、重量、力矩和弯矩等物理量。

5.5.2 压磁式传感器

压磁式力传感器又称为磁弹性传感器,按照其工作原理,可以分为阻流圈式、变压器式、桥式、应变式等几种结构形式,其中阻流圈式、变压器式及桥式应用较多。

1. 阻流圈式压磁式传感器

如图 5-33 所示,阻流圈压磁式传感器只有一个线圈,这个线圈既作为励磁线圈也作为测量线圈。给线圈通以交流电,铁芯在外力 F 作用下,其磁导率发生变化,磁阻和磁通也相应地发生变化,使线圈的阻抗发生变化。阻流圈压磁式传感器可以用来测量压力,其优点是结构简单、使用可靠。

2. 变压器压磁式传感器

变压器压磁式传感器有两组线圈,一组是励磁线圈,另一组是测量线圈,它们之间通过磁场进行耦合。励磁线圈和测量线圈都绕在压磁元件上。压磁元件是由铁磁材料薄片用胶粘剂黏结而成。如图5-34所示为变压器压磁式传感器的工作原理图。

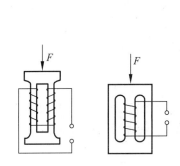

图 5-33　阻流式传感器原理图

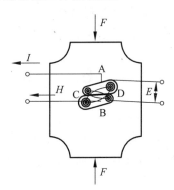

图 5-34　变压器压磁式传感器的工作原理图

将硅钢片冲压成一定的形状,中间有四个对称的冲孔 A、B、C、D,在四个冲孔中绕有两个正交的线圈。A、B 孔中是励磁线圈,C、D 孔中是测量线圈,它与测量电路相连。在励磁线圈中通以稳定的交变励磁电流,当压磁元件不受外力作用时,由于铁芯的各向同性,励磁线圈产生同心圆状的磁场,其磁力线不与测量线圈交链,测量线圈输出的感应电动势为零。当压磁元件受到外力作用后,沿外力的作用方向磁导率下降,而垂直于作用力方向磁导率增大,磁力线便成椭圆形,一部分磁力线通过 C、D 线圈,从而产生感应电动势。外作用力越大,与 C、D 交链的磁通越多,感应电动势越大。

压磁式传感器具有结构简单、线性好、输出功率大、抗干扰能力强、寿命长、维护方便、适于恶劣的工作环境等优点,广泛应用于冶金、矿山、印刷、造纸、运输等行业。

本 章 习 题

1. 什么是电感传感器?请介绍它的主要分类。
2. 产生零点残余电压的原因是什么?可以采取哪些措施去减小零点残余电压。
3. 有一只螺线管形差动式电感传感器,已知电源电压 $U=4\text{V}$,$f=400\text{Hz}$,传感器线圈铜电阻和电感量分别为 $R=40\Omega, L=30\text{mH}$,用两只匹配电阻设计成四臂等阻抗电桥,如图5-35所示,试求:

(1) 匹配电阻 R_1 和 R_2 的值为多大才能使电压灵敏度达到最大?

(2) 当 $\Delta Z=10\Omega$ 时,接成差动电桥后的输出电压值。

(3) 简述电涡流传感器应用于位移测量时的工作原理。

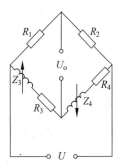

图 5-35　四臂电桥

第 6 章 磁电式传感器

磁电式传感器是通过磁电作用将被测量(如振动、位移、转速、扭矩等)转换成电信号的一种传感器。磁电式传感器包括磁感应式传感器、霍尔式传感器和磁栅式传感器。

6.1 磁电感应式传感器

磁电感应式传感器利用导体和磁场发生相对运动而在导体两端输出感应电动势,简称感应式传感器,也称为电动式传感器。它是一种机-电能量变换型传感器,具有不需要供电电源、电路简单、性能稳定、输出阻抗小等优点,适合于振动、转速、扭矩等测量。

6.1.1 工作原理

磁电感应式传感器是以电磁感应原理为基础的。根据法拉第电磁感应定律可知,当线圈在磁场中作切割磁力线运动时所产生的感应电动势与通过线圈的磁通量对时间的变化率成正比,即

$$E = -N\frac{\mathrm{d}\Phi}{\mathrm{d}t} \tag{6-1}$$

式中　N——线圈匝数;
　　　Φ——通过线圈的磁通量;
　　　E——线圈中所产生的感应电动势。
由于 $\Phi = BS$,所以式(6-1)可以写成

$$E = -N\frac{\mathrm{d}(BS)}{\mathrm{d}t} = -N\left(\frac{S\mathrm{d}B}{\mathrm{d}t} + \frac{B\mathrm{d}S}{\mathrm{d}t}\right) \tag{6-2}$$

式中　S——闭合线圈围成的面积;
　　　B——线圈处的磁感应强度。

根据式(6-2)可将磁电感应式传感器分为两种类型,一种类型是由于闭合线圈围成的面积 S 变化,引起通过线圈的磁通量变化,从而使线圈产生感应电动势;另一种类型是由于线圈处的磁感应强度发生变化,引起通过线圈的磁通量变化,从而使线圈产生感应电动势。

6.1.2 相对运动式磁电感应传感器

如果磁感应强度为 B,每匝线圈的平均长度为 l,线圈相对磁场运动的速度为 v,则 N 匝线圈中所产生的感应电动势为

$$E = -NBlv \tag{6-3}$$

由式(6-3)知当磁感应强度 B、线圈的平均长度 l、线圈的匝数 N 恒定时,感应电动势 E 就与线圈相对于磁场运动的速度成正比,因此磁电感应式传感器可以用来测量速度。由于速度与位移、加速度是积分与微分的关系,因此,只要在后续电路里增加积分电路和微分电路,磁电感应式传感器就可以测量位移与加速度。

如图 6-1 所示,这种相对运动式磁电感应传感器由永久磁铁 1、线圈 2、金属骨架 3、弹簧 4 和壳体 5 等组成。当线圈与磁铁之间存在相对运动时,通过线圈内的磁通量发生变化,线圈中将产生感应电动势。运动部件可以是线圈也可以是磁铁,因此又分为动圈式和动铁式两种结构类型。动圈式和动铁式的工作原理是完全相同的,主要用来测量振动速度。当壳体 5 随被测振动体一起振动时,由于弹簧 4 较软,运动部件质量相对较大,因此振动频率足够高(远高于传感器的固有频率)时,运动部件的惯性很大,来不及跟随振动体一起振动,接近于静止不动,振动能量几乎全被弹簧 4 吸收,永久磁铁 1 与线圈 2 之间的相对运动速度接近于振动体振动速度。磁铁 1 与线圈 2 相对运动使线圈 2 切割磁力线,产生与运动速度 v 成正比的感应电动势 E,如式(6-3)所示。

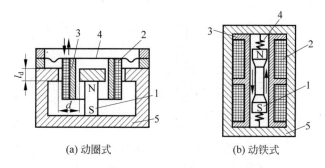

图 6-1 相对运动式磁电感应传感器原理
1—永久磁铁;2—线圈;3—金属骨架;4—弹簧;5—壳体

如果线圈与磁场没有相对运动,就是磁阻式磁电感应传感器。

6.1.3 磁阻式磁电感应传感器

磁阻式磁电感应传感器线圈和磁铁部分都是静止的,运动部件安装在被测物体上,是用导磁材料制成的。在物体运动过程中,运动体改变通过线圈的磁感应强度 B,从而使通过线圈的磁通量发生变化,在线圈中产生感应电动势。磁阻式磁电感应传感器一般用来测量旋转体的转速,线圈中感应电动势的频率作为传感器的输出,它取决于磁通变化的频率。

磁阻式磁电感应传感器的结构分为开磁路和闭磁路两种。如图 6-2 所示是开磁路磁阻式转速传感器结构示意图。传感器由永久磁铁 1、软铁 2、线圈 3 和齿轮 4 组成。线圈、永久磁铁以及软

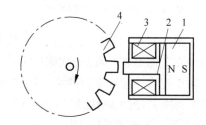

图 6-2 开磁路磁阻式转速传感器结构示意图
1—永久磁铁;2—软铁;3—线圈;4—测量齿轮

铁都静止不动,齿轮安装在被测旋转体上随其一起转动。当齿轮旋转时,齿的凸凹引起磁路磁阻的变化,使通过线圈的磁通量变化,在线圈中产生感应电动势,其频率等于齿轮的齿数 Z 和转速 n 的乘积,即

$$f = \frac{Zn}{60} \tag{6-4}$$

式中　Z——齿轮的齿数;

　　　n——被测旋转体转速(r/min);

　　　f——感应电动势频率。

当已知测量齿轮的齿数时,测得感应电动势的频率,就可求得被测旋转体的转速了。

图 6-3 所示为闭磁路磁阻式转速传感器结构示意图,它由内齿轮和外齿轮、永久磁铁和感应线圈组成。内、外齿轮齿数相同,内齿轮装在转轴上。当转轴连接到被测转轴上时,外齿轮不动,内齿轮随被测轴而转动,内、外齿轮的相对转动使气隙磁阻产生周期性的变化,从而引起磁路中磁通的变化,使线圈内产生周期性变化的感应电动势。与开磁路磁阻式转速传感器类似,感应电动势的频率与被测转速成正比,如式(6-4)所示。

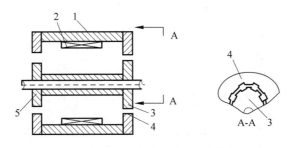

图 6-3　闭磁路磁阻式转速传感器结构示意图

1—永久磁铁;2—感应线圈;3—内齿轮;4—外齿轮;5—转轴

当转速太低时,由于输出的感应电动势太小,以致无法测量。所以这种传感器有一个下限工作频率,一般为 50Hz,上限可达 100kHz。

磁阻式磁电感应传感器对环境条件要求不高,能在 $-150 \sim +90$℃ 的温度下工作,不影响测量准确度,也能在油、水雾、灰尘等条件下工作。

6.1.4　磁电感应式传感器的应用

1. 磁电感应式振动传感器

如图 6-4 所示为磁电感应式振动传感器结构原理图。永久磁铁 3 和圆筒形导磁材料制成的外壳 7 固定在一起,形成磁路系统,壳体还起屏蔽作用。工作线圈 6 和圆环形阻尼器 2 用心轴 5 连在一起组成质量块,用圆形弹簧片 1 和 8 支承在壳体上。使用时,把传感器固定在被测振动体上,永久磁铁、铝架和壳体一起随被测体振动,由于质量块有一定的质量,产生惯性,而弹簧片又非常柔软,因此当振动频率远大于传感器固有频率时,线圈在磁路系统的环形气隙中相对永久磁铁运动,以振动体的振动速度切割磁力线,产生感应电动势,通过引线 9 接到测量电路。该感应电动势与速度成正比,经过积分或微分电路可以测量振动位移和加速度。

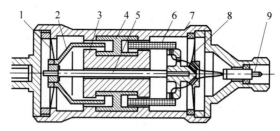

图 6-4 磁电感应式振动传感器

1、8—圆形弹簧片；2—圆环形阻尼器；3—永久磁铁；4—铝架；5—心轴；6—工作线圈；7—壳体；9—引线

2. 磁电感应式转速传感器

图 6-5 是一种磁电感应式转速传感器的结构原理图。转子 2 安装在转轴 1 上，它和定子 5、永久磁铁 3 组成磁路系统。工作时，转轴 1 与被测物转轴相连接，当转子 2 随转轴 1 转动时，转子 2 上的齿与定子上的齿相对运动，磁路系统的磁通呈周期性的变化，在线圈 4 中产生近似正弦的感应电动势。其频率与转速成正比。

3. 磁电感应式扭矩仪

它属于磁阻式磁电感应传感器，其结构如图 6-6 所示。它由定子、转子、线圈和传感器轴组成。转子和定子上有一一对应的齿和槽。定子固定在传感器外壳上，转子和线圈一起固定在传感器轴上。

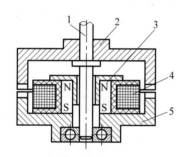

图 6-5 磁电感应式转速传感器

1—转轴；2—转子；3—永久磁铁；4—线圈；5—定子

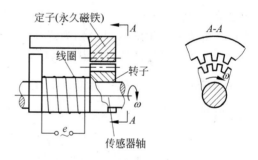

图 6-6 磁电感应式扭矩仪结构示意图

测量扭矩时，需用两个传感器，将它们的传感器轴分别固定在被测轴的两端，它们的外壳固定不动。安装时，一个传感器的定子齿与其转子齿相对，另一个传感器的定子槽与其转子齿相对。当被测轴无外加扭矩时，扭转角为零，若传感器轴以一定角速度旋转，则两个传感器输出相位差为 0°或 180°的两个近似正弦波的感应电动势。当被测轴感受扭矩时，轴的两端产生扭转角 φ，因此两个传感器输出的两个感应电动势将因扭矩而有附加相位差 φ_0。扭转角 φ 与感应电动势相位差 φ_0 的关系为

$$\varphi_0 = z\varphi$$

式中，z 为传感器定子、转子的齿数。

经测量电路，将相位差转换成时间差，就可测出扭矩。

磁电感应式传感器除了上述应用外，还可构成电磁流量计，用来测量具有一定电导率的液体流量。其特点是反应快、易于自动化和智能化，但结构较复杂。

6.2 霍尔式传感器

霍尔式传感器是基于霍尔效应工作的,可用来测量位移、转速、加速度、压力、电流和磁场等。由于霍尔式传感器结构简单,体积小,频率响应宽,动态范围大,使用寿命长,可靠性高,因此得到了广泛的应用。

6.2.1 霍尔效应

当电流垂直于外磁场方向通过导体或半导体薄片时,在薄片垂直于电流和磁场方向的两侧表面之间产生电位差的现象,称为霍尔效应。所产生的电位差称作霍尔电势,如图 6-7 所示,它是由于运动载流子受到磁场作用力即洛伦兹力 F_L,在薄片两侧分别形成电子和正电荷的积累导致的。

洛伦兹力 $F_L = evB$,其中 e 为电子电荷量,$e = 1.602 \times 10^{-19}$ C,v 为电子平均运动速度,B 为磁感应强度。而 $v = -\dfrac{I}{nebd}$,其中 I 为加在薄片左右两

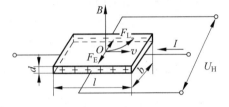

图 6-7 霍尔效应原理图

端的电流(称为控制电流),n 为电子浓度,即单位体积中的电子数,负号表示电子运动速度的方向与电流方向相反,b、d 分别为薄片宽度和厚度。

由于电子在半导体的后端面上的积累而带负电,前端面则因缺少电子而带正电,在前后端面间形成电场。该电场产生的电场力 $F_E = -eE_H = -\dfrac{eU_H}{b}$ 阻止电子继续偏转,其中 U_H 为霍尔电势。当 $F_L = F_E$ 时,电子积累达到动态平衡,即

$$U_H = \frac{IB}{ned} = R_H \frac{IB}{d} \tag{6-5}$$

式中,R_H 为霍尔系数,由载流材料的物理性质所决定。$R_H = \pm \gamma \dfrac{1}{ne}$,其正负号由载流子导电类型决定,电子导电为负值,空穴导电为正值,γ 是与温度、能带结构等有关的因子,若运动载流子的速度分布为费米分布,则 $\gamma = 1$,若为波尔兹曼分布,则 $\gamma = \dfrac{3\pi}{8}$。R_H 单位为 $m^3 \cdot C^{-1}$。

将式(6-5)写成

$$U_H = k_H IB \tag{6-6}$$

式中

$$k_H = \frac{R_H}{d} \tag{6-7}$$

k_H 称为霍尔元件的灵敏度系数,它与载流材料的物理性质和几何尺寸有关,表示在单位激励电流和单位磁感应强度时产生的霍尔电势的大小。

如果磁场与薄片法线之间有 α 角,那么

$$U_H = R_H \frac{IB}{d} \cos \alpha \tag{6-8}$$

霍尔系数 R_H 与载流子的电阻率 ρ 和迁移率 μ 的关系为

$$R_H = \rho\mu \tag{6-9}$$

半导体材料具有很高的迁移率和电阻率，其霍尔系数远大于金属，具有显著的霍尔效应。具有霍尔效应的元件称为霍尔元件。因此，常用半导体材料制作霍尔元件。霍尔电势 U_H 与导体厚度 d 成反比，为了提高霍尔电势，霍尔元件制作成薄片。

6.2.2 霍尔元件

霍尔元件结构如图 6-8 所示，从矩形半导体基片长度方向上的两端面引出一对电极 1 和 $1'$，用于施加控制电流，称为控制电极。在与这两个端面垂直的另两侧端面引出电极 2 和 $2'$，用于输出霍尔电势，称为霍尔电极。在基片外面用金属或陶瓷、环氧树脂等封装作为外壳。

霍尔电极在基片上的位置及它的宽度 b 对霍尔电势数值影响很大。通常霍尔电极位于基片长度的中间，其宽度 b 远小于基片的长度 l，要求 $b/l < 0.1$，如图 6-9 所示。

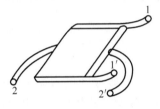

图 6-8 霍尔元件

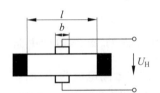

图 6-9 霍尔电极的位置

目前最常用的霍尔元件材料是锗(Ge)、硅(Si)、锑化铟(InSb)、砷化铟(InAs)、砷化镓(GaAs)和不同比例亚砷酸铟和磷酸铟组成的 $In(As_yP_{1-y})$ 型固熔体(其中 y 表示百分比)等半导体材料。其中 N 型锗容易加工制造，其霍尔系数、温度性能和线性度都较好。N 型硅的线性度最好，其霍尔系数、温度性能与 N 型锗相同。锑化铟对温度最敏感，尤其在低温范围内温度系数大，但在室温时其霍尔系数较大。砷化铟的霍尔系数较小，温度系数也较小，输出特性线性度好。$In(As_yP_{1-y})$ 型固熔体的热稳定性最好。砷化镓的温度特性和输出特性好，但价格较贵。不同材料适合用于不同的要求和应用场合，锑化铟适用于作为敏感元件，锗和砷化铟霍尔元件适用于测量指示仪表，N 型硅可将霍尔元件与集成电路制作在一起。如图 6-10 所示为霍尔元件符号。

霍尔元件的测量电路很简单，如图 6-11 所示。控制电流 I 由电压源提供，其大小由可变电阻 R_p 调节。霍尔电势 U_H 加在负载电阻 R_L 上，R_L 代表测量放大电路的输入电阻。

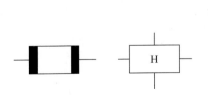

图 6-10 霍尔元件符号

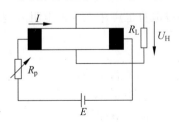

图 6-11 霍尔元件的测量电路

6.2.3 霍尔元件的主要参数

1. 额定激励电流和最大允许激励电流

当霍尔元件自身温升10℃时所流过的激励电流称为额定激励电流。以元件允许最大温升为限制所对应的激励电流称为最大允许激励电流。因霍尔电势随激励电流增加而线性增加，所以使用中希望选用尽可能大的激励电流，因而需要知道元件的最大允许激励电流，改善霍尔元件的散热条件，可以使激励电流增加。

当激励电流采用交流时，由于建立霍尔电势的时间极短，因此交流电频率可达几千兆赫兹，且信噪比较大。

2. 输入电阻和输出电阻

激励电极间的电阻称为输入电阻。霍尔电极输出电势对外电路来说相当于一个电压源，其电源内阻即为输出电阻。以上电阻值是在磁感应强度为零且环境温度在(20±5)℃时确定的。

3. 不等位电势 U_0 和不等位电阻 r_0

当霍尔元件的激励电流为 I_H 时，若元件所处位置磁感应强度为零，则它的霍尔电势 U_0 应该为零，但实际不为零。这时测得的空载霍尔电势 U_0 称为不等位电势。产生这一现象的原因有：

(1) 霍尔电极安装位置不对称或不在同一等电位面上，如图6-12(a)所示；

(2) 半导体材料不均匀造成了电阻率不均匀或是几何尺寸不均匀，从而使等位面倾斜，如图6-12(b)所示；

(3) 激励电极接触不良造成激励电流不均匀分布等。

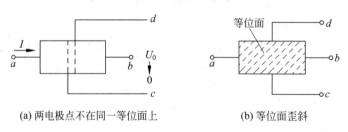

(a) 两电极点不在同一等位面上　　(b) 等位面歪斜

图 6-12　不等位电势产生示意图

不等位电势也可用不等位电阻 r_0 表示

$$r_0 = \frac{U_0}{I_H}$$

式中　U_0——不等位电势；
　　　r_0——不等位电阻；
　　　I_H——激励电流。

由上式可以看出，不等位电势 U_0 就是激励电流流经不等位电阻 r_0 所产生的电压。

4. 寄生直流电势

在外加磁场为零，霍尔元件用交流激励时，霍尔电极输出除了交流不等位电势外，还有一直流电势，称为寄生直流电势。其产生的原因有：

（1）激励电极与霍尔电极接触不良，形成非欧姆接触①，造成整流效果。

（2）两个霍尔电极大小不对称，则两个电极点的热容不同，散热状态不同，形成极间温差电势。寄生直流电势一般在 1mV 以下，它是影响霍尔片温漂的原因之一。

5. 霍尔电势温度系数

在一定磁感应强度和激励电流下，温度每变化 1℃ 时，霍尔电势变化的百分率称为霍尔电势温度系数。它同时也是霍尔系数的温度系数。

6.2.4 霍尔元件的误差补偿

1. 不等位电势误差的补偿

不等位电势是零位误差中最主要的一种，它与霍尔电势具有相同的数量级，有时甚至超过霍尔电势。如图 6-13 所示，霍尔元件可以等效为一个四臂电桥，不等位电势就相当于电桥的初始不平衡输出电压。因此可以通过在某个桥臂上并联电阻而将不等位电势降到最小，甚至为零。如图 6-14 所示给出了几种常用的不等位电势的补偿电路。其中不对称补偿电路最简单，而对称补偿温度稳定性好。

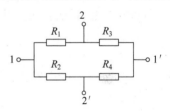

图 6-13 霍尔元件等效电路

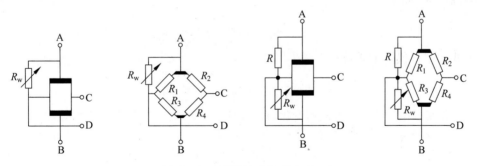

图 6-14 不等位电势补偿电路

2. 霍尔元件温度误差的补偿

霍尔元件由半导体材料制成，因而它的性能参数对温度很敏感，都是温度的函数。当温

---

① 欧姆接触是指金属与半导体的接触，而其接触面的电阻值远小于半导体本身的电阻值，使得组件操作时，大部分的电压降在活动区（active region）而不在接触面。

度变化时,霍尔元件的电阻率、迁移率和载流子浓度、输入、输出电阻以及霍尔系数等都会发生变化,致使霍尔电动势变化,产生温度误差。为了减小温度误差,除选用温度系数较小的材料如砷化铟外,还可以采用适当的补偿电路。

因为霍尔元件的输入电阻会随着温度变化而发生变化,所以在稳压源供电时,就使控制电流发生变化,进而带来温度误差。采用恒流源(稳定度±0.1%)提供控制电流,可以减小这种误差。

霍尔元件的灵敏度系数 k_H 也是温度的函数,因此即使采用恒流源供电,也存在温度误差。

大多数霍尔元件的温度系数是正的,即温度升高,霍尔电势也增大。对于具有正温度系数的霍尔元件,可采用在其输入回路中并联电阻 R_p 的办法补偿温度误差,如图 6-15 所示。

设初始温度为 t_0,霍尔元件的输入电阻为 R_{i0}、灵敏度系数为 k_{H0},当温度变化到 t 时,霍尔元件的输入电阻为 R_{it}、灵敏度系数为 k_{Ht}。它们之间的关系为

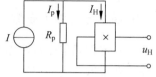

图 6-15 恒流源温度补偿电路

$$k_{Ht} = k_{H0}[1 + \alpha(t - t_0)] \tag{6-10}$$

$$R_{it} = R_{i0}[1 + \beta(t - t_0)] \tag{6-11}$$

式中 α——霍尔元件灵敏度温度系数;

β——元件的电阻温度系数。

由图 6-15 可知,$I = I_p + I_H$,$I_p R_p = I_H R_i$,所以

$$I_H = \frac{R_p I}{(R_i + R_p)} \tag{6-12}$$

由式(6-12),当温度为 t_0 时,有

$$I_{H0} = \frac{R_p I}{(R_{i0} + R_p)} \tag{6-13}$$

当温度为 t 时,有

$$I_{Ht} = \frac{R_p I}{(R_{it} + R_p)} \tag{6-14}$$

将式(6-11)代入上式,得

$$I_{Ht} = \frac{R_p I}{\{R_{i0}[1 + \beta(t - t_0)] + R_p\}} \tag{6-15}$$

为了使霍尔电动势不随温度而变化,必须保证 t_0 和 t 时的霍尔电动势相等,即 $k_{H0} I_{H0} B = k_{Ht} I_{Ht} B$。将有关式代入,则可得

$$1 + \alpha(t - t_0) = \frac{R_{i0}[1 + \beta(t - t_0)] + R_p}{R_{i0} + R_p}$$

所以

$$R_p = \frac{(\beta - \alpha) R_{i0}}{\alpha} \tag{6-16}$$

霍尔元件的 R_{i0}、α 和 β 值均为可在产品说明书中查到。通常 $\beta \gg \alpha$,所以式(6-15)可简化为

$$R_p = \frac{\beta}{\alpha} R_{i0} \tag{6-17}$$

根据式(6-17)选择输入回路并联电阻 R_p，可使温度误差减到极小而不影响霍尔元件的其他性能。实际上 R_p 也随温度而变化，但因其温度系数远比 β 值小，故可以忽略不计。

也可采用稳压电源供电，且霍尔输出开路状态下工作时，可在输入回路中串入适当电阻来补偿温度误差。其分析过程与结果同式(6-17)。

6.2.5 霍尔式传感器的应用

由式(6-6)知，霍尔电势与输入控制电流及磁感应强度呈线性关系，因此可形成 3 种应用方式。

1. 当输入电流恒定不变时，传感器的输出正比于磁感应强度

凡是能转换为磁感应强度变化的物理量均可以进行测量和控制，如位移、角度、转速及加速度等，下面介绍常见的两种传感器。

1) 霍尔式位移传感器

如图 6-16 所示，保持霍尔元件的控制电流恒定，而使霍尔元件在一个均匀梯度的磁场中沿 x 方向移动。则输出的霍尔电动势为

$$U_H = kx$$

式中，k 为位移传感器的灵敏度。

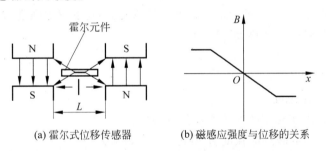

(a) 霍尔式位移传感器　　(b) 磁感应强度与位移的关系

图 6-16　霍尔式位移传感器原理示意图

霍尔电动势的极性表示了元件位移的方向。磁场梯度越大，灵敏度越高；磁场梯度越均匀，输出线性度就越好。这种位移传感器位移量很小，适用于微位移、机械振动等测量。

2) 霍尔式加速度传感器

如图 6-17 所示，霍尔元件固定在一个扁平长弹簧片的自由端，并处于磁场中。弹簧片的另一端固定在传感器壳体上，中间固定一个惯性体。将加速度传感器固定在被测物体上，当被测物体做加速度运动时，在惯性力的作用下，惯性体使弹簧片自由端产生位移，根据霍尔电势输出即可得被测物体加速度的大小。

2. 当磁感应强度恒定不变时，传感器的输出正比于电流的变化

凡是能转换为电流变化的物理量均可以进行测量和控制。如图 6-18 所示，当被测电流 I 通过一根长导线时，在导线周围产生磁场，磁场的强弱与通过导线的电流成正比。利用由软磁性材料制作的聚磁环收集磁场到霍尔元件上，霍尔元件检测出磁场的大小，即可测得待

测电流。

3. 霍尔电势正比于电流与磁感应强度之积

由于霍尔电势正比于电流与磁感应强度的乘积，所以凡是能转换为乘法的物理量都可以进行测量，如功率。

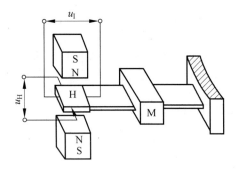

图 6-17 霍尔式加速度传感器原理

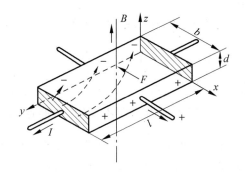

图 6-18 霍尔电流传感器原理

本 章 习 题

1. 什么是磁电感应式传感器？它的主要优点是什么？

2. 试证明类似于图 6-19 所示的角速度测量传感器，在磁感应强度为 B_d 的磁场中旋转的 N 匝线圈产生的感应电动势表示式为

$$e = NB_d A\omega \sin\theta$$

式中　　A——线圈面积（长 $l \times$ 宽 b）；

　　　　ω——线圈的角速度；

　　　　θ——测量线圈相对于图 6-7 所示位置的角度。

3. 螺管线圈产生的磁感应强度 $B(\text{Wb/m}^2)$ 可表示为

$$B = 12.57 \times 10^{-7} NI/L$$

其中，N 为线圈匝数，I 为电流（A），L 为螺管线圈长度（m）。如图 6-20 所示的环形磁铁，其磁感应强度 $B=0.1\text{Wb/m}^2$，螺管线圈由 2000 匝导线均匀地绕满 10mm 直径钢环的一半。求所需要的电流 I 并计算当单位长度的导线以 1m/s 的速度通过磁铁间隙时会产生多大的感应电动势？

图 6-19 角速度测量传感器

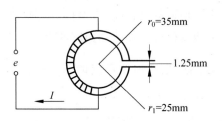

图 6-20 环形磁铁

第 7 章 热电式传感器

热电式传感器是利用某种材料或元件与温度有关的物理特性,将温度的变化转换为电量变化的装置或器件。在测量中常用的温度传感器是热电偶和热电阻,热电偶是将温度变化转换为电势变化,而热电阻是将温度变化转换为电阻值变化。此外,热敏电阻和集成温度传感器也得到迅速的发展和广泛的应用。

7.1 热电偶传感器

热电偶是将温度转换为电势的热电式传感器。自 19 世纪发现热电效应以来,热电偶便被广泛用来测量 100～1300℃ 范围内的温度,根据需要还可以用来测量更高或更低的温度。它具有结构简单、使用方便、精度高、热惯性小,便于远距离传送和自动记录等优点。

7.1.1 热电偶的工作原理

1. 热电效应

将两种不同材料的导体 A、B 串接成一个闭合回路,如图 7-1 所示,如果两接合点处的温度不同($T_0 \neq T$),则在两导体间产生热电势,并在回路中有一定大小的电流,这种现象称为热电效应。在此闭合回路中两种导体叫热电极;两个节点中,一个称工作端或热端(T),另一个叫参比端或冷端(T_0)。由这两种导体的组合并将温度转换成热电动势的传感器称为热电偶。

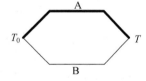

图 7-1 热电效应

热电动势是由两种导体的接触电动势和单一导体的温差电动势所组成。热电动势的大小与两种导体材料的性质及节点温度有关。

1) 接触电动势

由于不同的金属材料所具有的自由电子密度不同,当两种不同的金属导体接触时,在接触面上就会发生电子扩散。电子的扩散速率与两导体的电子密度有关并和接触区的温度成正比。设导体 A 和 B 的自由电子密度为 N_A 和 N_B,且有 $N_A > N_B$,电子扩散的结果使导体 A 失去电子而带正电,导体 B 获得电子而带负电,在接触面形成电场。这个电场阻碍了电子继续扩散,达到动态平衡时,在接触区形成一个稳定的电位差,即接触电势,其大小可表示为

$$e_{AB}(T) = \frac{kT}{e} \ln \frac{N_A}{N_B} \tag{7-1}$$

式中　$e_{AB}(T)$——导体 A、B 的节点在温度 T 时形成的接触电动势；

　　　e——电子电荷，$e = 1.6 \times 10^{-19}$ C；

　　　k——玻耳兹曼常数，$k = 1.38 \times 10^{-23}$ J/K；

　　　N_A、N_B——导体 A、B 的自由电子密度。

2）同一导体中的温差电动势

对于单一导体，如果两端温度不同，在两端间会产生电动势，即单一导体的温差电动势，这是由于导体内自由电子在高温端具有较大的动能，因而向低温端扩散的结果。高温端因失去电子而带正电，低温端由于获得电子而带负电，在高低温端之间形成一个电位差。温差电动势的大小与导体的性质和两端的温差有关，可表示为

$$e_A(T, T_0) = \int_{T_0}^{T} \sigma_A \mathrm{d}T \tag{7-2}$$

式中　$e_A(T, T_0)$——导体 A 两端温度为 T、T_0 时形成的温差电动势；

　　　T、T_0——导体 A 两端的绝对温度；

　　　σ_A——汤姆逊系数，表示导体 A 两端的温度差为 1℃时所产生的温差电动势，例如在 0℃时，铜的 $\sigma = 2\mu$V/℃。

对于图 7-2 中导体 A、B 组成的热电偶回路，当温度 $T > T_0$ 时，回路总的热电势可表示为

$$\begin{aligned} E_{AB}(T, T_0) &= e_{AB}(T) - e_{AB}(T_0) - e_A(T, T_0) + e_B(T, T_0) \\ &= \frac{kT}{e} \ln \frac{N_{AT}}{N_{BT}} - \frac{kT_0}{e} \ln \frac{N_{AT_0}}{N_{BT_0}} + \int_{T_0}^{T} (-\sigma_A + \sigma_B) \mathrm{d}T \end{aligned} \tag{7-3}$$

式中　N_{AT}、N_{AT_0}——导体 A 在节点温度为 T 和 T_0 时的电子密度；

　　　N_{BT}、N_{BT_0}——导体 B 在节点温度为 T 和 T_0 时的电子密度；

　　　σ_A、σ_B——导体 A 和 B 的汤姆逊系数。

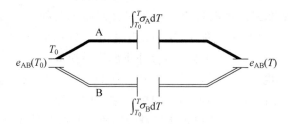

图 7-2　闭合回路温差电动势

由此可得出有关热电偶回路的几点结论：

(1) 如果构成热电偶的两个热电极为材料相同的均质导体，即 $\sigma_A = \sigma_B$，$N_A = N_B$，则无论两节点温度如何，热电偶回路内的总热电动势为零。因此，热电偶必须采用两种不同的材料作为热电极。

(2) 如果热电偶两节点温度相等，即 $T = T_0$，则尽管导体 A、B 的材料不同，热电偶回路内的总电动势亦为零。

(3) 热电偶 AB 热电动势与 A、B 材料的中间温度无关，只与节点温度有关。

2. 热电偶基本定律

1) 中间导体定律

在热电偶回路中接入第三种材料的导体,只要其两端的温度相等,第三导体的引入不会影响热电偶的热电动势,称为中间导体定律。

若在图 7-1 的 T_0 处断开,接入第三导体 C,如图 7-3 所示,当 A、B 节点温度为 T,其余节点温度为 T_0,且 $T > T_0$ 时,则回路中总热电动势为

$$E_{ABC}(T, T_0) = E_{AB}(T) + E_{BC}(T_0) + E_{CA}(T_0) \quad (7\text{-}4)$$

由于在 $T = T_0$ 的情况下回路中总电动势为零,即

$$E_{ABC}(T_0) = E_{AB}(T_0) + E_{BC}(T_0) + E_{CA}(T_0) = 0 \quad (7\text{-}5)$$

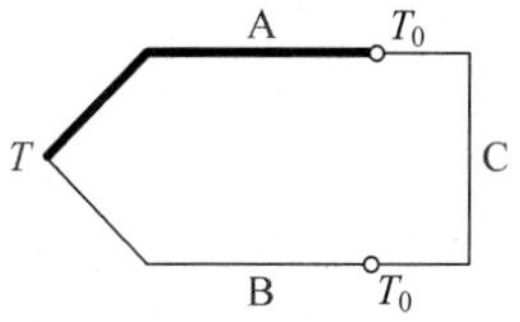

图 7-3 具有第三导体的热电偶回路

将此式代入(7-4)中,可得

$$E_{ABC}(T, T_0) = E_{AB}(T) - E_{AB}(T_0) = E_{AB}(T, T_0) \quad (7\text{-}6)$$

这就是中间导体定律。根据这个定律,可以将第三导体换成测试仪表或连接导线,只要保持两节点温度相同,就可以对热电动势进行测量而不影响原热电动势的数值。

2) 参考电极定律

当节点温度为 T、T_0 时,用导体 A、B 组成的热电偶的热电动势等于 AC 热电偶和 CB 热电偶的热电动势的代数和,即

$$E_{AB}(T, T_0) = E_{AC}(T, T_0) + E_{CB}(T, T_0) \quad (7\text{-}7)$$

导体 C 称为标准电极(一般由铂制成),称为参考电极定律。

如图 7-4 所示为参考电极定律示意图,图中标准电极 C 接在 A、B 之间,形成三个热电偶组成的回路。对于 AC 热电偶有热电动势

$$E_{AC}(T, T_0) = e_{AC}(T) - e_{AC}(T_0) - \int_{T_0}^{T} (\sigma_A - \sigma_C) dT \quad (7\text{-}8)$$

对于 BC 热电偶有热电动势

$$E_{BC}(T, T_0) = e_{BC}(T) - e_{BC}(T_0) - \int_{T_0}^{T} (\sigma_B - \sigma_C) dT \quad (7\text{-}9)$$

于是

$$\begin{aligned} E_{AC}(T, T_0) - E_{BC}(T, T_0) &= E_{AC}(T, T_0) + E_{CB}(T, T_0) \\ &= e_{AC}(T) - e_{AC}(T_0) - e_{BC}(T) + e_{BC}(T_0) - \int_{T_0}^{T} (\sigma_A - \sigma_C) dT \\ &\quad + \int_{T_0}^{T} (\sigma_B - \sigma_C) dT \end{aligned} \quad (7\text{-}10)$$

利用式(7-1)可得

$$e_{AC}(T) - e_{BC}(T) = e_{AB}(T), \quad -e_{AC}(T_0) + e_{BC}(T_0) = -e_{AB}(T_0)$$

因此,式(7-10)可写为

$$E_{AC}(T, T_0) + E_{CB}(T, T_0) = e_{AB}(T) - e_{AB}(T_0) + \int_{T_0}^{T} (-\sigma_A + \sigma_B) dT = E_{AB}(T, T_0) \quad (7\text{-}11)$$

这就是参考电极定律。由于纯铂丝的物理化学性能稳定,熔点较高,易提纯,所以目前常用

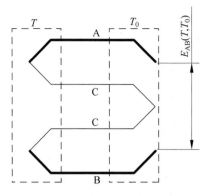

图 7-4 参考电极定律示意图

纯铂丝作参考电极。如果已求出各种热电极对铂极的热电特性,可大大简化热电偶的选配工作。

3) 中间温度定律

如图 7-5 所示,当热电偶的两个节点温度为 T、T_1 时,热电动势为 $E_{AB}(T,T_1)$;当热电偶的两个节点温度为 T_1、T_0 时,热电动势为 $E_{AB}(T_1,T_0)$,当热电偶的两个节点温度为 T、T_0 时热电动势为

$$E_{AB}(T,T_1) + E_{AB}(T_1,T_0) = E_{AB}(T,T_0) \tag{7-12}$$

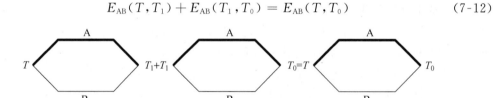

图 7-5 用连接导线的热电偶回路

同一种热电偶,当两节点温度 T、T_0 不同时,产生的热电动势也不同。要将对应各种 (T,T_0) 温度的热电动势—温度关系都列成图表是不能实现的。中间温度定律为热电偶制定温度表提供了理论依据。根据这一定律,只要列出参考温度为 0℃ 的热电动势—温度关系,那么参考温度不等于 0℃ 的热电动势都可以由式(7-12)求出。

7.1.2 常用热电偶

适于制作热电偶的材料有 300 多种,到目前为止,国际电工委员会已将其中七种推荐为标准化热电偶。下面介绍几种广泛使用的热电偶。

1. 铂铑$_{10}$-铂热电偶

由 $\phi 0.5$mm 的纯铂丝和相同直径的铂铑丝制成,用符号 LB 表示。铂铑丝为正极,纯铂丝为负极。这种热电偶可在 1300℃ 以下范围内长期使用,短期可测 1600℃ 高温。由于容易得到高纯度的铂和铂铑,故 LB 热电偶的复制精度和测量准确性高。LB 热电偶的材料为贵

金属,成本较高。

2. 镍铬-镍硅热电偶

镍铬为正极,镍硅为负极,热偶丝直径为 1.2～2.5mm,用符号 EU 表示。EU 热电偶化学稳定性较高,测量范围为－50～1312℃。其复制性好,产生热电势大,线性好,价格便宜,是工业生产中最常用的一种热电偶。

3. 镍铬-考铜热电偶

它由镍铬材料与镍、铜合金材料组成,符号为 EA。热偶丝直径为 1.2～2mm,镍铬为正极,考铜为负极。适用于还原性或中性介质。EA 热电偶灵敏度高,价格便宜,但测温范围窄而低。

4. 钨铼$_5$-钨铼$_{20}$热电偶

它是非标准化热电偶,钨铼$_5$作正极,钨铼$_{20}$作负极。一般使用在超高温场合。国产钨铼$_5$-钨铼$_{20}$热电偶使用温度范围为 300～2000℃。可在氢气中连续使用 100 小时,真空中使用 8 小时,性能稳定。钨铼系热电偶是一种较好的超高温热电偶,其最高使用温度受绝缘材料的限制,一般可达 2400℃,在真空中用裸丝可测量更高的温度。

7.1.3 热电偶温度补偿

热电偶输出的电势是两节点温度差的函数。为了使输出的电动势是被测温度的单一函数,一般将 T 作为被测温度端,T_0 作为参比温度端(冷端)。通常要求 T_0 保持为 0℃,但在实际中做到这一点很困难。于是产生了热电偶冷端补偿问题。在工业使用时,解决冷端补偿问题有多种方法,一般根据使用条件和测量准确度的要求来确定所使用的具体方法。

1. 补偿导线法

在实际测温时,需要把热电偶输出的电势信号传输到远离现场数十米的控制室里的显示仪表或控制仪表,这样参考端温度 t_0 也比较稳定。热电偶一般做得较短,需要用导线将热电偶的冷端延伸出来。工程中采用一种补偿导线,它通常由两种不同性质的廉价金属导线制成,而且在 0～100℃ 温度范围内,要求补偿导线和所配热电偶具有相同的热电特性。

2. 参考端 0℃ 恒温法

在实验室及精密测量中,通常把参考端放入装满冰水混合物的容器中,以便参考端温度保持 0℃,这种方法又称冰浴法,如图 7-6 所示。

3. 电位补偿法

电位补偿法是用电桥温度变化时的不平衡电压(补偿电压)消除冷端温度变化对热电偶电势的影响,这种装置称为冷端温度补偿器。

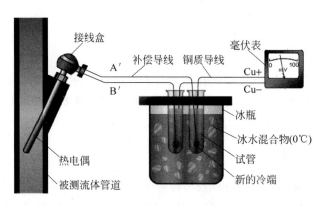

图 7-6　冰浴法接线原理

如图 7-7 所示，冷端补偿器内有一个不平衡电桥，其输出端串联在热电偶回路中。桥臂电阻 R_1、R_2、R_3 和限流电阻 R_W 用锰铜电阻，其电阻值几乎不随温度变化，R_{Cu} 为铜电阻，其电阻温度系数大，电阻值随温度升高而增大。使用中应使 R_{Cu} 与热电偶的冷端靠近，使其处于同一温度下。电桥由直流稳压电源供电。

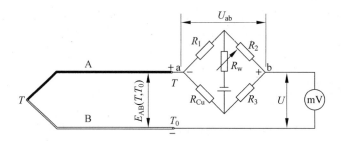

图 7-7　冷端温度补偿器线路

设计时使 R_{Cu} 在 0℃下的阻值与其余三个桥臂 R_1、R_2、R_3 完全相等，这时电桥处于平衡状态，电桥输出电压 $U_{ab}=0$，对热电势没有影响。此时温度 0℃ 称为电桥平衡温度。

当热电偶冷端温度随环境温度变化，若 $T_0>0$，热电势将减小 ΔE。但这时 R_{Cu} 增大，使电桥不平衡，出现 $U_{ab}>0$，而且其极性是 a 点为负，b 点为正，这时的 U_{ab} 与热电势 $E_{AB}(T,T_0)$ 同向串联，使输出值得到补偿。如果限流电阻 R_W 选择适合，可使 U_{ab} 在一定温度范围内增大的值恰恰等于热电势所减小的值即 $U_{ab}=\Delta E$，就完全避免了 $T_0=0$ 的变化对测量的影响。

冷端补偿器一般用 4V 直流供电，它可以在 0～40℃ 或 -20～20℃ 的范围内起补偿作用。只要 T_0 的波动不超出此范围，电桥不平衡输出信号可以自动补偿冷端温度波动所引起的热电势的变化。从而可以直接利用输出电压 U 查热电偶分度表以确定被测温度的实际值。

要注意的是，不同材质的热电偶所配的冷端补偿器，其限流电阻 R_W 不一样，互换时必须重新调整。此外，大部分补偿电桥的平衡温度不是 0℃，而是室温 20℃。

另外还有其他一些补偿方法，在此不一一列举。

7.2 热电阻传感器

热电阻传感器是利用导体的电阻随温度变化的特性,对温度和温度有关的参数进行检测的装置。实践证明,大多数电阻在温度升高 1℃ 时电阻值将增加 0.4%～0.6%。热电阻传感器的主要优点是:①测量精度高;②有较大的测量范围,尤其在低温方面;③易于使用在自动测量和远距离测量中。热电阻传感器之所以有较高的测量精度,主要是一些材料的电阻温度特性稳定,复现性好。其次,与热电偶相比,它没有参比端误差问题。

热电阻传感器一般常用于 -200～500℃ 的温度测量,随着技术的发展,热电阻传感器的测温范围也在不断的扩展,低温方面已成功地应用于 1～3K 的温度测量中,高温方面也出现了多种用于 1000～1300℃ 的热电阻传感器。

7.2.1 热电阻材料与工作原理

作为测量温度用的热电阻材料必须具有以下特点:
(1) 高且稳定的温度系数和大的电阻率,以便提高灵敏度和保证测量精度;
(2) 良好的输出特性,即电阻温度的变化接近于线性关系;
(3) 在使用范围内,其化学、物理性能应保持稳定;
(4) 良好的工艺性,以便于批量生产,降低成本。

根据上述要求,纯金属是制造热电阻的主要材料。目前,广泛应用的热电阻材料有铂、铜、镍、铁等。这些材料的电阻率与温度的关系一般都可用一个二次方程近似描述,即

$$\rho = a + bt + ct^2 \tag{7-13}$$

式中 ρ——电阻率;
  t——温度;
  a、b、c——由实验确定的常量。

对于绝大多数金属导体,a、b、c 等并不是一个常数,而是温度的函数。但在一定的温度范围内,a、b、c 可以近似地视作一个常数。不同的金属导体,a、b、c 保持常数所对应的温度范围不同。

7.2.2 常用热电阻

1. 铂热电阻

铂是一种贵金属,其主要优点是物理化学性能极为稳定,并且有良好的工艺性,易于提纯,可以制成极细的铂丝(直径可达到 0.02mm 或更细)或极薄的铂箔。它的缺点是电阻温度系数较小。

我国已采用 IEC 标准制作工业铂电阻温度计。按 IEC 标准,铂的使用温度范围为 -200～650℃。铂电阻温度计除作温度标准外,还广泛用于高精度的工业测量。由于铂为贵金属,在测量精度要求不高的场合下,均采用铜电阻。

铂电阻阻值与温度变化之间的关系可用下式近似表示：

在 $-200\sim0℃$ 范围内

$$R_t = R_0[1 + At + Bt^2 + C(t-100)t^3] \quad (7\text{-}14)$$

在 $0\sim850℃$ 范围内

$$R_t = R_0(1 + At + Bt^2) \quad (7\text{-}15)$$

式中，R_0 和 R_t 分别为 $0℃$ 和 $t℃$ 时的电阻值。

对于常用的工业铂电阻，$A=3.908\,02\times10^{-3}/℃$，$B=-5.082\times10^{-7}℃^{-2}$，$C=-4.273\,50\times10^{-12}℃^{-4}$。

2. 铜热电阻

铜仅用来制造 $-50\sim180℃$ 范围内的工业用电阻温度计，它的主要特点是在上述温度范围内，其电阻与温度的关系是线性的；而且它的电阻温度系数比铂高，但它的电阻率低。在温度不高、测温元件尺寸没有特殊限制时，可以使用铜电阻温度计。

3. 其他热电阻

镍和铁电阻的温度系数都比较大，电阻率也比较高，因此也适合于作热电阻。镍和铁热电阻的使用温度范围分别是 $-50\sim100℃$ 和 $-50\sim150℃$。但这两种热电阻目前应用较少，主要是由于铁很容易氧化，化学性能不好；而镍非线性严重，材料提取也比较困难。但由于铁的线性好、电阻率和灵敏度都较高，所以在加以适当保护后，也可作为热电阻元件。镍电阻在稳定性方面优于铁，在自动恒温和温度补偿方面的应用较多。

近年来，一些新颖的、测量低温领域的热电阻材料相继出现。铟电阻适宜在 $-269\sim-258℃$ 温度范围内使用，测温准确度高，灵敏度是铂电阻的 10 倍，但复现性差。锰电阻适宜在 $-271\sim-210℃$ 温度范围内使用，灵敏度高，但质脆易损坏。碳电阻适宜在 $-273\sim-268.5℃$ 温度范围内使用，热容量小，灵敏度高，价格低廉，但热稳定性较差。

7.3 热敏电阻传感器

热敏电阻是用半导体材料制成的热敏器件。相对于一般的金属热电阻而言，它主要具备如下特点：

(1) 电阻温度系数大，灵敏度高，比一般金属电阻大 $10\sim100$ 倍；
(2) 结构简单，体积小，可以测量点温度；
(3) 电阻率高，热惯性小，适宜动态测量；
(4) 阻值与温度变化呈非线性关系；
(5) 稳定性和互换性较差。

大部分半导体热敏电阻是由各种氧化物按一定比例混合，经高温烧结而成。根据热敏电阻随温度变化的特性不同，热敏电阻基本可分为正温度系数（PTC）、负温度系数（NTC）和临界温度系数（CTR）三种类型。多数热敏电阻具有负的温度系数，即当温度升高时，其电阻值下降，同时灵敏度也下降。由于这个原因，限制了它在高温下的使用。目前热敏电阻的使用上限温度约为 300℃。

7.3.1 热敏电阻的结构形式

热敏电阻是由一些金属氧化物,如钴、锰、镍等的氧化物,采用不同比例的配方,经高温烧结而成,然后采用不同的封装形式制成球状、片状、杆状、垫圈状等各种形状,其结构形式如图 7-8 所示。它主要由热敏探头 1、引线 2、壳体 3 构成,如图 7-9 所示。

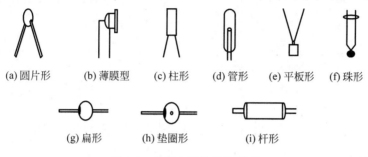

(a) 圆片形　(b) 薄膜型　(c) 柱形　(d) 管形　(e) 平板形　(f) 珠形

(g) 扁形　(h) 垫圈形　(i) 杆形

图 7-8　热敏电阻的结构形式

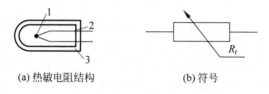

(a) 热敏电阻结构　　(b) 符号

图 7-9　热敏电阻的结构与符号

7.3.2 负温度系数热敏电阻的特性

1. 温度特性

图 7-10 为负温度系数热敏电阻的电阻—温度特性曲线,在较小的温度范围内,可表示为

$$R_T = R_0 \exp B\left(\frac{1}{T} - \frac{1}{T_0}\right) \tag{7-16}$$

式中　R_T——温度为 T 时的电阻值;
　　　R_0——温度为 T_0 时的电阻值;
　　　B——热敏电阻的材料常数,它与半导体物理性能有关,一般情况下,$B=2000\sim6000\text{K}$。

2. 伏安特性

图 7-11 给出了热敏电阻的伏安特性曲线。由图可见,当流过热敏电阻的电流很小时,不足以使之加热,电阻值只决定于环境温度,伏安特性是直线,遵循欧姆定律,主要用来测温。当电流增大到一定值时,流过热敏电阻的电流使之加热,本身温度升高,出现负阻特性。因电阻减小,即使电流增大,端电压反而下降。当电流和周围介质温度一定时,热敏电阻的

电阻值取决于介质的流速、流量、密度等散热条件。根据这个原理可用它测量流体的流速和介质的密度。

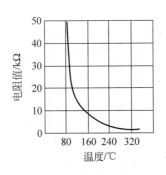

图 7-10　热敏电阻温度特性曲线

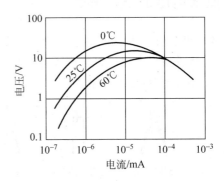

图 7-11　热敏电阻的伏安特性

热敏电阻的应用很广泛,在家用电器、汽车、测量仪器、农业等方面都有广泛的应用。

7.4　集成温度传感器

近年来,随着半导体技术的发展,各种集成温度传感器越来越多地应用于各种温度计量、温度控制领域。按照输出信号的形式,集成温度传感器可分为电流、电压和数字三类。电流输出型具有输出阻抗高的特点,因此可以配合双绞线进行数百米远的精密温度遥感与遥测,而不必考虑长馈线上引起的信号损失和噪声问题;也可用在多点温度测量系统中,而不必考虑选择开关或多路转换器引入的接触电阻造成的误差。电压输出型的优点是直接输出电压且输出阻抗低,易于读出或控制电路接口。数字输出型的优点是抗干扰能力强,可直接与单片机或 DSP 测试系统接口。

集成温度传感器同热电偶、热电阻等传统传感器相比,其主要特点有:

(1) 灵敏度高,电压型集成温度传感器通常为 $10\mathrm{mV/℃}$,而热电偶则为微伏级,灵敏度较低;

(2) 线性较好,集成温度传感器具有较好的线性,一般不必再进行非线性补偿;

(3) 重复性好,通常集成温度传感器的重复性好于热电偶和热电阻;

(4) 温度范围较窄,通常为 $-50\sim150℃$ 之间,而热电偶范围为 $-200\sim1600℃$,热电阻范围为 $-200\sim500℃$;

(5) 准确度较低,一般来说,低于热电阻和贵金属热电偶,与廉价金属热电偶相当或略低。

7.4.1　集成温度传感器的原理

集成温度传感器是利用 PN 结的伏安特性与温度之间的关系研制成的一种固态传感器。二极管 PN 结的伏安特性可用下式表示

$$I = I_\mathrm{S}\left(\exp\left(\frac{qU}{kT}\right) - 1\right) \tag{7-17}$$

式中　I——PN 结正向电流；
　　　U——PN 结正向压降；
　　　I_S——PN 结反向饱和电流；
　　　q——电子电荷量$(1.59×10^{-19}C)$；
　　　k——玻耳兹曼常数$(1.38×10^{-23}J/K)$；
　　　T——绝对温度。

当 $\exp\left(\dfrac{qU}{kT}\right) \gg 1$ 时，上式变为

$$I = I_S \exp \dfrac{qU}{kT}$$

则

$$U = \dfrac{kT}{q} \ln \dfrac{I}{I_S} \tag{7-18}$$

可见只要通过 PN 结上的正向电流 I 恒定，则 PN 结的正向压降 U 与温度 T 的线性关系只受反向饱和电流 I_S 的影响。I_S 是温度的缓变函数，只要选择合适的掺杂浓度，就可认为在不太宽的温度范围内，I_S 近似为常数。因此，正向压降 U 与温度 T 呈线性关系。

$$\dfrac{dU}{dT} = \dfrac{k}{q} \ln \dfrac{I}{I_S} \approx 常数$$

实际使用中，二极管作为温度传感器虽然工艺简单，但线性差，因而选用把 NPN 晶体三极管的 bc 结短接，利用 be 结作为感温元件。通常这种三极管形式更接近理想 PN 结，其线性更接近理论推导值。

如图 7-12 所示，一只晶体管的发射极电流密度 J_e 可表示为

$$J_e = \dfrac{1}{a} J_S \left(\exp \dfrac{qU_{be}}{kT} - 1 \right) \tag{7-19}$$

式中　U_{be}——基极、发射极电位差；
　　　J_S——发射极反向饱和电流密度；
　　　a——共基极接法的短路电流增益。

通常 $a \approx 1$，$J_e \gg J_S$，将式(7-18)化简、取对数后得

$$U_{be} = \dfrac{kT}{q} \ln \dfrac{aJ_e}{J_S} \tag{7-20}$$

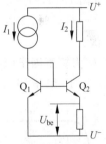

图 7-12　晶体管温度传感器

如果图 7-12 中两晶体管满足条件：$a_1 = a_2$，$J_{S1} = J_{S2}$，$J_{e1}/J_{e2} = \gamma$（γ 是 Q_1 和 Q_2 发射极面积比因子，由设计和制造决定，为一常数），则两晶体管基、射极电位差 U_{be} 之差 ΔU_{be}，即 R_1 两端之压降为

$$\Delta U_{be} = U_{be1} - U_{be2} = \dfrac{kT}{q} \ln \gamma \tag{7-21}$$

由式(7-20)可知 ΔU_{be} 正比于绝对温度 T，这就是集成温度传感器的基本原理。

7.4.2　电流型集成温度传感器（AD590）

如图 7-13 所示为单片双端集成温度传感器 AD590 的内部等效电路。

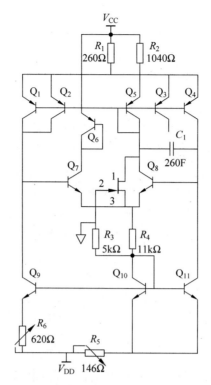

图 7-13 集成温度传感器 AD590 的等效电路

如图 7-14(a)所示为其伏安特性，U 为作用于 AD590 两端的电压，I 为其电流，由图可见，在 4～30V 时，该器件为一个温控电流源，其电流值 I 与温度 T 正比，即

$$I = k_t T$$

式中，k_t 为标度因子(1μA/℃)。在器件制造时已作标定，其标定精度因器件档次而异(常分为 I、J、K、L、M 五档)。

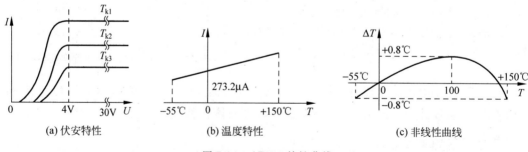

(a) 伏安特性　　(b) 温度特性　　(c) 非线性曲线

图 7-14　AD590 特性曲线

因此 AD590 在电路中以理想恒流源符号表示。如图 7-14(b)所示为其温度特性，它在 $-55 \sim +150$℃温度范围内有较好线性度，其非线性误差因档次而定，若略去非线性，则有

$$I = k_t T + 273.2 \mu A \tag{7-22}$$

如图 7-14(c)所示为非线性曲线。AD590 的 I 档 $\Delta T < \pm 3$℃，M 档 $\Delta T < \pm 0.3$℃，其余档次在二者之间。从图中可见，在 $-55 \sim +100$℃范围内，ΔT 递增，容易补偿；在 $+100 \sim 150$℃为递减，可进行分段补偿。

本 章 习 题

1. 热电偶的测温的基本原理是什么？它主要利用哪种电势变化？
2. 热电阻传感器的主要优点以及热电阻材料必须具有的特点有哪些？
3. 将一支铬镍-康铜热电偶与电压表相连，电压表接线端是 50℃，若电位计上读数是 60mV，问热电偶热端温度是多少？该热电偶的灵敏度为 0.08mV/℃。

第8章 光电式传感器

光电式传感器的工作原理是将被测量的变化转换成光信号的变化,再通过光电器件将光信号的变化转换为电信号。光电式传感器一般由辐射源、光学通路和光电器件三部分组成。

被测量通过对辐射源或者光学通路的影响将待测信息调制到光波上,通常使光波的强度、相位、空间分布和频谱分布发生改变,光电器件将光信号的变化变换为电信号。电信号经后续电路的解调分离出被测量的信息,从而实现对被测量的测量。

光源是光电传感器的一个组成部分,大多数光电传感器都离不开光源。光电式传感器对光源的选择要考虑很多因素,如波长、谱分布、相干性、体积、造价和功率等。常用的光源可分为热辐射光源、气体放电光源、激光器和电致发光器件四大类。

光学通路是由一定的光学元件,按照一些光学定律和原理构成的各种各样的光路。常用的光学元件有各种反射镜和透镜。

光电器件的作用是将光信号变换为电信号,它的原理是基于一些物质的光电效应。

光电式传感器具有频谱宽、不受电磁干扰的影响、非接触测量、体积小、重量轻、造价低等特点。特别是20世纪60年代以来,随着激光、光纤、CCD等技术的起步和发展,光电传感器也得到了飞速发展,在生物、化学、物理和工程技术等领域中获得了广泛的应用。

8.1 光电效应

由光的粒子学说可知,光可以看成是具有一定能量的粒子组成的,而每个光子所具有的能量E正比于其频率。光照射在物体上就可以看成是一连串的具有能量为E的粒子轰击在物体上。所谓光电效应就是由于物体吸收了能量为E的光后产生的电效应,可分为外光电效应和内光电效应(光电导效应和光生伏特效应)。

8.1.1 外光电效应

外光电效应是指在光的照射下,材料中电子逸出表面的现象,也称为光电发射效应。光电管及光电倍增管均属这一类,它们的光电发射极——光阴极就是用具有这种特性的材料制造的。

某些物质吸收了光的能量,电子将逸出表面。根据爱因斯坦假说,一个光子的能量只能给一个电子。因此,如果一个电子要从物体中逸出表面,必须使光子能量$hf=E$大于表面逸出功A,这时逸出表面的电子就具有动能E_k。

$$E_k = \frac{1}{2}mv^2 = hf - A \tag{8-1}$$

式中 m——电子质量；

v——电子逸出初速度；

h——普朗克常数，$h = 6.63 \times 10^{-34} \text{J} \cdot \text{s}$；

f——光的频率。

各种不同的材料具有不同的逸出功 A。式(8-1)称为爱因斯坦光电效应方程,它说明:

(1) 在入射光的频谱成分不变时,发射的光电子数正比于光强。因此,光电管中饱和光电流 $I_{\varphi m}$ 正比于照射光强 ϕ,即

$$I_{\varphi m} = K\phi \tag{8-2}$$

式中,K 为比例系数。

(2) 光电子逸出物体表面时,具有初始动能 E_k,它与光的频率有关,频率愈高,则动能愈大;而逸出功决定于被照材料的性质,因此对某种特定的材料而言将有一个频率限,当入射光的频率低于此频率限时,不论它有多强,也不能激发电子;当入射光的频率高于此频率限时,不论它有多微弱,也会使被照射的物质激发出电子。因此,此频率限称为"红限",红限的波长可以表示为

$$\lambda_k = \frac{hc}{A} \tag{8-3}$$

式中 λ_k——红限的波长；

c——光速。

8.1.2 内光电效应

当光照射在物体上,使物体的电阻率发生变化,或产生光生电动势的现象称为内光电效应。内光电效应又分为光电导效应和光生伏特效应。

1. 光电导效应

光电导效应指在光的照射下材料的电阻率发生改变的现象,如光敏电阻。

光电导效应的物理过程是光照射到半导体材料时,价带中的电子受到能量大于或等于禁带宽度的光子轰击,并使其由价带越过禁带跃入导带,使材料中导带内的电子和价带内的空穴浓度增大,从而使电导率增大。

由以上分析可知,材料的光电导性能决定于禁带宽度,光子能量 hf 应大于禁带宽度 E_g(单位为电子伏特)。由此可得光导效应的临界波长为

$$\lambda_0 = hc/E_g \approx \frac{12\,390}{E_g} \times 10^{-4} \mu m$$

例如,锗的 $E_g = 0.7$ 电子伏特,则可得 $\lambda_0 = 1.8\mu m$。即锗从波长为 $1.8\mu m$ 的红外光就开始显现光电导特性,所以可用来检测可见光及红外辐射。

2. 光生伏特效应

光生伏特效应指在光照射下,物体内部产生一定方向的电动势的现象。光照射 PN 结

中,若能量达到禁带宽度时,价带中的电子跃迁到导带,便产生电子空穴对。被光激发的电子在势垒附近电场梯度的作用下向 N 侧迁移,而空穴则向 P 侧迁移。从而使 N 区带正电,P 区带负电,形成光电动势。

还有一种称为"丹倍效应"的也属于光生伏特效应一类。这是指当光只照射在某种光电导材料的局部时,被照射的部分产生电子空穴对,使照射到和未被照射到的两部分中载流子的浓度不同,从而产生载流子扩散,如果电子的迁移率大于空穴的迁移率,必将使未被照射到的部分获得更多的电子,并带负电;而被照射到的部分失去电子而带正电,从而出现光生伏特效应。

8.2 光电器件

8.2.1 光电管及光电倍增管

1. 光电管

1) 光电管的结构原理

光电管种类很多,如图 8-1 所示为光电管的典型结构。它是在真空玻璃管内装入两个电极——光阴极和光阳极。光阴极可以有多种形式,最简单的是在玻璃泡内壁上涂以阴极涂料,即可作为阴极。或是在玻璃泡内装入柱面形金属板,在此金属板内壁上涂有阴极涂料组成阴极。而阳极为置于光电管中心的环形金属丝或是置于柱面中心轴位置上的金属丝柱。

光电管的阴极受到适当的光线照射后便发射电子,这些电子被具有一定电位的阳极吸引,在光电管内形成空间电子流。如果在外电路中串入一适当阻值的电阻,则在此电阻上将有正比于光电管中空间电流的电压降,其值与照射在光电管阴极上的光强度成函数关系。

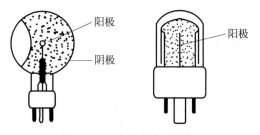

图 8-1 光电管的典型结构

除真空光电管外,还有充气光电管,二者结构相同,只是前者泡内为真空,后者泡内充入惰性气体如氩、氖等。在电子被吸向阳极的过程中,运动着的电子对惰性气体进行轰击,使其电离,会有更多的自由电子产生,从而提高了光电变换灵敏度。可见充气光电管比真空光电管的灵敏度高。

2) 光电管的基本特性

(1) 光谱特性。在一定光照功率下,光电灵敏度与光频率之间的关系称为光谱特性。光电管的光谱特性主要取决于光电阴极的材料。不同的阴极材料对同一种波长的光有不同的灵敏度;同一种阴极材料对不同波长的光也有不同的灵敏度。这可用光谱特性描述。图 8-2 为光电管的光谱特性,其中曲线Ⅰ为氧铯阴极光电管的光谱特性;Ⅱ为锑铯阴极光电管的光谱特性;Ⅲ为正常人的眼睛视觉特性。由此特性可知,对不同颜色的光应选用不同材料的光电管。例如,被检测的光主要成分是在红外区,应选用铯氧阴极光电管;而要检测的光其波长较短,主要分布在紫外区,则应选用锑铯阴极光电管;而在其他谱区则可选用镁镉合金阴极或镍钍合金阴极光电管。

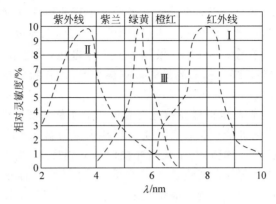

图 8-2　光电管的光谱特性

（2）光电管的伏安特性。光电管的伏安特性是指在一定的光通照射下,阴极与阳极之间的电压同光电流的关系。如图 8-3(a)所示为真空光电管的伏安特性,当极间电压高于 40～50V 时光电流开始饱和,因此在使用真空光电管时极间电压过高是没有益处的。如图 8-3(b)所示为充气光电管的伏安特性,由该特性曲线可见：极间电压高于 40～50V 时,随着电压的提高,光电流成正比地增长。因此在使用充气光电管时,极间电压可适当地提高,但不得超过规定极限值,否则阴极会很快损坏。

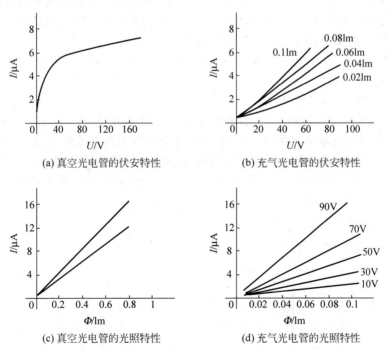

图 8-3　光电管的伏安特性及光照特性

（3）光电管的光照特性。光照特性是指阳极电压不变时,光通量与光电流间的关系。如图 8-3(c)所示为真空光电管的光照特性。如图 8-3(d)所示为充气光电管的光照特性。可见在电压一定时,光通 Φ 与光电流之间为线性关系,转换灵敏度为常数,此转换灵敏度随极间电压的提高而增加。真空光电管与充气光电管相比,后者灵敏度可高出一个数量级,但惰性较大,参数随极间电压而变,在交变光通下使用时灵敏度出现非线性,许多参数与温度有密切关系且易老化。因此目前真空光电管比充气光电管受用户欢迎,而灵敏度低可用其他办法补偿。

(4) 暗电流。光电管在全暗条件下,极间加上工作电压,光电流并不等于零,该电流称为暗电流。它对测量微弱光强及精密测量的影响很大,因此在特定的应用场合下应尽量选用暗电流小的光电管。

(5) 温度特性。光电管输出信号及特性与温度的关系称温度特性。工作环境温度变化会影响光电管的灵敏度,因此应严格在各种阴极材料规定的温度下使用。

(6) 频率特性。在同样的极间电压和同样幅值的光强度下,当入射光强度以不同的正弦交变频率调制时,光电管输出的光电流 I(或灵敏度)与频率 f 的关系,称为频率特性。由于光电发射具有瞬时性,所以真空光电管的调制频率可高达 1MHz 以上。

(7) 稳定性和衰老。光电管有较好的短期稳定性,随着工作时间的增加,尤其是在强光照射下,其灵敏度将逐渐降低。实践证明,入射光越强或波长越短,衰老速度也越快。如果把已降低了灵敏度的光电管停止使用并放在黑暗的地方,可部分或全部恢复其灵敏度。

2. 光电倍增管

1) 光电倍增管的结构原理

光电倍增管结构如图 8-4 所示。它是在一个玻璃泡内装有光电阴极、光电阳极和若干个光电倍增极,且在光电倍增极上涂以在电子轰击下可发射更多次级电子的材料,倍增极的形状及位置要正好能使轰击进行下去,在每个倍增极间均应依次增大加速电压,设每极的倍增率为 δ,若有 n 级,则光电倍增管的光电流倍增率将为 δ^n。

光电倍增极一般采用 Sb-Cs(锑-铯)涂料或 Ag-Mg(银-镁)合金涂料,倍增极数可在 4~14 之间,δ 值可为 3~6。

2) 光电倍增管的基本特征

(1) 光照特性。在光通量不大时,阳极电流 I 和光通量 Φ 之间有很好的线性关系,如图 8-5 所示,但当光通量很大时($\Phi>0.1$lm)时,光电特性出现严重的非线性,这是由于在强光的照射下,大的光电流将使后几级倍增极疲劳,造成二次发射系数降低;产生非线性的另一个原因是当光通量大时,阳极和最后几级倍增极将会受到附近空间电荷的影响。

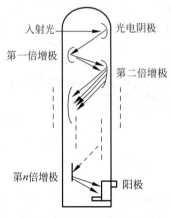

图 8-4 光电倍增管结构图

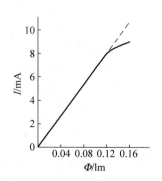

图 8-5 光电倍增管的光照特性

（2）光谱特性。光电倍增管的光谱特性与相同材料的光电管的光谱特性相似。在较长波长的范围内,光谱特性取决于光电阴极的材料性能,而在较短波长的范围时,光谱特性取决于窗口材料的透射特性。图 8-6 表示锑钾铯光电阴极的光电倍增管的光谱特性。

（3）伏安特性。光电倍增管的阳极电流 I 与最后一级倍增极和阳极间的电压 U 的关系称为光电倍增管的伏安特性,如图 8-7 所示,此时其余各级电压保持恒定。在使用时,应使其工作在饱和区。

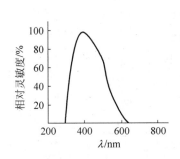

图 8-6 光电倍增管的光谱特性

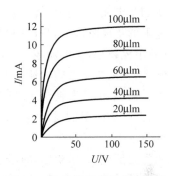

图 8-7 光电倍增管的伏安特性

（4）暗电流。当光电倍增管不受光照,但极间加入电压时在阳极上会收到电子,这时产生的电流称为暗电流。产生暗电流的原因是热电子发射、极间漏电流、场致发射等。光电倍增管的暗电流对于测量微弱光强和精确测量的影响很大,通常可以用补偿电路加以消除。

8.2.2 光敏电阻

1. 光敏电阻的结构原理

光敏电阻是用具有内光电效应的光导材料制成。由于内光电效应仅限于光线照射的表面层,所以光电半导体材料一般都做成薄片并封装在带有透明窗的外壳中。光敏电阻除用硅、锗制造外,还可用硫化镉、硫化铅、硒化铟、碲化铅等材料制造。光敏电阻常称光导管,它的典型结构如图 8-8(a)所示,为增加灵敏度,光敏电阻做成如图 8-8(b)所示的栅形,装在外壳中。光敏电阻没有极性,使用时在电阻两端既可加直流电压,也可加交流电压,在光线的照射下,可改变电路中电流的大小。

(a) 光敏电阻的结构　　(b) 栅形光敏电阻的结构

图 8-8 光敏电阻的典型结构

2. 光敏电阻的基本特性

1) 暗电阻、亮电阻及光电流

光敏电阻置于室温、全暗条件下,经一段稳定时间后测得的阻值称为暗电阻。此时流过的电流称为暗电流。

光敏电阻在光照下的阻值称为亮电阻,此时流过的电流称为亮电流。

亮电流和暗电流之差称为光电流。

光敏电阻的暗电阻越大,亮电阻越小,则性能越好。也就是说,暗电流越小,亮电流越大,光敏电阻的灵敏度越高。实际上,光敏电阻的暗电阻往往超过 $1M\Omega$,甚至达到 $100M\Omega$,而亮电阻即使在白昼条件下也可降到 $1k\Omega$ 以下,因此光敏电阻的灵敏度是相当高的。

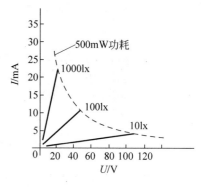

图 8-9 光敏电阻的伏安特性

2) 光敏电阻的伏安特性

当光照为定值时,光敏电阻两端电压与电流间的关系。如图 8-9 所示特性接近直线。使用时注意不要超过允许功耗极限。

3) 光照特性

指光敏电阻的光电流与光通量之间的关系,如图 8-10 所示。可见此关系为非线性,这是光敏电阻的一大缺点。

4) 光谱特性

光敏电阻对不同波长的光灵敏度不同,如图 8-11 所示。图中硫化镉、硫化铊及硫化铅三种光敏电阻的光谱特性,其中只有硫化镉的光谱响应峰值落在可见光区,而硫化铅的光谱响应峰值处在红外区。

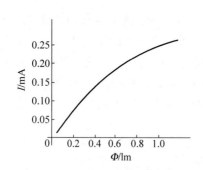

图 8-10 光敏电阻的光照特性

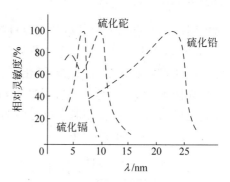

图 8-11 光敏电阻的光谱特性

5) 响应时间和频率特性

光敏电阻受到脉冲光照射时,光电流并不是立刻上升到稳态值;当光照消失后,也不是立刻从稳态值下降到暗电流值。这表明光敏电阻中光电流的变化滞后于光照的变化,通常用响应时间来表示。响应时间又分为上升时间 t_1 和下降时间 t_2,如图 8-12 所示。

上升时间和下降时间是表征光敏电阻性能的重要参数。上升时间和下降时间短,表示光敏电阻的惰性小,对光信号响应快,频率特性好(这里所说的频率,不是入射光的频率,而是指入射光强度变化的频率)。一般光敏电阻的响应时间都较长(约几十至几百毫秒)。光敏电阻响应时间除了与元件的材料有关外,还与光照的强弱有关,光照越强,响应时间越短。

由于不同材料的光敏电阻具有不同的响应时间,所以它们的频率特性也不同。图 8-13 所示为硫化铅与硫化铊的频率特性。

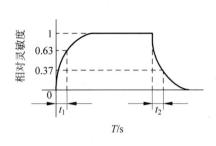

图 8-12 光敏电阻的响应时间特性

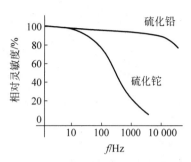

图 8-13 硫化铅与硫化铊的频率特性

6) 光敏电阻的温度特性

光敏电阻和其他半导体器件一样,其特性受温度影响较大。随温度的升高,光敏电阻的暗电阻及灵敏度将下降,如图 8-11 所示的光谱响应峰值将向左移动等。采用控温的方法可调节灵敏度或主要接受某一频段内的光信号。

8.2.3 光电池

1. 硅光电池的结构原理

光电池是基于光生伏特效应制成的,它是一种可直接将光能转换为电能的光电元件。制造光电池的材料很多,主要有硅、锗、硒、硫化镉、砷化镓和氧化亚铜等,其中硅光电池应用最为广泛,其光电转换效率高、性能稳定、光谱范围宽、频率特性好、能耐高温辐射等。

硅光电池是在一块 N 型硅片上,用扩散的方法掺入一些 P 型杂质,形成一个大面积的 PN 结,再在硅片的上下两面制成两个电极,然后在受光照的表面上蒸发一层抗反射层,构成一个电池单体。如图 8-14 所示,光敏面采用梳状电极以减少光生载流子的复合,从而提高转换效率,减小表面接触电阻。

光照射到电池上时,一部分被反射,另一部分被光电池吸收。被吸收的光能一部分变成热能,另一部分以光子形式与半导体中的电子相碰撞,在 PN 结处产生电子空穴对,在 PN 结内电场的作用下,空穴移向 P 区,电子移向 N 区,从而使 P 区带正电,N 区带负电,于是 P 区和 N 区之间产生光电流或光生电动势。受光面积越大,接受的光能越多,输出的光电流越大。

2. 光电池的基本特性

1) 光谱特性

典型的光谱特性如图 8-15 所示,硒光电池响应区段在 $0.3\sim0.7\mu m$ 波长间,最灵敏峰出现在 $0.5\mu m$ 左右。硅光电池响应区段在 $0.4\sim1.2\mu m$ 波长间,最灵敏峰在 $0.8\mu m$ 左右。可见在使用光电池时应对光源有所选择。

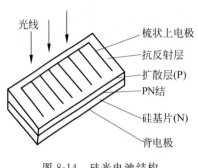

图 8-14　硅光电池结构

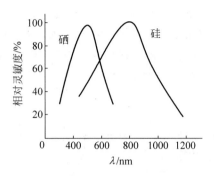

图 8-15　光电池光谱特性

2) 光照特性

光电池在不同光照下的光生电动势不同。图 8-16 所示为硅光电池的开路电压及短路电流与光照度的关系曲线。可见，短路电流与光照度呈线性关系；而开路电压与照度之间成非线性关系，当照度大于 1000lx 时出现饱和特性。因此光电池在作为测量元件使用时，应注意使其工作在接近短路状态为宜，即负载电阻应尽量减小，如图 8-17 所示为在不同负载下光电流（称短路电流）与照度间的关系。当负载电阻为 100Ω 时，光照度在 0~1000lx 范围内，均可取得线性转换关系。

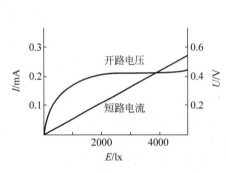

图 8-16　硅光电池光照特性

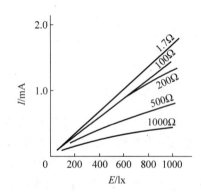

图 8-17　不同负载下光电流与照度间的关系

3) 频率响应

光电池作为测量元件、计算元件及接收元件时，常采用调制光输入。这里频率即是指光的调制频率。在图 8-18 中给出两条曲线，可见硅光电池有较好的频响特性。

4) 温度特性

这里指的是开路电压与短路电流的温度特性。由于它关系着应用光电池仪器设备的温度漂移，所以此特性比较重要。如图 8-19 所示给出的是硅光电池在 1000lx 照度下的温度特性曲线。由图可见开路电压随温度上升而很快下降，一般是 3mV/℃。而短路电流则随温度升高而缓慢增加，一般是每上升一度仅增加几个微安。

5) 稳定性

当光电池密封良好，电极引线可靠并且使用合理时，光电池的寿命比较长，性能比较稳定。但高温和强光照射会使光电池性能变坏，并降低寿命。

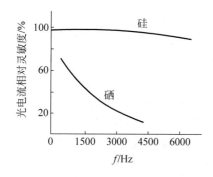

图 8-18　硅光电池和硒光电池的频率特性

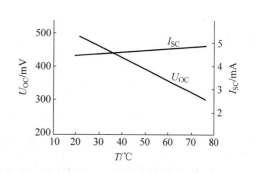

图 8-19　光电池的温度特性

8.2.4　光电二极管和光电三极管

1. 光电二极管和光电三极管的结构原理

光电二极管也称为光敏二极管，其结构与普通二极管相似，但其 PN 结位于管子顶部，可以直接受到光照射。使用时光电二极管一直处于反向工作状态，如图 8-20 所示。当没有光照射时，光电二极管的反向电阻很大，反向电流即暗电流很小。当光线照射 PN 结时，在 PN 结附近激发出光生电子空穴对，它们在外加反向偏压和内电场的作用下作定向运动，形成光电流。光的照度越大，光电流越大。

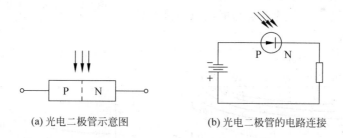

(a) 光电二极管示意图　　(b) 光电二极管的电路连接

图 8-20　光电二极管的电路连接图

光电二极管有三种类型，即普通 PN 结型光电二极管（PD）、PIN 结型光电二极管（PIN）和雪崩型光电二极管（APD）。相比之下，PIN 型二极管具有很高的频率响应速度和灵敏度，而 APD 型二极管除了响应时间短、灵敏度高外，还具有电流增益作用。

光电三极管的结构与普通三极管相似，它由两个 PN 结构成，基区做得很大，以扩大光的照射面积。光电三极管有 NPN 和 PNP 两种类型，如图 8-21 所示为 NPN 型光电三极管的电路连接图。其工作原理与反向偏置的光电二极管类似，但比光电二极管灵敏度高，光电三极管的电流放大作用与普通晶体三极管相似。

这类器件也有硅管、锗管之分，前者的暗电流及特性的温度系数均比后者小，因此应用比较广泛。

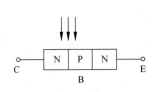 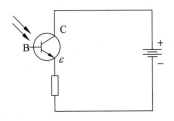

(a) NPN型光电三极管原理示意图　　(b) NPN型光电三极管的电路连接

图 8-21　NPN 型光电三极管原理与电路连接图

2. 光电二极管和光电三极管的基本特性

1）光谱特性

光电二极管和光电三极管的入射光频率（波长）决定光生载流子的产生与否及其能量大小，如图 8-22 所示为光电晶体管的光谱特性。锗光电晶体管响应频段约在 500～1700nm 波长范围内，最灵敏峰在 1400nm 附近。硅光电晶体管的响应频段在 400～1000nm 波长范围之内，而最灵敏峰出现在 800nm 附近。

2）光电晶体管的伏安特性

光电二极管和光电三极管的光电流与外加偏压的关系称为伏安特性，如图 8-23 所示，它与普通二极管和三极管的特性相似。光电二极管的光电流相当于反向饱和电流，其值决定于光照强度。光电三极管的伏安特性曲线的参变量不是基极电流而是光的强度。

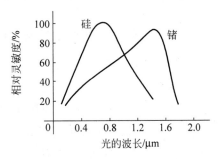

图 8-22　光电二极管和光电三极管的光谱特性

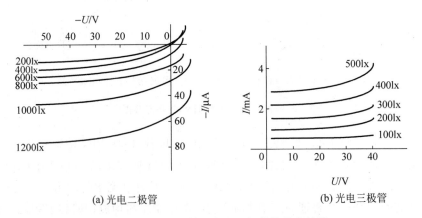

(a) 光电二极管　　　　　　　(b) 光电三极管

图 8-23　光电二极管和光电三极管的伏安特性

3）光照特性

外加偏压一定时，光电流与光照度的关系称为光照特性。光电二极管和光电三极管的光照特性的典型曲线如图 8-24 所示。相比之下，光电二极管光照特性的线性度好，但光电流由于没有增益而比光电三极管小很多。当光照足够大时二者均会出现饱和，其值的大小与材料、掺杂浓度及外加偏压有关。

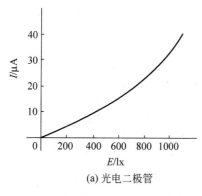
(a) 光电二极管

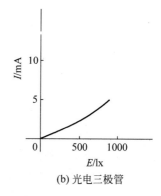
(b) 光电三极管

图 8-24 光电二极管和光电三极管的光照特性

4）频响特性

频响特性指光电流（或相对灵敏度）与光照调制频率的关系。光电二极管和光电三极管的频响特性典型曲线如图 8-25 所示。一般来说，光电三极管的频响比光电二极管小得多。在光电三极管中，锗管的频率响应要比硅管小一个数量级。负载电阻的大小对频率响应有影响，减小负载电阻可提高频率响应，但输出的光电压信号也减小。

5）光电流的温度特性

光电晶体管的亮电流对温度不很敏感，但其暗电流受温度影响严重，而且是非线性的，这是由于热源会发出红外光。光照度越强，温度影响越小。

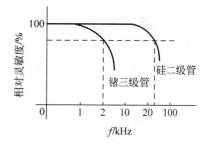

图 8-25 光电二极管和光电三极管的频响特性

在使用光电晶体管时，要注意光电流、极间偏压、耗散功率和环境温度不应超出最大限额值，此值在相关元器件手册中均有规定。其次在使用过程中要注意保持光的入射方向不变，当光的方向改变时，光照效应改变，总传输系数也将改变。

8.3 光　　源

要使光电式传感器正常地工作，除了合理选用光电转换元件外，还必须配备合适的光源。从前面介绍的各种光电元件的特性来看，它们的工作状况与光源的特性有着密切的关系。光源在光电传感器中是不可缺少的组成部分，它直接影响到检测的效果和质量。正确合理地选择光源是成功设计光电传感器的前提和保证。选择光源时要考虑很多因素，如波长、谱分析、相干性、发光强度、稳定性、体积、造价等。光电传感器中常用的光源主要分为热致发光光源（如白炽灯、卤钨灯等）、气体放电发光光源（如荧光灯、汞灯、钠灯、金属卤化物灯等）、固体发光光源（如 LED 和场致发光器件等）和激光器等几种类型。

8.3.1　热致发光光源

热致发光光源符合斯蒂芬—玻耳兹曼定律，即物体温度越高，它辐射出的能量越大。这

可用公式 $E=\mu\xi T^4$ 表示。式中，E 表示物体在温度 T 时单位面积和单位时间内的辐射总能量；μ 表示斯蒂芬-玻耳兹曼常数（$\mu=5.6697\times 10^{-12}$ W/cm^2·K^4）；ξ 表示比辐射率，即物体表面辐射强度与黑体辐射强度的比值；T 表示物体的绝对温度。

1. 白炽灯

白炽灯是根据热致发光原理制成的，钨丝密封在玻璃泡内，泡内充以惰性气体或者保持真空，依靠电能将灯丝加热至白炽而发光。一般白炽灯的辐射光谱是连续的，除可见光外同时还辐射大量的红外线和少量的紫外线。

白炽灯的灯丝多采用钨丝，钨丝具有正的电阻特性，钨丝白炽灯在工作时的灯丝电阻（热电阻）远大于冷态（20℃）时的电阻（冷电阻），通常二者相差 12～16 倍。因此，在灯启动瞬间有较大的电流通过。为了防止过电流损坏白炽灯，可以采用灯丝预热措施，或采用恒流源供电。

白炽灯的寿命取决于很多因素，包括供电电压等，在经济成本下寿命可以达到几千小时。

白炽灯发光光谱是连续的，覆盖从紫外区域到红外区域，它的峰值波长在近红外区，约 1～1.5μm。所以任何光敏元件都能和它配合接收到光信号。也就是说，这种光源虽然寿命不够长而且发热大、效率低、动态特性差，但对接收用的光敏元件的光谱特性要求不高，是它的可取之处。

2. 卤钨灯

卤钨灯是一种特殊的白炽灯，灯泡用石英玻璃或硬质玻璃制作，能够耐 3500K 的高温，灯泡内充以卤族元素，通常是碘，卤族元素能够与沉积在灯泡内壁上的钨丝发生化学反应，形成卤化钨，卤化钨扩散到钨丝附近，由于温度高而分散，钨原子重新沉积到钨丝上，这样弥补了灯丝的蒸发，大大延长了灯泡的寿命，同时也解决了灯泡因钨的沉积而发黑的问题，光通量在整个寿命期中始终能够保持相对稳定。

8.3.2 气体放电发光光源

电流通过置于气体中的两个电极时，两电极之间会放电发光，利用这种原理制成的光源称为气体放电光源。气体放电光源的光谱不连续，光谱与气体的种类及放电条件有关。改变气体的成分、压力、阴极材料和放电电流的大小，可以得到主要在某一光谱范围的辐射源。

低压汞灯、氢灯、钠灯、镉灯、氦灯是光谱仪器中常用的光源，统称为光谱灯。例如低压汞灯的辐射波长为 254nm，钠灯的辐射波长约为 589nm，经常用作光电检测仪器的单色光源。如果光谱灯涂以荧光剂，由于光线与涂层材料的作用，荧光剂可以将气体放电谱线转化为更长的波长。目前荧光剂的选择范围很广，通过对荧光剂的选择可以使气体放电灯发出某一特定波长或者某一范围的波长，照明日光灯就是一个典型的例子。

在需要线光源或面光源的情况下，在同样的光通量下，气体放电光源消耗的能量仅为白炽灯的 1/3～1/2。气体放电光源发出的热量少，对检测对象和光电探测仪器的温度影响小，对电压恒定的要求也比白炽灯低。

若利用高电压或超高压的氙气放电发光,可制成高效率的氙灯,它的光谱与日光非常接近。目前,氙灯又可以分为长弧氙灯、短弧氙灯、脉冲氙灯。短弧氙灯的电弧长几毫米,是高亮度的点光源。但氙灯的电源系统复杂,需用高电压触发放电。

8.3.3 固体发光光源

固体发光材料在电场激发下产生的发光现象称为电致发光,它是将电能直接转换成光能的过程。利用这种现象制成的光源称为固体发光光源,如发光二极管、半导体激光器和电致发光屏等。

发光二极管(Light Emitting Diode,LED)由半导体 PN 结构成。在半导体 PN 结中,P 区的空穴由于扩散而移动到 N 区,N 区的电子则扩散到 P 区。由于扩散作用,在 PN 结处形成势垒,从而抑制了空穴和电子的继续扩散。当 PN 结上加有正向电压时,势垒降低,电子由 N 区注入 P 区,空穴则由 P 区注入 N 区,称为少数载流子注入。注入 P 区的电子和 P 区里的空穴复合,注入 N 区的空穴与 N 区的电子复合,这种复合同时伴随着以光子形式释放出能量,因而在 PN 结有发光现象。

发光二极管的伏安特性与普通二极管相似,但随材料禁带宽度的不同,开启(点燃)电压略有差异。如图 8-26 所示为 GaAsP 发光二极管的伏安特性曲线,红色开启电压约为 1.7V,绿色开启电压约为 2.2V。注意,图中横坐标正、负值刻度比例不同。一般而言,发光二极管的反向击穿电压大于 5V,但为了安全起见,使用时反向电压应在 5V 以下。

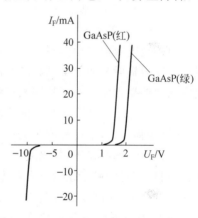

图 8-26 发光二极管的伏安特性

发光二极管的光谱特性如图 8-27 所示,图中 GaAsP 的曲线有四根,这是因为其材质成分稍有差异而得到不同的峰值波长 λ_P。峰值波长 λ_P 决定发光颜色,峰的宽度 $\Delta\lambda_P$ 决定光的色彩纯度,$\Delta\lambda$ 越小其光色越纯。

各种发光二极管都受温度影响,温度升高其发光强度减小,呈线性关系。因此使用时应注意环境对 PN 结温度的影响。

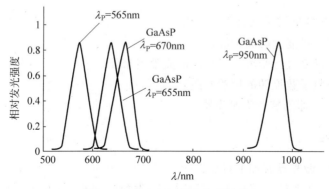

图 8-27 发光二极管的光谱特性

8.3.4 激光光源

1. 激光产生的机理

在正常分布状态下,原子总是处于稳定的低能级 E_1,如无外界的作用,原子可长期保持这种稳定状态,但在外界光子作用下,赋予原子一定的能量 E 后,原子就从低能级 E_1 跃迁到高能级 E_2,这个过程称为光的受激吸收。处于高能级 E_2 的原子在外来光子的激发下,从高能级 E_2 跃迁到低能级 E_1 而发光,这个过程称为光的受激辐射。光受激后,受激吸收或受激辐射满足下列能量关系

$$E = hf = E_2 - E_1 \tag{8-4}$$

式中 E_1、E_2——光子的能量;
    h——普朗克常数,h$=6.63 \times 10^{-34}$J·s;
    f——光的频率。

由外光电效应,只有当外来光的频率等于激发态原子的某一固有频率(即红限频率)时,原子的受激辐射才能产生,因此,受激辐射发出的光子与外来光子具有完全相同的频率、传播方向和偏振方向。一个外来光子激发原子产生另一个同性质的光子,这就是说 1 个光子放大为 N_1 个光子,N_1 个光子将诱发出 N_2 个光子($N_2 > N_1$)……。在原子受激辐射过程中,光被加强了,这个过程称为光放大。

在外来光的激发下,如果受激辐射大于受激吸收,那么原子在高能级的数目就多于低能级的数目,相对于原子正常分布状态来说,称为粒子数反转。当激光器内工作物质中的原子处于反转分布,这时受激辐射占优势,光在这种工作物质中传播时,会变得越来越强。通常把这种处于粒子反转分布状态的物质称为增益介质。增益介质通过外界提供能量的激励,使原子从低能级跃迁到高能级上,形成粒子数反转分布,外界能量就是激励器的激励能源。

为了使受激辐射的光强足够大,还须设置一个光学谐振腔,腔内设置两个面对面的反射镜:一个为全反射镜;另一个为半反射镜,其间放有工作物质。当原子发出的光沿谐振腔轴线方向传播时,遇到反射镜被反射折回,在两反射镜间往返运行,不断碰撞工作物质,使其受激辐射,产生雪崩似的放大,从而形成强大的受激辐射光——激光,通过半反射透镜输出。

由此可见,激光的形成必须具备三个条件:
(1) 具有能够提供能量的激励源;
(2) 具有提供反复进行受激辐射场所的光学谐振腔;
(3) 具有形成粒子数反转的增益介质。
将三者结合为一体的装置为激光器。

2. 激光的特性

与普通光相比,激光具有如下特点:
(1) 方向性强,亮度高。激光具有高平行度,发散角很小,一般约为 0.18°,比普通光和

微波小 2~3 个数量级。激光光束在几千米之外的扩展只有几厘米,因此,立体角极小,一般可小到 10^{-3} rad,其能量高度集中,亮度很高,比普通光源高几百万倍。

(2) 单色性好。光源发射光的光谱范围越窄,光的单色性就愈好。激光的频率范围很窄,比普通光频范围的 1/10 还小,它是最好的单色光。

(3) 相干性好。光的相干性是指两光束相遇时,在相遇区域内发生的波相叠加,并能形成清晰的干涉图样或能接收到稳定的拍频信号。由同一光源在相干时间 τ 内的不同时刻发出的光,经过不同路程相遇时,将产生干涉。这种相干性,称为时间相干性。同一时刻,由空间不同点发出的光的相干性,称为空间相干性。激光是受激辐射形成的,对于各个发光中心发出的光波,其传播方向、振动方向、频率和相位均完全一致,因此激光具有良好的时间和空间相干性。

3. 常用激光器及其特点

按增益介质分类,常用激光器有如下几种:

(1) 固体激光器。固体激光器的增益介质为固体,其特点是体积小而坚固,功率大,可达几十兆瓦(MW)。常用的固体激光器有红宝石激光器、掺钕的钇铝石榴石激光器(YAG 激光器)和钕玻璃激光器等。

(2) 液体激光器。液体激光器的增益介质是液体,其最大的特点是所发出的激光波长可在一定范围内连续可调,连续工作而不影响效率。其中较重要的是有机液体染料激光器,还有无机液体激光器等。

(3) 气体激光器。气体激光器的增益介质是气体,其特点是小巧,能连续工作,单色性好,但输出功率不如固体激光器。目前已开发的有各种气体原子、离子、金属蒸汽、气体分子激光器。常用的有 CO_2 激光器、氦-氖激光器和 CO 激光器等。

(4) 半导体激光器。半导体激光器是继固体和气体激光器之后发展起来的一种效率高、体积小、重量轻、结构简单但输出功率小的激光器。其中有代表性的是砷化镓激光器。

8.4 光电式传感器的应用

光电式传感器在检测与控制系统中的应用非常广泛,基本上可分为模拟式传感器和脉冲式传感器两类。

模拟式光电传感器的工作原理是基于光电器件的光电流随光通量而发生变化。对于光通量的任意一个选定值,对应的光电流就有一个确定的值,而光通量又随被测非电量的变化而变化,这样光电流就成为被测非电量的函数,这类传感器大都用于测量位移,表面粗糙度,振动等参数。

脉冲式光电传感器的作用原理是光电器件的输出仅有两个稳定状态,即"通"与"断"的开关状态。当光电器件受光照时,有电信号输出,当光电器件不受光照时,无电信号输出。这类传感器大多是作继电器和脉冲发生器应用的光电传感器,如测量线位移、线速度、角位移、角速度(转速)等参数的光电脉冲传感器。

1. 光电式带材跑偏仪

光电式带材跑偏仪由光电式传感器和晶体管放大器两部分组成,属于模拟式光电传感器。

光电式边缘位置传感器由白炽灯光源、光学系统和光电器件(硅光敏晶体管)组成，其结构原理如图 8-28 所示。

白炽灯 1 发出的光线经过双凸透镜 2 会聚，再由半透反镜射 3 反射，使光路折转 90°，经平凸透镜 4 会聚后成平行光束。这束光由带材遮挡一部分，另一部分射到角矩阵反射镜 6 后被反射又经透镜 4、半透反射镜 3 和双凸透镜 7 会聚于光敏晶体管 8 上。

光敏晶体管接在输入桥路的一臂上，电桥的参数如图 8-29 所示。图中 10kΩ 电位器为放大倍数调整电位器，2.2kΩ 和 220Ω 电位器分别为零点平衡位置粗调和细调电位器。

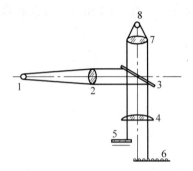
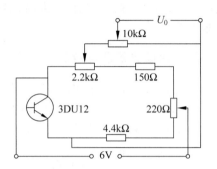

图 8-28　光电式边缘位置传感器原理图
1—白炽灯；2、7—双凸透镜；3—半透反射镜；
4—平凸透镜；5—带环；6—角矩阵反射镜；8—光敏晶体管

图 8-29　测量电桥

当带材处于平行光束的中间位置时，电桥处于平衡状态，输出信号为"0"，如图 8-30 所示，当带材向左偏移时遮光面积减少，角矩阵反射回去的光通量增加，输出电流信号为 $+\Delta I$，当带材向右偏移时，光通量减少，输出信号电流为 $-\Delta I$，这个电流变化信号由晶体放大器放大后，作为控制电流信号，通过执行机构纠正带材的偏移。

角矩阵反射镜是利用直角棱镜的全反射原理，将许多个小的直角棱镜拼成矩阵。它能在安装精度不太高、使用环境有振动的场合应用，如图 8-31 所示。以单个直角棱镜为例，光线 a 是与直角棱镜的平面垂直入射的，反射光线 a′ 仍然与 a 平行；光线 b 与其平面不成垂直入射，反射光线 b′ 仍亦然与 b 平行，这样对一束平行投射光束来说，在其投射的原位置，仍然可以接收到反射光。所以即使安装有一定的倾角，还是能接收到反射光线。而采用平面反射镜，就要有很高的安装精度，调试比较困难。

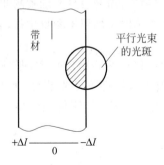
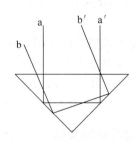

图 8-30　带材跑偏引起光通量的变化

图 8-31　角矩阵反射器原理

在光电式传感器后面往往配接差动放大器,因为光电器件容易受到温度的影响,采取温度补偿之后(如图 8-32 所示),要求配接差动放大器。采用这种差接方法可以消除由于温度和其他因素引起的暗电流的影响,提高了转换与测量精度。

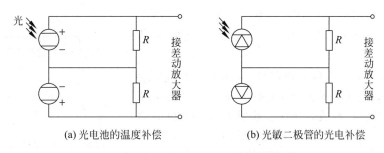

图 8-32 光电器件温度补偿线路

2. 光电式数字转速表

光电式数字转速表属于脉冲式光电传感器,图 8-33 给出它的工作原理图。在被测转速的电机上固定一个调制盘,将光源发出的恒定光调制成随时间变化的调制光。光线每照射到光电器件上一次,光电器件就产生一个电信号脉冲,经放大整形后记录输出。

如果调制盘上开 Z 个缺口,测量电路计数时间为 $T(s)$,被测转速为 $N(r/min)$,则此时得到的计数值 C 为

$$C = ZTN/60 \quad (8-5)$$

为了使计数值 C 能直接读取转速 N 值,一般取 $ZT=60\times10^n (n=0,1,2,\cdots)$。

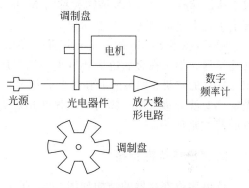

图 8-33 光电式数字转速表原理图

8.5 CCD 传感器

电荷耦合器件(Charge-Couple Device,CCD)是一种在 20 世纪 70 年代初就问世的新型半导体器件。CCD 器件在半导体片上制作许多光敏元,它们按照线阵或面阵有规则地排列。当物体通过物镜成像于半导体硅平面上时,这些光敏元就产生与照在它们上面的光强成正比的光生电荷。使用时钟控制将每个光敏元的光生电荷依次转移出来,可以得到幅度与各光生电荷成正比的电脉冲序列,从而将照在 CCD 上的光学图像转换成电信号"图像"。所以,CCD 又称为图像传感器。

8.5.1 电荷耦合器件

电荷耦合器件(CCD)分为线阵器件和面阵器件两种,其基本组成部分是 MOS 光敏元阵列和读出移位寄存器。

1. MOS 光敏元

如图 8-34 所示为 MOS(Metal Oxide Semiconductor)光敏元的结构。它是在半导体(P 型硅)基片上形成一种氧化物(如二氧化硅),在氧化物上再沉积一层金属电极,以此形成一个金属-氧化物-半导体结构元(MOS)。

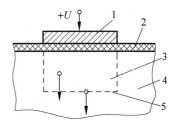

图 8-34 MOS 光敏元的结构
1—金属电极;2—二氧化硅;3—耗尽区;
4—P 型硅;5—耗尽区边界

由半导体的工作原理可知,当在金属电极上施加一个正电压时,在电场的作用下,电极下面的 P 型硅区域里的空穴将被耗尽,形成耗尽区。也就是说对带负电的电子而言,这个耗尽区是一个势能很低的区域,称为"势阱"。如果此时有光线入射到半导体硅片上,在光子的作用下,半导体硅片上就形成电子和空穴,由此产生的光生电子被附近的势阱所吸收(或称俘获),而同时产生的空穴被电场排斥出耗尽区。此时势阱内所吸收的光生电子数量与入射到势阱附近的光强成正比。这样一个 MOS 结构元称为 MOS 光敏元,或称为一个像素;把一个势阱所收集的若干个光生电荷称为一个电荷包。

通常,在半导体硅片上制有几百个或几千个相互独立的 MOS 元,它们按线阵或面阵规则地排列。如果在金属电极上施加一正电压,则在这半导体硅片上就形成几百个或几千个相互独立的势阱;如果照射在这些光敏元上的是一幅明暗起伏的图像,则与此同时,在这些光敏元上就会感生出一幅与光照强度相对应的光生电荷图像,这就是电荷耦合器件光电效应的基本原理。

2. 读出移位寄存器

读出移位寄存器的结构如图 8-35 所示。读出移位过程实质上是 CCD 电荷转移过程。在半导体的底部上覆盖一层遮光层,以防止外来光干扰。由 3 个邻近的电极组成 1 个耦合单元(即传输单元),在这 3 个电极上分别施加了脉冲波 φ_1、φ_2、φ_3。

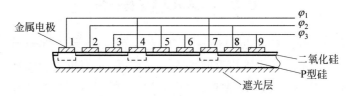

图 8-35 读出移位寄存器的结构

电荷传输过程如图 8-36 所示。当 $t=t_1$ 时,φ_1="1",φ_2="0",φ_3="0",此时半导体硅片上的势阱分布形状如图 8-36(a)所示,即只有 φ_1 极下形成势阱。当 $t=t_2$ 时,φ_1="1",φ_2="1",φ_3="0",此时半导体硅片上的势阱分布如图 8-36(b)所示。即 φ_1 极下的势阱变浅,φ_2 极下的势阱变得最深,φ_3 极下没有势阱。根据势能原理,原先在 φ_1 极下的电荷就逐渐向 φ_2 极下转移。当 $t=t_3$ 时,如图 8-36(c)所示,φ_1 极下的电荷向 φ_2 极下转移完毕。当 $t=t_4$ 时,如图 8-36(d)所示,φ_2 极下的电荷向 φ_3 极下转移。以此类推,一直可以向后进行电荷转移。

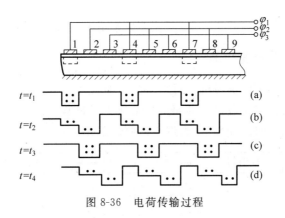

图 8-36 电荷传输过程

从图中可以看出,当 $t=t_2$ 时,由于 φ_3 极的存在,φ_1 极下的电荷只能朝一个方向移动。因此,三个这样结构的电极在三相交变脉冲的作用下,就能将电荷包沿着二氧化硅界面的一个方向移动,在它的末端,就能依次接收到原先存储在各个 φ_1 极下的光生电荷。这就是电荷传输过程的物理效应。

上述传输过程,实际上是一个电荷耦合的过程,因此把这类器件称为"电荷耦合器件"。在电荷耦合器件中担任电荷耦合传输的单元,称为"读出移位寄存器"。

8.5.2 CCD 传感器的应用

1. 线阵 CCD 工件尺寸检测

用线阵 CCD 传感器测量工件尺寸的基本原理如图 8-37 所示。测量系统由光学系统、图像传感器和微处理器等组成。光源通过透镜照射到工件上,当所用光源含红外光时,可在透镜与传感器之间加红外滤光片,所用光源过强时,可再加一滤光片。成像透镜将工件成像在 CCD 传感器上,视频处理器对输出的视频信号进行存储和数据处理。

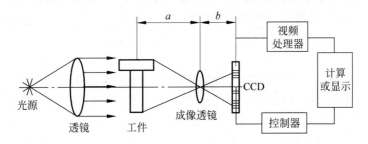

图 8-37 线阵 CCD 传感器测量工件尺寸示意图

在光学系统放大率为 $1:M$ 的装置中,有
$$L = (Nd \pm 2d)M$$

式中 L ——工件尺寸;
N ——覆盖的光敏单元数;
d ——相邻光敏元中心距离。

式中 $\pm 2d$ 为图像末端两个光敏单元之间可能的最大误差。由于被测工件往往是不平

的,必须由计算机来控制自动调焦。另外,在测量系统中,要求有恒定的照明亮度。

2. CCD 汽车前照灯配光检测

整个系统由工业用 CCD 摄像机、图像处理卡、监视器及计算机等构成。其结构框图如图 8-38 所示。CCD 摄像机接收汽车前照灯在幕布上的图像,该图像经 A/D 转换成数字图像信号,并由计算机进行图像处理,得到汽车前照灯配光信息。

图 8-38　CCD 汽车前照灯配光测试系统结构框图

8.6　光栅传感器

光栅传感器实际上是光电式传感器的一个特殊应用。由于光栅测量具有结构简单、测量准确度高、易于实现自动化和数字化等优点,因而得到了广泛的应用。

光栅传感器是根据莫尔条纹原理制成的一种计量光栅,多用于位移和角度测量,或与位移、角度相关的物理量如速度、加速度、振动等方面的测量。按其形状可以分为长光栅和圆光栅两类,其中长光栅用于长度测量,又称为直线光栅,圆光栅用于角度测量;按光线的走向可以分为透射光栅和反射光栅。

8.6.1　光栅的结构

光栅主要由标尺光栅和光栅读数头两部分组成。通常,标尺光栅固定在活动部件上,如机床的工作台或丝杠上。光栅读数头则安装在固定部件上,如机床的底座上。当活动部件移动时,读数头和标尺光栅也就随之作相对移动。

1. 光栅尺

标尺光栅和光栅读数头中的指示光栅构成光栅尺,其中长的一块为标尺光栅,短的一块为指示光栅。两光栅上均匀地刻有许多相互平行的线纹,形成透明和不透明相间的条纹,这些线纹与两光栅相对运动的方向垂直。如图 8-39(a)所示,光栅尺上 a 为刻线宽度(不透光的明线),b 为刻线间的缝隙宽度(透光的暗线),$w=a+b$ 称为栅距。通常情况下,$a=b=w/2$。常见长光栅的线纹宽度为 25 线/mm、50 线/mm、100 线/mm、125 线/mm、250 线/mm。

2. 光栅读数头

光栅读数头由光源、透镜、指示光栅、光敏元件和驱动电路组成,如图 8-39(b)所示。光栅读数头的光源一般采用白炽灯。白炽灯发出的光线经过透镜后变成平行光束,照射在光栅尺上。当标尺光栅相对于指示光栅移动时,形成的莫尔条纹产生明暗交替变化的光信号,利用光敏元件将光信号转换成电脉冲信号。由于光敏元件输出的电压信号比较微弱,因此必须首先将该电压信号进行放大,以避免在传输过程中被多种干扰信号所淹没或覆盖而造成失真。驱动电路的功能就是实现对光敏元件输出信号进行功率放大和电压放大。

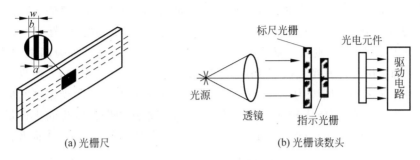

(a) 光栅尺　　　　　　　　(b) 光栅读数头

图 8-39　光栅尺和读数头

8.6.2 光栅的工作原理

1. 莫尔条纹

莫尔条纹是指两块光栅叠合时,出现明暗相间的条纹。如图 8-40 所示,当两块栅距叠合在一起时,栅线透光部分与透光部分叠加,形成亮带;一光栅的不透光部分与另一光栅的不透光部分叠加,互相遮挡,形成暗带,这种由光栅相互重叠形成的光学图案称为莫尔条纹。

如果两块光栅栅距 w 相等,且刻线之间的夹角 θ 很小时,莫尔条纹的宽度 B 近似为

$$B \approx \frac{w}{\theta} \qquad (8-6)$$

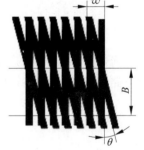

2. 莫尔条纹特性

1) 运动对应特性

莫尔条纹随光栅尺的移动而移动,它们之间有严格的对应关系。当两光栅沿刻线的垂直方向相对运动时,莫尔条纹沿夹角 θ 平分线方向移动,其移动方向随两光栅相对位移方向的改变而改变。光栅每移动一个栅距 w,莫尔条纹相应地移动一个间距 B。

2) 位移的放大特性

由式(8-6)可知,莫尔条纹间距是放大了的光栅栅距 w,它随着光栅刻线夹角 θ 而改变。θ 越小,则 B 越大,相当于把微小的栅距扩大了 $1/\theta$ 倍。

图 8-40　莫尔条纹的形成

3) 误差平均效应特性

莫尔条纹是由光栅的大量栅线共同形成的,对光栅的刻线误差有平均作用,在很大程度上消除了栅线的局部缺陷和短周期误差的影响。

8.6.3 光栅传感器的应用

由于光栅传感器测量准确度高,动态测量范围广,可进行非接触测量,易实现系统的自

动化和数字化，因而在机械工业中得到了广泛的应用。光栅传感器通常作为测量元件应用于机床定位、长度和角度的计量仪器中，并用于测量速度、加速度和震动等。

如图 8-41 所示为新天精密光学仪器公司生产的光栅式万能测长仪的工作原理图。主光栅采用透射式光栅，光栅栅距 $w=0.01\text{mm}$，指示光栅采用四裂相（光栅尺移动一个栅距将输出 4 个 CP 脉冲，系统测量的最小分辨力提高至 1/4 栅距，通常称为四裂相或四倍频）光栅，照明光源采用红外发光二极管 TIL-23，其发光光谱为 930～1000nm，接收用 LS600 光电三极管，两光栅之间的间隙为 0.02～0.035mm，由于主光栅和指示光栅之间的透光和遮光效应，形成莫尔条纹，当两块光栅相对移动时，便可接收到周期性变化的光通量。利用四裂相指示光栅依次获得 $\sin\theta$、$\cos\theta$、$-\sin\theta$ 和 $-\cos\theta$ 四路原始信号，以满足辨向和消除共模电压的需要。

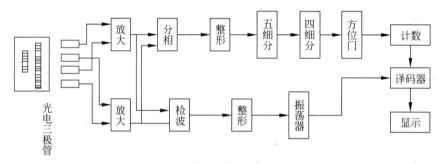

图 8-41　光栅式万能测长仪的工作原理图

光栅传感器获得的 4 路原始信号，经差分放大器放大、移相电路分相、整形电路整形、倍频电路细分、辨向电路辨向进入可逆计数器计数，由显示器显示输出。

8.7　光纤传感器

8.7.1　光纤及传光原理

1. 光纤的结构及特点

光纤是用石英、玻璃、塑料等光透射率高的电介质制作的极细纤维。如图 8-42 所示，光纤由纤芯和包层组成，纤芯的折射率为 n_1，包层的折射率为 n_2，且 $n_1>n_2$。在近红外线至可见光的波长范围内传输损耗非常小，是一种极为理想的光传输线路，它具有较小的体积和重量，不带电，防爆，自身具有电离辐射免疫力，抗无线电干扰，容易安装，可靠性好，数据传输保密安全等特点。

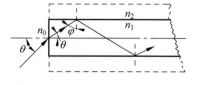

图 8-42　光线在平面端面光纤中传播

2. 光纤的传光原理

入射光以入射角 θ_0 由折射率为 n_0 的外部介质从光纤的一端进入纤芯，在端面处发生折射,其折射角为 θ_1,然后光线以角 φ 入射至纤芯与包层界面,在界面处发生反射,如图 8-42 所示。

如果入射角 φ 大于或等于纤芯与包层的临界角 φ_c 时,即

$$\varphi \geqslant \varphi_c = \arcsin \frac{n_2}{n_1} \tag{8-7}$$

则光线在光纤的界面发生全反射,并在光纤内部以同样的角度反复逐次反射,直至传播到光纤的另一端面。

根据斯奈尔折射定律(Snell's Law),有

$$n_0 \sin\theta_0 = n_1 \sin\theta_1 = n_1 \cos\varphi = n_1 \sqrt{1 - \sin^2\varphi} \tag{8-8}$$

设当 φ 达到临界角 φ_c 时的入射角为临界入射角 θ_c,由上面分析可知,只有当 φ 大于临界角 φ_c,即入射角 θ_0 小于临界入射角 θ_c 时,光线在光纤内部才能发生全反射,从而传播到光纤的另一端。由式(8-7)和式(8-8)可得

$$n_0 \sin\theta_c = \sqrt{n_1^2 - n_2^2} \tag{8-9}$$

式中,$n_0 \sin\theta_c$ 定义为光纤的数值孔径,用 NA 表示。

由式(8-9)可知,光纤的数值孔径 NA 仅决定于光纤的折射率,而与光纤的几何尺寸无关。

数值孔径 NA 是光纤的一个重要参数,NA 值越大,则光纤临界入射角 θ_c 越大,即光纤端面接受光的角度越大,光纤的集光能力越强,与其他光纤或光源的耦合效率就越高。

应注意,上面讲述的光纤全内反射和数值孔径定义的前提是光纤中的光线是子午光线。所谓子午光线是指始终在通过光纤轴的同一平面内传播的光线。

3. 光纤的分类

光纤按其传输模式分为单模光纤和多模光纤。单模光纤直径为 $2 \sim 8\mu m$,只能传输一种模式的光,即基模;多模光纤直径为几十到上千微米,可以传输多种模式的光,即基模及各阶次模。

按纤芯的折射率分布分为阶跃型和梯度型,如图 8-43 所示。

阶跃型光纤纤芯的折射率是固定不变的,梯度型光纤纤芯的折射率近似平方分布。

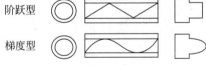

图 8-43 光纤的基本形式

8.7.2 光纤传感器的组成和分类

1. 光纤传感器组成

光纤传感器一般由光源、光纤和光探测器三部分组成,如图 8-44 所示。图 8-44(a)为功能型(也称传感型)传感器,它是利用光纤本身的某种敏感特性或功能制成的传感器,图 8-44(b)和图 8-44(c)为非功能型(也称传光型)传感器,由于光纤只起传输光波的作用,必须在光纤端面或中间加装其他敏感元件才能构成传感器。在图 8-44(b)中,将敏感元件置于入射与接收光纤中间,在被测对象的作用下,或使敏感元件遮断光路,或使敏感元件的

光透射率发生变化,这样,光探测器所接收的光量便成为被测对象调制后的信号;在图8-44(c)中,光纤一端设置"敏感元件+发光元件"的组合部件,敏感元件受被测对象的作用并将其变换为电信号后作用于发光元件,而发光元件的发光强度作为测量所得的信息。

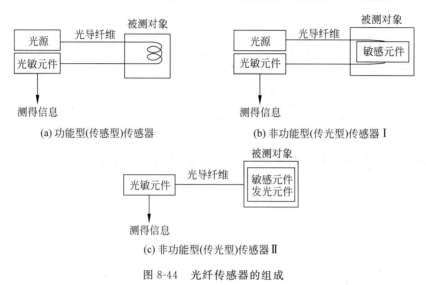

图 8-44 光纤传感器的组成

2. 光纤传感器的分类

按光纤在传感器中的作用不同,光纤传感器一般分为传光型和传感型两大类。

传光型光纤传感器主要利用已有的其他敏感材料,作为其敏感元件,如图8-45所示。这样可以利用现有的优质敏感元件来提高光纤传感器的灵敏度。传光介质是光纤,所以采用通信光纤甚至普通的多模光纤就能满足要求。传光型光纤传感器占据了光纤传感器的绝大多数。

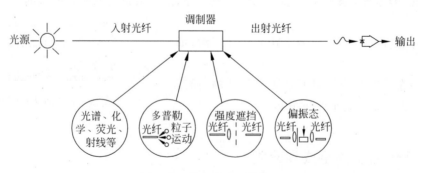

图 8-45 传光型光纤传感器

传感型光纤传感器是利用对外界信息具有敏感能力和检测功能的光纤(或特殊光纤)作传感元件,将"传"和"感"合为一体的传感器,如图8-46所示。在这类传感器中,光纤不仅起传光的作用,同时利用光纤在外界因素(弯曲、相变)的作用下,使其某些光学特性发生变化,对输入的光产生某种调制作用,使在光纤内传输的光的强度、相位、偏振态等特性发生变化,从而实现传和感的功能。因此,传感器中的光纤是连续的。

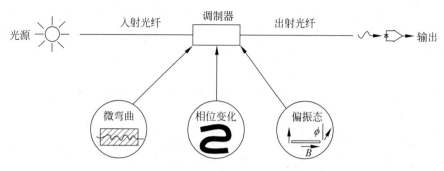

图 8-46 功能型光纤传感器

传感型光纤传感器在结构上比传光型光纤传感器简单,传感型光纤传感器的光纤是连续的,可以少用一些光耦合器件。但是,为了光纤能接受外界物理量的变化,往往需要采用特殊光纤来作探头,这样就增加了传感器制造的难度。随着对光纤传感器基本原理的深入研究和各种特殊光纤的大量问世,高灵敏度的传感型光纤传感器必将得到更广泛的应用。

8.7.3 光纤传感器的调制原理

光纤传感器工作原理的核心是如何利用光纤的各种效应,实现对外界被测参数的"传"和"感"的功能。外界信号可能引起光的某些特性(如强度、波长、频率、相位、偏振态等)变化,从而构成强度、波长、频率、相位和偏振态等调制。下面将分别介绍几种常用的调制原理。

1. 强度调制

利用被测量的作用改变光纤中光的强度,再通过光强的变化测量被测量,称为强度调制,其原理如图 8-47 所示。

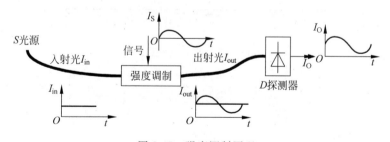

图 8-47 强度调制原理

当一恒定光源的光波 I_{in} 注入调制区,在外力场强 I_S 的作用下,输出光波的强度被 I_S 所调制,载有外力场信息的出射光 I_{out} 的包络线与 I_S 形状相同,光(强度)探测器的输出电流 I_d (或电压)也反映出了作用力场。

1) 微小的线性位移和角位移调制

这种调制方法使用两根光纤,一根为光的入射光纤,另一根为光被调制后的出射光纤,如图 8-48 所示。两根光纤的间距为 $2\sim3\mu m$，端面为平面，两者对置。通常入射光纤固定，外界作用（如压力、张力等）使得出射光纤作横向或纵向位移或转动，于是出射光纤输出的光强被其位移所调制。

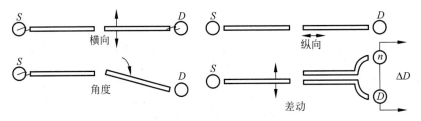

图 8-48　光强小位移调制

2）微弯损耗光强调制

根据模态理论，当光纤受力而发生微小弯曲时，光纤中的部分光会折射到纤芯的包层中去，不产生全反射，这样将引起纤芯中的光强发生变化。因此，可以通过对纤芯或包层中光的能量变化来测量外界作用，如应力、重量、加速度等物理量。微弯光纤压力传感器由两块波形板或其他形状的变形器构成，如图 8-49 所示。其中一块活动，另一块固定。变形器一般采用有机合成材料（如尼龙、有机玻璃等）制成。一根光纤从一对变形器之间通过，当变形器的活动部分受到外力的作用时，光纤将发生周期性微弯曲，引起传播光的散射损耗，使光一部分从纤芯耦合到包层，另一部分光反射回纤芯。当外力增大时，泄漏到包层的散射光增大，光纤纤芯的输出光强度减小；当外力减小时，光纤纤芯的输出光强度增强，它们之间呈线性关系。由于光强度受到调制，通过检测泄漏包层的散射光强度或光纤纤芯中透射光强度的变化即可测出压力或位移的变化。

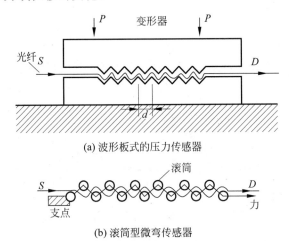

图 8-49　微弯光纤压力传感器

3）吸收特性的强度调制

X 射线、γ 射线等辐射会引起光纤材料的吸收损耗增加，使光纤的输出功率降低，从而可以构成强度调制器，用来测量各种辐射量，其原理如图 8-50(a) 所示。用不同材料制成的光纤对不同射线的敏感程度是不一样的，由此还可以鉴别不同的射线。例如铅玻璃光纤对

X射线、γ射线和中子射线特别灵敏,并且这种材料的光纤在小剂量射线照射时,具有较好的线性,可以测量射线的辐射剂量,如图8-50(b)所示。

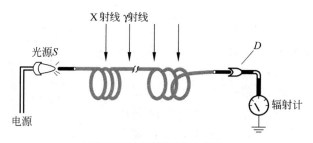

(a) 光纤辐射传感器原理示意图

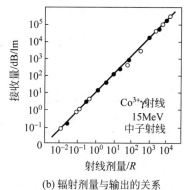

(b) 辐射剂量与输出的关系

图 8-50 吸收特性的强度调制

2. 频率调制

利用外界作用改变光纤中光的波长或频率,通过检测光纤中光的波长或频率的变化来测量各种物理量,这两种调制方式分别称为波长调制和频率调制。波长调制技术比强度调制技术用得少,其原因是解调技术比较复杂。频率调制技术目前主要利用多普勒效应来实现。光纤常采用传光型光纤。当光源 S 发射出的光,经运动的物体散射后,观察者所见到的光波频率 f_1 相对于原频率 f_0 发生了变化,这就是光学多普勒效应,如图 8-51 所示。

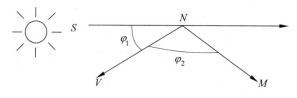

图 8-51 多普勒效应示意图

S 为光源,N 为运动物体,M 为观察者所处的位置,若物体 N 的运动速度为 v,其运动方向与 NS 和 MN 的夹角分别为 φ_1 和 φ_2,则从 S 发出的光频率 f_0 经运动物体 N 散射后,观察者在 M 处观察到的运动物体反射的频率为 f_1,根据多普勒效应,它们之间有如下关系

$$f_1 \approx f_0 \left[1 + \frac{v}{c}(\cos\varphi_1 + \cos\varphi_2)\right] \tag{8-10}$$

式中，c 为光速。

根据式(8-8)，可以设计出激光多普勒光纤流速测量系统，如图 8-52 所示。设激光光源频率为 f_0，经半反射镜和聚焦透镜进入光纤射入到被测物流体，当流体以速度 v 运动时，根据多普勒效应，其向后散射光的频率为 $f_0 + \Delta f$ 或 $f_0 - \Delta f$（视流向而定），向后散射光与光纤端面反射光（参考光）经聚焦透镜和半反射镜，由检偏器检出相同振动方向的光，探测器检测出端面反射光 f_0 与向后散射光 $f_0 + \Delta f$ 或 $f_0 - \Delta f$ 的差拍的拍频 Δf，由此可知流体的流速。

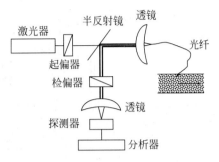

图 8-52 激光多普勒光纤流速测量系统

3. 偏振调制

利用光波的一些偏振性质，可以制成光纤的偏振调制传感器。光纤传感器中的偏振调制器常用电光、磁光、光弹等物理效应进行调制。（注意，关于光的振动方向通常是指电场矢量 E 的方向。）

1) 法拉第效应（磁光效应）

某些物质在磁场作用下，线偏振光通过时其振动面会发生旋转，这种现象称为法拉第效应。光的电矢量 E 旋转角 θ 与光在物质中通过的距离 L 和磁场强度 H 成正比，即

$$\theta = K\int_0^L H\,dL = KLH \tag{8-11}$$

式中，K 为物质的弗尔德常数。

利用法拉第效应（磁光效应）制成光纤电流传感器测量高压传输线的电流，其测量原理如图 8-53 所示。

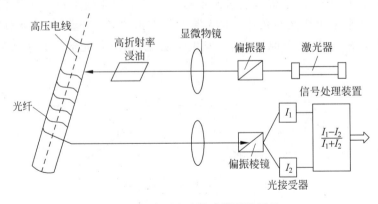

图 8-53 光纤电流传感器测量原理

根据法拉第旋光效应可知，由电流所形成的磁场会引起光纤中线偏振光的偏转，对于长直导线有

$$H = I/2\pi R \tag{8-12}$$

式中　R——光纤圈的半径；
　　　H——磁场强度；
　　　I——导线中电流。

将式(8-12)代入式(8-11)有

$$\theta = KLI/2\pi R \tag{8-13}$$

可知，偏转角 θ 和电流 I 呈线性关系。

激光器发出的激光束经起偏器变成线偏振光，再经 10 倍的显微物镜耦合到单模光纤中去，为了消除光纤中的包层模，把光纤浸入到高折射率的油中，单模光纤缠绕在高压载流导线上，设通过导线的电流为 I，受磁场作用后，经显微镜耦合到渥拉斯顿棱镜，该棱镜把激光束分成振动方向相互垂直的两束偏振光，分别进入两个光电探测器，经信号处理和显示器得到信号 p：

$$p = \frac{I_1 - I_2}{I_1 + I_2} = \sin 2\theta \tag{8-14}$$

由于一般电子系统中偏振面的偏转角都很小，所以可以认为 $p \approx 2\theta$。因此，测得 p 值后就可以求出导线中电流的大小。

2）光弹效应

在垂直于光波传播方向上施加应力，被施加应力的材料将会使光产生双折射现象，其折射率的变化与应力相关，这种现象称为光弹效应。由光弹效应产生的偏振光的相位变化为

$$\phi = \frac{2\pi KPL}{\lambda} \tag{8-15}$$

式中　K——物质光弹性常数；
　　　P——施加在物体上的压强；
　　　L——光波通过材料的长度。

利用物质的光弹效应可以构成压力、振动、位移等光纤传感器。如图 8-54 所示为利用光弹效应实现压力测量的原理图。

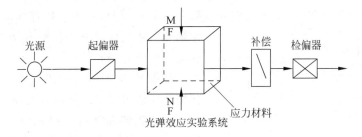

图 8-54　光弹效应压力测量原理图

光源发出的光经过起偏器变成线偏振光，线偏振光通过施加了应力的材料后产生双折射，由检偏器获得偏振光的相位变化，从而可以测得应力的大小。

4. 相位调制

1）萨格纳克效应

同一光源，同一光路，两束对向传播光的相位差与其光路系统的旋转角速度成正比，这就是萨格纳克（Sagnac）效应。

如图 8-55 所示，激光器发出的光由分光镜分为两束，一束顺时针传播，另一束逆时针传播。当系统角速度 $\Omega = 0$ 时，顺、逆光束由分光镜处开始传播又均回到分光镜处，路程均为 $L = 2\pi r$，所需时间为 $t = L/c$，其中 r 为旋转半径，c 为光速，故两束光之间无光程差。当系统以角速度 Ω 相对惯性空间逆时针旋转时，逆时针与顺时针传播光束所需时间之差为

$$\Delta t = \frac{L}{c - r\Omega} - \frac{L}{c + r\Omega} \tag{8-16}$$

图 8-55　萨格纳克效应示意图

因为 $c \gg r\Omega$，所以

$$\Delta t = \frac{2Lr\Omega}{c^2} = \frac{4A}{c^2}\Omega \tag{8-17}$$

式中，A 为圆形光学系统围成的面积。

因此，两光束之间的光程差和相位差分别为

$$\Delta L = \frac{4A}{c}\Omega \tag{8-18}$$

$$\Delta \theta = \frac{8\pi A}{\lambda_0 c}\Omega \tag{8-19}$$

式中，λ_0 为真空中光波长。

可以证明，式(8-18)与式(8-19)适用于任意形状的光路，且与传播媒质无关。

利用该效应可以制成环形激光陀螺和性能更优良的光纤陀螺来测量角度或角速度。

2）磁致伸缩效应和电致伸缩效应

某些铁磁体及其合金，以及某些铁氧体在外磁场作用下产生机械变形的现象，称为磁致伸缩效应。当在电介质的极化方向施加电场，某些电介质在一定方向上将产生机械变形或机械应力，当外电场去掉后，变形或应力也随之消失的现象，称为电致伸缩效应。利用磁致伸缩效应或电致伸缩效应使光纤发生变形，从而改变光纤中光的相位。

如图 8-56 所示为利用磁致伸缩效应或电致伸缩效应测量磁场强度或电场强度的原理图。

将磁致伸缩材料或电致伸缩材料与光纤粘接在一起，使其对马赫-泽德干涉仪的敏感光纤产生扰动，从而产生输出相位的变化。根据相位的变化即可测得磁场或电场强度。在这种结构原理中，光纤除了可粘接到磁致伸缩材料或电致伸缩材料上外，还可以嵌入磁致伸缩材料或电致伸缩材料中，或者使用磁致伸缩材料或电致伸缩

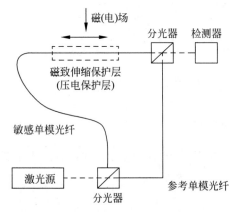

图 8-56　测量磁场、电场的马赫-泽德传感器

材料制成光纤的保护层。

本 章 习 题

1. 光电式传感器由哪些部分组成？分别简单介绍一下这几个组成部分。

2. 用半导体光电元件做测量元件时，可采用哪几种光电元件？当采用波长为 8000～9000Å（1Å=0.1nm）的红外光源时，宜采用哪几种光电元件作测量元件？为什么？

3. 试计算 $n_1=1.46$，$n_2=1.45$ 的阶跃折射率光纤的数值孔径值是多少？如果外部媒质为空气（$n_0=1$），求该种光纤的最大入射角是多少？

第 9 章 波传感器

波是指某一物理量的扰动或振动在空间逐点传递时形成的运动。不同形式的波虽然在产生机制、传播方式和与物质的相互作用等方面存在很大差别,但在传播时却表现出多方面的共性,可用相同的数学方法描述和处理。波传感器的定义范围非常广,只要是利用波动原理制作而成的传感器都可以叫做波传感器。

9.1 声传感器

9.1.1 声波的基本概念

1. 声波

声波与振动是紧密相关的,机械振动常常引起声辐射。物体振动时激励着它周围的空气质点振动,由于空气具有惯性和弹性,在空气质点的相互作用下,振动物体四周的空气就交替地产生压缩与膨胀,并且逐渐向外传播而形成声波。声波在空气中传播时只能发生压缩或膨胀,空气质点的振动方向与声波的传播方向一致,所以空气中的声波是纵波。鼓面在振动时,空气中声波的压缩与膨胀如图 9-1 所示。一般来说,凡是弹性媒质,如空气、液体和固体等都能够传播声波。按照频率范围,声波可分为次声波、可听声波、超声波。可听声波的频率在 16Hz～20kHz 之间。低于 16Hz 的振动产生的机械波称为次声波。频率超过 20kHz 的机械波称为超声波,如图 9-2 所示。

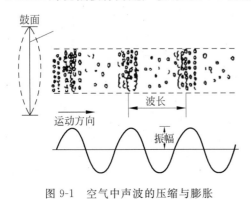

图 9-1 空气中声波的压缩与膨胀

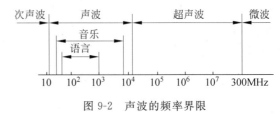

图 9-2 声波的频率界限

2. 声波的波型

由于声源在介质中的施力方向与波在介质中的传播方向不同,声波的波型也会不同。

通常有以下三种。

1) 纵波

质点振动方向与传播方向一致的波,称为纵波。它能在空气、液体和固体中传播。

2) 横波

质点振动方向垂直于传播方向的波,称为横波。它只能在固体中传播。

3) 表面波

固体介质表面受到交替变化的表面张力,使介质表面的质点发生相应的纵向振动和横向振动,在这两种振动的合成作用下,表面的质点绕其平衡位置作椭圆振动。椭圆振动作用于相临介质而在表面传播,其振幅随着深度的增加而迅速衰减,这种声波称表面波,亦称瑞利波。表面波只在固体表面传播。

3. 声波的特性

1) 声压

声波是由于空气分子的振动形成疏密波而传播的。若空气中没有声波,空气中的压强即为大气压。当声波传播时,某处的空气疏密地变化,使压强在大气压附近上下变化,相当于在原来的大气压强上叠加一个变化的压强。这个叠加上去的压强就叫声压,即由声波引起的压强变化称为声压,用符号 P 表示,单位为 Pa,有时也用 N/m^2 表示,且 $1Pa=1N/m^2$,一个标准大气压为 $1.03×10^5 Pa$。

由于声波是随时间疏密相间不断变化的,所以,任一点的声压都是随时间而不断变化的,即每一瞬间的声压(称为瞬间声压)可以是正值,也可以是负值,声压变化的平均值(平均声压)为零。通常所说的声压,是指一段时间内瞬时声压的均方根值(即有效声压),故总是正值。对于正弦波形,有效声压等于瞬时声压最大值 P_{max} 除以 $\sqrt{2}$,即

$$P = P_{max}/\sqrt{2} \tag{9-1}$$

一般来说,如未加说明,声压指有效声压。

2) 声功率

声波是能量传播的一种形式,因此也常用能量的大小来表示声音的强弱。声源在单位时间内向外辐射的声能量称为声功率,用符号 W 表示,单位为 W。

3) 声强

声强也是衡量声波在传播过程中声音强弱的物理量。它是指单位时间内(每秒)声波通过垂直于声波传播方向单位面积的声能量,用符号 I 表示,单位为 W/m^2。若声能通过的面积为 S,则声强为

$$I = W/S \tag{9-2}$$

在无反射声波的自由场中,点声源发出的球面波,均匀地向四周辐射声能,因此,距离声源中心为 r 的球面上的声强为

$$I = \frac{W}{4\pi r^2} \tag{9-3}$$

可见,对于球面波,声强与点声源的声功率 W 成正比,而与距离(半径)的平方成反比,即若距离加倍,声强 I 就减为原来的 1/4。在自由场中,声强与离声源的距离的平方成反比减小的规律,称为平方反比定律。

对于平面波,由于声线相互平行,同一束声能通过与声源不同距离的平面时,声能没有聚焦或发散,即与距离无关,所以不变。

以上现象都是假设声音在无损耗、无衰减的媒质中传播的。实际上,声波在媒质中传播时,声能总是有损耗的。声音的频率越高,损耗也越大。

4) 声压级

声波的能量变化范围很大,对于1kHz的声音,人耳的听觉范围从刚能听见的下限声压 2×10^{-5} Pa(相应的声强为 10^{-12} W/m²),到使耳膜感到疼痛的上限声压 2×10 Pa(相应的声强为 1W/m²),可见人耳容许的声压相差一百万倍(声强相差一万亿倍)。所以,用声压或声强来表示声音的强弱,数字太长,很不方便。同时,人的听觉与声压、声强不是成正比例关系,而是近似地与他们的对数值成正比。在声压低时,稍有变化,人耳可以区别;在声压较高时,变化必须很大才会被感觉到。因此,常采用按对数方式分级的办法来表示声音大小,这就是声压级、声强级、声功率级。

声压级表示声压与基准参考声压 P_{ref} 的相对关系,记为 L_P,单位为分贝(dB),即

$$L_P = 20\lg \frac{P}{P_{ref}} \tag{9-4}$$

式中,基准参考声压 $P_{ref}=2\times10^{-5}$ Pa,为 1kHz 时的听阈。低于这一声压值的声音人耳就听不见了,阈声压的声压级为 0dB。在房间中高声谈话声(相距 1m 处)约 68~74dB,飞机发动机的声压级(相距 5m 处)约 140dB,人耳对声音强弱的分辨能力大于 0.5dB。

5) 声强级

声强级是指测量的声强 I 与基准参考声强 I_{ref} 的相对关系,记为 L_I,单位为分贝(dB),即

$$L_I = 10\lg \frac{I}{I_{ref}} \tag{9-5}$$

式中,基准参考声强 $I_{ref}=10^{-12}$ (W/m²),为 1kHz 时的听阈声强值。

6) 声功率级

声功率级是指测量的声功率 W 与基准参考声功率 W_{ref} 的相对关系,记为 L_W,单位为分贝(dB),即

$$L_W = 10\lg \frac{W}{W_{ref}} \tag{9-6}$$

式中,基准参考声功率 $W_{ref}=10^{-12}$ W,为 1kHz 时听阈声功率值。

根据平方反比定律,在自由场中,接受点与声源的距离每增加一倍,声压级下降 6dB。根据这一特性,可以对其进行估算。

声压级、声强级、声功率级,与声强、声压、和声功率的概念不同,以分贝为单位的各种"级",只有相对的意义,无量纲,其数值的大小与所规定的基准值有关。因此,当使用以分贝为单位的各种"级"时,都同时标明所用的基准值。由于在一定条件下,声压级、声强级、声功率级在数值上是相等的,因此,可将三者统一用声级表示。

4. 声波的衰减

声波在介质中传播时,随着传播距离的增加,能量逐渐衰减,衰减的程度以衰减系数 ξ 来表示。在平面波的情况下,其声压和声强的衰减规律如下:

$$P = P_0 e^{-\xi x} \tag{9-7}$$

$$I = I_0 e^{-2\xi x} \tag{9-8}$$

式中　P、I——平面波在 x 处的声压和声强；

　　　P_0，I_0——平面波在 $x=0$ 处的声压和声强；

　　　ξ——衰减系数。

声波能量的衰减决定于声波的扩散、散射和吸收。在理想的介质中，声波的衰减仅仅来自于声波的扩散，即随着声波传播距离的增加，在单位面积内声能会减弱。散射衰减指声波在固体介质中颗粒界面上的散射，或在流体介质中有悬浮粒子的散射。而声波的吸收是介质的导热性、黏滞性及弹性滞后等因素造成的，如介质吸收声能并转换为热能，吸收随声波频率的升高而增高。因此，衰减系数 ξ 因介质材料的性质而异，显然颗粒越粗、频率越高衰减越大，衰减系数往往会限制探测厚度。

5. 声波的多普勒效应

声波的多普勒效应与光的多普勒效应相类似。当声源和声接收器在连续介质中有相对运动时，声接收器接收到的声波频率与声源发出的频率不同，两者靠近时频率升高，远离时频率降低，这种现象称为声波的多普勒效应。

如果在 S 处有一声源，发出一频率为 f_S 的声波，在介质中的传播速度为 c，波长为 λ。那么，当接收点与发射点和介质都处于静止状态时，接收点所收到的频率将与发射频率完全相同；如果接收点以速度 v_0 与声波传播方向同向运动，此时声波相对于运动着的接收点有速度 $(c-v_0)$，这样接收点所收到的频率为

$$f_0 = f_S \frac{c-v_0}{c} \tag{9-9}$$

假如接收点不动，而声源以速度 v_S 运动，则在 1 秒内声源发出了 f_S 次振动，但第一次是 S 点发出的，到接收点接收到第 f_S 次振动时声源却已经前进 v_S 的距离，因此 f_S 次振动就像只通过 $(c-v_S)$ 距离一样。而对接收点来说，声波仍以介质中的声速 c 传来，所以接收到的波长如同挤紧了的波长 $\lambda'=(c-v_S)/f_S$ 一样。所以，接收点感觉到的频率 f_0 为

$$f_0 = \frac{c}{\lambda'} = \frac{c}{\dfrac{c-v_S}{f_S}} = f_S \frac{c}{c-v_S} \tag{9-10}$$

综合上述两种情况，就得到发射源和接收点同时对介质做相对运动时，接收点所收到的频率的表达式，即

$$f_0 = f_S \frac{c-v_0}{c-v_S} \tag{9-11}$$

其中多普勒频移为

$$f_0 - f_S = f_S \left(\frac{c-v_0-c+v_S}{c-v_S} \right) = f_S \left(\frac{v_S-v_0}{c-v_S} \right) \tag{9-12}$$

在以上公式中，所有速度的方向都在声源和接收点的连线上，如果速度方向不一致，只要把有关速度在这方向上的分量代入公式，即可得相应的多普勒效应。

9.1.2　声敏传感器

声敏传感器是一种将在气体、液体或固体中传播的机械振动转换成电信号的器件或装置，它用接触或非接触的方法检出信号。声敏传感器的种类很多，按测量原理可分为阻抗变

换型、压电型、电致伸缩型、电磁型、静电型和磁致伸缩型等。

1. 电阻变换型声敏传感器

按照转换原理可将这类传感器分为接触阻抗型和阻抗变换两种。接触阻抗型声敏传感器的一个典型实例是碳粒式送话器,其工作原理图如图 9-3 所示,当声波经空气传播至膜片时,膜片产生振动,使膜片和电极之间碳粒的接触电阻发生变化,从而调制通过送话器的电流,该电流经变压器耦合至放大器经放大后输出。阻抗变换型声敏传感器是由电阻丝应变片或半导体应变片粘贴在膜片上构成的。当声压作用在膜片上时膜片产生形变,使应变片的阻抗发生变化,检测电路将这种变化转换为电压信号输出从而完成声—电的转换。

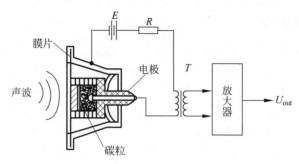

图 9-3　碳粒式送话器的工作原理图

2. 压电声敏传感器

压电声敏传感器是利用压电晶体的压电效应制成的。图 9-4 是压电传感器的结构图。压电晶体的一个极面和膜片相连接,当声压作用在膜片上使其振动时,膜片带动压电晶体产生机械振动,压电晶体在机械应力的作用下产生随声压大小变化而变化的电压,从而完成声—电的转换。压电声敏传感器可广泛用于水声器件、微音器和噪声计等方面。

3. 电容式声敏传感器(静电型)

如图 9-5 所示为电容式送话器的结构示意图。它由膜片、外壳及固定电极等组成,膜片为一片质轻而弹性好的金属薄片,它与固定电极组成一个间距很小的可变电容器。当膜片在声波作用下振动时,膜片与固定电极间的距离发生变化,从而引起电容量的变化。如果在传感器的两极间串接负载电阻 R_L 和直流电流极化电压 E,在电容量随声波的振动变化时,在 R_L 的两端就会产生交变电压。

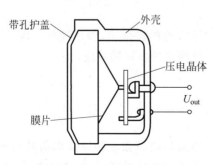 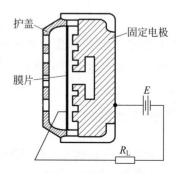

图 9-4　压电传感器的结构图　　　图 9-5　电容式送话器结构示意图

电容式声敏传感器的输出阻抗呈容性,由于其容量小,在低频情况下容抗很大,为保证低频时的灵敏度,必须有一个输入阻抗很大的变换器与其相连,经阻抗变换后,再由放大器进行放大。

4. 音响传感器

音响传感器包括将声音载于通信网的电话话筒;将可听频带范围(20Hz～20kHz)的声音真实地进行电变换的放音、录音话筒;从媒质所记录的信号还原成声音的各种传感器等。根据不同的工作原理(如电磁变换、静电变换、电阻变换、光电变换等),可制成多种音响传感器。下面介绍一种音响传感器——水听器。

声音在水中传播速度快,声波传输衰减小,而且水中各种噪声的分贝一般比空气中的声压分贝值高约20dB。音响振动变换元件可换成电动、电磁、静电式,也可直接使用晶体和烧结体元件,水中的音响技术涉及测深、鱼群探测、海流检测及各种噪声检测等。

在海水中,电磁波传播时衰减很快,因而,到目前为止电磁波水下观察仍未得到普遍使用,而声波在这方面则得到了广泛的应用。利用声波在海水中进行观察和通信的设备叫做水声换能设备,显然这种观察和通信设备必须有一个发射和接收声波的器件,这个器件叫水声换能器。

一般来说,水声观测设备主要由两部分组成,一是电子设备——产生、放大、接收和指示电信号的部分,它包括发射机、接收机、指示器等;二是水声换能器——它的作用是完成电声信号的转换。图9-6是几种常用的水声设备的作用示意图。

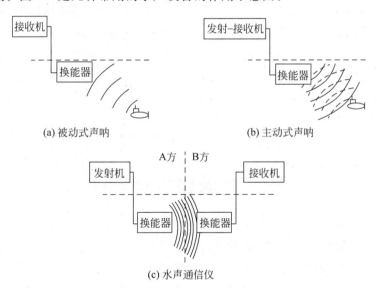

图9-6 几种水声设备的工作示意图

由图9-6可以看出,水声换能器是电子设备与水下信号声场间相互联系的纽带,实际上水声观测设备中的换能器就像无线电、雷达的天线一样,都是起着耳目的作用,不同之处在于换能器是发射和接收声信号,而天线是发射和接收电磁波信号。

当水声换能器工作在发射状态时,它的任务就是把电的振荡能量转换为机械系统的振动能量,再推动水介质向外辐射声能量。当水声换能器工作在接收状态时,它的任务和发射状态时相反,即先把水介质中的声信号通过机械振动系统耦合到电路中并变成电信号,然后再把电信号送到接收或指示设备上去。

目前在水声观测设备中最常用的是电致伸缩式换能器、压电式换能器和磁致伸缩式换能器。

专门用来作为接收器的水声换能器,称为水听器。目前广泛用于作水听器的是球形和小圆柱形压电陶瓷换能器,一般水听器工作在远低于它的谐振频率。所以一般采用弹性静力学的方法进行分析。

此外还有录音拾音器,动圈式话筒,医用音响传感器等多种音响传感器。

表 9-1 列出了一部分声敏传感器的构成和原理。

表 9-1　声敏传感器的构成和原理

分　类	原　理	传　感　器	构　成
电磁变换	动电型	动圈式麦克风、扁形麦克风、动圈式拾音器	线圈和磁铁
	电磁型	电磁型麦克风(助听器)、电磁型拾音器、磁记录再生磁	磁铁和线圈、高导磁率合金、铁氧体和线圈
	磁致伸缩型	水中受波器、特殊麦克风	镍和线圈、铁氧体和线圈
静电变换	静电型	电容式麦克风、驻极体麦克风、静电型拾音器	电容器和电源、驻极体
	压电型	麦克风、石英水声换能器	罗息盐、石英、压电高分子(PVDF)
	电致伸缩型	麦克风、水声换能器、压电双晶片型拾音器	钛酸钡($BaTiO_3$)、锆钛酸铅
电阻变换	接触阻抗型	电话用碳粒送话器	炭粉和电源
	阻抗变换型	电阻丝应变型麦克风、半导体应变变换器	电阻丝应变计和电源、半导体应变和电源
光电变换	相位变化型	干涉型声传感器、DAD 再生用传感器	光源、光纤和光检测器、激光光源和光检测器
	光量变化型	光量变化型声传感器	光源、光纤和光检测器

9.2　声表面波传感器

声表面波(Surface Acoustic Wave,SAW)是英国物理学家瑞利在 1886 年研究地震波过程中发现的一种能量集中于地表面传播的声波。1965 年,美国的 R. M. White 和 F. M. Voltmov 发明了能在压电材料表面激励 SAW 的叉指换能器之后,大大加速了 SAW 技术的发展,相继出现了许多各具特色的 SAW 器件,使 SAW 技术逐渐应用到通信、广播电视、航空航天、石油勘探和无损检测等许多技术领域。尽管 SAW 传感器的历史并不长,还没有在较多的领域实际应用,但由于它符合传感器向小型化、数字化、智能化和高精度的发展方向,因而受到人们的高度重视,具有十分广阔的应用前景。

SAW 谐振器的核心是叉指换能器。基于 SAW 谐振器的频率特性,配上必要的电路和结构,可以实现敏感许多参数的 SAW 传感器。近 20 年来,利用 SAW 谐振器的频率特性对温度、压力、磁场、电场和某些气体成分等敏感的规律,设计、研制和开发了十几种 SAW 传感器。SAW 传感器主要有以下优点。

(1) 高准确度、高灵敏度。SAW 传感器非常适用于微小量程的测量。

(2) 结构工艺性好,便于批量生产。SAW 传感器是平面结构,设计灵活;片状外形,易于组合和实现单片多功能化;易于实现智能化;能获得良好的热性能和机械性能。SAW 传感器的关键部件——SAW 器件,包括谐振子或延迟线,极易集成化、一体化。由于 SAW 传感器易于大规模生产,故可以降低成本。

(3) 体积小,质量小,功耗低,易于集成。由于 SAW 90%以上的能量集中在距表面一个波长左右的深度内,因而损耗低。此外,SAW 传感器电路相对简单,所以整个传感器的功耗很小,这对于煤矿、油井或其他有防爆要求的场合特别重要。

(4) 与微处理器相连,接口简单。SAW 传感器直接将被测量的变化转换成频率的变化(为准数字式信号),便于传输与进一步处理。

9.2.1 声表面波传感器的工作原理

SAW 传感器的核心部件是 SAW 振荡器,该振荡器是由 SAW 谐振器(Surface Acoustic Wave Resonator,SAWR)或 SAW 延迟线与放大器以及匹配电路组成。SAW 传感器的基本原理是在压电材料表面形成叉指换能器,构成 SAW 谐振器或 SAW 延迟线,适当设计 SAW 振荡器,使其对微细的被测量敏感。一般是使被测量作用于 SAW 的传播路径,引起 SAW 的传播速度发生变化,从而使振荡频率发生变化,通过频率的变化检测被测量。

1. SAW 叉指换能器

1) 叉指换能器的基本结构

如图 9-7 所示为叉指换能器的基本结构,它由若干淀积在压电衬底材料上的金属膜电极组成,这些电极条互相交叉放置,两端由汇流条连在一起,其形状如同交叉平放的两排手指,故称为均匀(或非色散)叉指换能器。叉指周期 $T=2a+2b$。两相邻电极构成一电极对,其相互重叠的长度为有效指长,即换能器的孔径,记为 W。若换能器的各电极对重叠长度相等,则叫等孔径(或等指长)叉指换能器。

2) 叉指换能器激励 SAW 的物理过程

利用压电材料的逆压电效应与正压电效应,叉指换能器既可以作为发射换能器,用来激励 SAW,又可作为接收换能器,用来接收 SAW。因而这类换能器是可逆的。

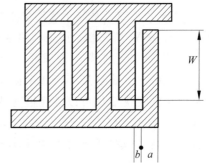

图 9-7 叉指换能器的基本结构

当在发射叉指换能器上施加适当频率的交流电信号后,在压电基片内部的电场分布如图 9-8 所示。该电场可分解为垂直与水平两个分量 E_V 和 E_H。由于基片的逆压电效应,这个电场使指条电极间的材料发生形变,使质点发生位移,E_H 使质点产生平行于表面的压缩

(膨胀)位移，E_V 则产生垂直于表面的剪切位移。这种周期性的应变就产生沿叉指换能器两侧表面传播出去的 SAW，其频率等于所施加电信号的频率。

SAW 传播至接收叉指换能器，通过正压电效应将 SAW 转换为电信号输出。发射叉指换能器和接收叉指换能器构成了 SAW 器件，如图 9-9 所示。

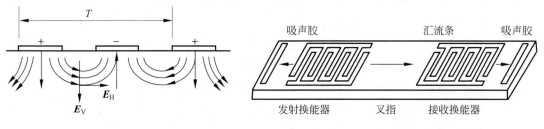

图 9-8　叉指电极下某一瞬间的电场分布　　　图 9-9　SAW 器件示意图

2. SAW 振荡器

SAW 振荡器有两种实现方式。一种以 SAW 谐振器（SAWR）为核心；另一种以 SAW 延迟线为核心，再配以适当的放大器组成。

SAWR 由一对叉指换能器及金属栅条式反射器构成，如图 9-10 所示。两个叉指换能器一个用作发射 SAW，另一个用作接收 SAW。叉指换能器及反射器用半导体集成工艺将金属铝沉积在压电基底材料上，再用光刻技术将金属薄膜刻成一定尺寸及形状的特殊结构。

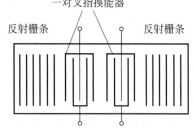

图 9-10　SAWR 的基本结构

SAW 延迟线由两个叉指换能器组成。由发射换能器产生 SAW，利用声波的行波特性，在波的传播方向上，设置的另一个叉指换能器将接收到的声波转换成电信号输出。

SAW 延迟线型是属于传输型器件，在这些叉指电极中的任何反射都会使得器件性能恶化。而 SAW 谐振器型正是利用这种 SAW 的反射性质，使声波在反射阵列之间进行相干反射、相互叠加，在腔体内形成驻波，发生共振，使振荡幅度达到最大。这样，在一对反射阵列之间就构成了谐振腔，将 SAW 限制在谐振腔内以得到能量存储的目的。因而，SAW 谐振器的品质因数 Q 值可以做得很高，插入损耗很小。通常，谐振器的典型工作带宽是 $500 \leqslant f/\Delta f \leqslant 50\,000$，而 SAW 延迟线的工作带宽一般为 $2 \leqslant f/\Delta f \leqslant 500$。由于 SAW 谐振器的优异性能，用它制作的振荡器的各方面性能均超过 SAW 延迟线型振荡器。

9.2.2　声表面波传感器的应用

1. SAW 压力传感器

SAW 压力传感器的开发始于 20 世纪 70 年代后期。目前已较广泛地应用于信号处理、雷达、通信、电子对抗和广播电视等民用领域。

SAW压力传感器通常采用周边固定的石英膜片为敏感元件,如图9-11所示为SAW压力传感器结构原理图。

当外界压力加到石英膜片上时,膜片内部各点的应力发生变化,而膜片的弹性常数、密度随应力的变化而变化。SAW的传播速度是弹性常数和密度的函数,因而,SAW速度也将发生变化;同时,膜片因受力而产生的形变还导致SAW谐振器的结构尺寸发生变化,从而造成SAW的波长等性能参数改变。SAW速度和SAW器件结构尺寸的变化最终导致SAW谐振器中心频率的偏移,振荡器的振荡频率也随之发生改变。因此通过测量SAW的输出频率偏移,即可得知压力的大小。

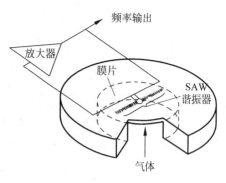

图9-11 SAW压力传感器的结构原理图

2. SAW气敏传感器

SAW气敏传感器是以SAW延迟线振荡器为基础的。在延迟线的两个叉指换能器之间,即SAW的传播路径上敷设一层具有特殊选择性的吸附膜,该吸附膜只对其敏感的气体有吸附作用。SAW气敏传感器的敏感机理随吸附膜的不同而不同。当薄膜是绝缘材料时,它吸附气体引起吸附膜密度的变化,进而引起SAW延迟线振荡器频率的偏移;当薄膜是导电体或金属氧化物半导体膜时,主要是由于电导率的变化引起SAW延迟线振荡器频率的偏移。

目前,选择性的吸附膜主要有三乙醇胺薄膜(敏感SO_2)、Pd膜(敏感H_2)、WO_3(敏感H_2S)、酞箐膜(敏感NO_2)等。

为了实现对环境温度变化的补偿,SAW气敏传感器大多采用双通道延迟线结构。

如图9-12所示为二氧化硫(SO_2)SAW传感器的原理图。两个相同的延迟线并列设置在同一基片上,并与放大器连接成SAW延迟线振荡器,其中一个延迟线的声传播路径上敷有三乙醇胺,它对SO_2有吸附作用。整个基片放在一个容量为144ml的密封盒中,盒内保持室温。盒内充入SO_2气体后,三乙醇胺敷层吸附SO_2,使声传播路径的表面性质改变,从而导致振荡器频率也随之改变。另一个没有敷层的振荡器的频率不受SO_2的影响,故两个振荡器的输出经混频后,得到的差频随SO_2含量的多少而变化。

采用双通道结构,温度的影响得到了补偿。该传感器能够分辨SO_2的最低浓度为0.07ppm,当浓度再降低时,差频输出没有重复性。能检测的浓度上限为22ppm,当浓度高于该值时,SAW由于敷层吸收SO_2过多衰减太大,以致振荡器不能起振。把敷层暴露在不含SO_2的大气中,几分钟后敷层中的SO_2即被排除。

一种SAW氢气传感器的结构与上述传感器相似。敏感膜采用钯(Pd)膜,厚度为$0.2\sim 1\mu m$,相当于SAW波长的$0.4\%\sim 2\%$。该器件暴露在含有$0.1\%\sim 10\%$的H_2和N_2气体中,其振荡频率随气体浓度发生变化。若将它放在O_2气体中,振荡频率复原。钯膜吸附氢的反应原理是通过氢的结合,在钯表面由于催化反应导致产生质子转移,使之导电,催化反应式为

$$Pd + H_2 \rightarrow Pd + [H^+] + [H^+]$$

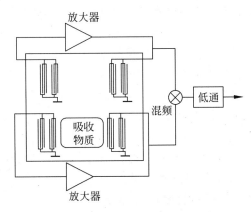

图 9-12　气敏传感器的原理结构

质子[H^+]成为导电离子,这样在 Pd 薄膜中因为吸附氢和解吸氢而改变了膜密度和弹性特性,从而引起表面波速度的变化。实验证实 Pd 膜吸附氢气时,声速增加,氢气浓度增大,传播速度也增大,整个反应过程是可逆的。

3. SAW 流量传感器

图 9-13 是 SAW 流量传感器的原理示意图。其核心是 SAW 延迟线型振荡器。在同一压电基片上有一对叉指换能器。其中一个为发射器,另一个为接收器,由它们组成了 SAW 延迟线。延迟线输出信号通过放大器正反馈到它的输入端,组成 SAW 延迟线型振荡器。在两个叉指换能器之间设置有加热元件,将基片加热至高于环境温度的某一温度值。当有流体经由基体表面通过时,带走部分热量,从而降低了基片的温度,使延迟器件的延迟时间发生变化,进而引起 SAW 振荡器振荡频率的偏移。通过检测 SAW 振荡器输出频率的变化来测量流体流速的大小,进而计算出流量的大小。这就是 SAW 流量传感器的基本工作机理。

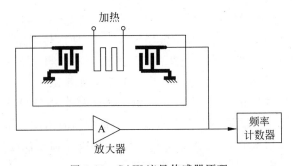

图 9-13　SAW 流量传感器原理

9.3　超声波传感器

通常,$2 \times 10^4 \sim 3 \times 10^8$ Hz 的高频声波称为超声波,超声波传感器利用超声波的特性实现对被测量的检测。当超声波从一种介质入射到另一种介质时,由于在两种介质中的传播速度不同,在介质界面上,会产生反射、折射和波形转换等现象。超声波在介质中传播时与介质作用,会产生机械效应、空化效应和热效应等,超声波的这些特性,使其在检测技术中获得广泛应用,如超声波无损探伤、厚度测量、流速测量、超声波测距等。

9.3.1 超声波的基本特性

1. 超声波的波型及其转换

由于声源在介质中的施力方向与波在介质中的传播方向不同,超声波的波型也分为纵波、横波和表面波三种主要波型,其性质和声波完全相同。纵波、横波及表面波的传播速度取决于介质的弹性系数及介质密度,气体中声速为 344m/s,液体中声速为 900m/s~1900m/s。

当纵波以某一角度入射到第二介质(固体)的表面上时,除有纵波的反射、折射外,还发生横波的反射和折射,如图 9-14 所示。在一定的情况下,还能产生表面波。各种波型均符合几何光学中的反射定理,即

$$\frac{C_L}{\sin \alpha} = \frac{C_{L1}}{\sin \alpha_1} = \frac{C_{S1}}{\sin \alpha_2} = \frac{C_{L2}}{\sin \gamma} = \frac{C_{S2}}{\sin \beta} \quad (9-13)$$

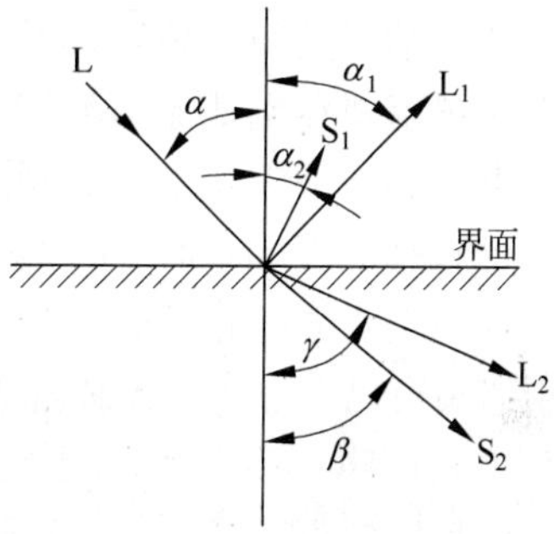

图 9-14 波型转换图
L—入射纵波;L_1—反射纵波;L_2—折射纵波;
S_1—反射横波;S_2—折射横波

式中 α——入射角;
α_1、α_2——纵波和横波的反射角;
γ、β——纵波和横波的折射角;
C_L、C_{L1}、C_{L2}——入射介质、反射介质和折射介质内的纵波速度;
C_{S1}、C_{S2}——反射介质和折射介质内的横波速度。

2. 超声波的反射和折射

当超声波从一种介质传播到另一种介质时,在两介质的分界面上将发生反射和折射,如图 9-15 所示。超声波的反射和折射满足波的反射定律和折射定律,即

$$\frac{\sin \alpha}{\sin \alpha'} = \frac{C_1}{C_1'} \quad (9-14)$$

$$\frac{\sin \alpha}{\sin \beta} = \frac{C_1}{C_2} \quad (9-15)$$

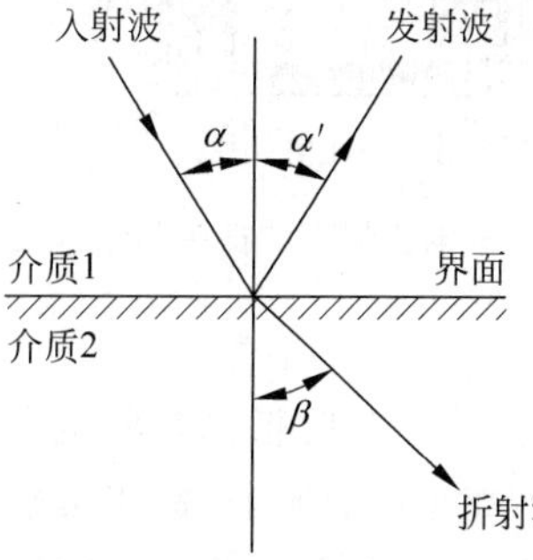

式中 α、α'、β——入射角、反射角和折射角;
C_1、C_1'、C_2——入射波、反射波和折射波的速度。

当入射波和反射波的波型相同、波速相等时,入射角 α 等于反射角 α'。

图 9-15 超声波的反射和折射

3. 超声波的衰减

超声波在介质中传播时,随着距离的增加,能量逐渐衰减。其声压和声强的衰减规律符

合声波的衰减规律,如式(9-7)和式(9-8)所示。

9.3.2 超声波传感器的工作原理

超声波传感器主要由发生器和接收器两部分组成。超声波传感器按其工作原理可以分为电致伸缩式、磁致伸缩式和电磁式等。实际使用中最常见的是电致伸缩式。

1. 电致伸缩式超声波传感器

电致伸缩式超声波传感器是利用电致伸缩效应即压电效应工作的,因而也称为压电式超声波传感器或压电式超声波探头。

压电式超声波发生器是利用逆压电效应工作的。在压电材料切片上施加交变电压,使它产生电致伸缩振动,而产生超声波。常用的压电材料有石英晶体、压电陶瓷和压电薄膜。

当外加交变电压的频率等于晶片的固有频率时产生共振,这时产生的超声波最强。压电式发射探头可以产生几十千赫兹到几十兆赫兹的高频超声波,其声强可达几十 W/cm^2。

压电式超声波接收器是利用正压电效应工作的,当超声波作用在压电晶片上时,使晶片伸缩,在晶片的两个界面产生交变电荷。接收器的结构和发生器基本相同,有时就用同一套装置兼作发生器和接收器两种用途。

压电式超声波探头按其结构和使用的波型不同又可分为直探头(纵波探头)、斜探头(横波探头)、表面波探头、兰姆波探头、双晶探头、聚焦探头、水浸探头、空气传导探头和其他专用探头等。典型的压电式探头主要由压电晶片、吸收块、保护膜组成,其结构如图9-16所示。压电晶片多为圆板形,其厚度与超声波频率成反比。压电晶片的两面镀有银层,作为导电的极板。若晶片(锆钛酸)厚度为 1mm 时,自然频率约为 1.89MHz;若厚度为 0.7mm,自然频率为 2.5MHz。这是常用的超声频率。

为避免压电片与被测试件直接接触而磨损晶片,在晶片下粘有一层软性保护膜或硬性保护膜。软性保护膜可采用厚度约 0.3mm 的薄塑料膜,它与表面粗糙的工件接触较好。而硬性保护膜可采用不锈钢片或陶瓷片。

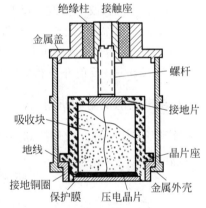

图 9-16 压电式超声波探头的结构图

吸收块用钨粉、环氧树脂和固化剂等浇注,又称阻尼块。它的作用是降低晶片的机械品质,吸收声能量,从而可限制脉冲宽度、减小盲区和提高分辨力。如果没有吸收块,当激励的电脉冲信号停止时,晶片将会继续振荡,加长超声波的脉冲宽度,使分辨力变差。吸收块的声阻抗等于晶片的声阻抗时,效果最佳。

2. 磁致伸缩式超声波传感器

某些铁磁物质在外磁场作用下产生机械变形的现象,称为磁致伸缩效应。磁致伸缩效应的强弱即伸长、缩短的程度,因铁磁物质的不同而不同。磁致伸缩材料在外力作用下,其磁化强度和磁导率发生相应变化的现象,叫做逆磁致伸缩效应。

磁致伸缩式超声波发生器是利用磁致伸缩效应工作的,当铁磁材料置于交变磁场中,它就会产生机械尺寸的交替变化,即机械振动,从而产生超声波。磁致伸缩式超声波接收器是利用逆磁致伸缩效应工作的。当超声波作用到磁致伸缩材料上时,引起导磁特性发生变化。由于电磁感应,在磁致伸缩材料上缠绕的线圈中就产生感应电动势。

9.3.3 超声波传感器的应用

1. 超声测距传感器

从发射器发出的超声波,经目标反射后沿原路返回接收器所需的时间,即渡越时间。通过测量渡越时间,利用介质中已知的声速即可求得目标与传感器的距离。

超声测距传感器主要应用于物位、液位、导航和避障,其他应用领域还有焊缝跟踪、物体识别等。

2. 超声波探伤仪

超声波探伤是无损探伤技术中的一种主要检测手段。它主要用于检测板材、管材、锻件和焊接等材料中的缺陷(如裂缝、气孔、夹渣等)、测定材料的厚度、检测材料的晶粒、配合断裂力学对材料使用寿命进行评价等。超声波探伤具有检测灵敏度高、速度快、成本低等优点,因而在生产实践中得到广泛的应用。

3. 超声波诊断仪

超声波诊断仪通过向体内发射超声波(主要采用纵波),然后接收经人体各组织反射回来的超声波并加以处理和显示,根据超声波在人体不同组织中传播特性的差异进行诊断。由于超声波对人体无损害、操作简便、响应速度较快、对软组织成像清晰,因此,超声波诊断仪已成为临床上重要的现代诊断工具。超声波诊断仪类型较多,最常用的有A型超声波诊断仪、M型超声波心电图仪和B型超声波断层显像仪等。

A型超声波诊断仪又称为振幅型诊断仪,它是超声波最早应用于医学诊断的一门技术。A型超声波诊断仪原理框图如图9-17所示。其原理类似示波器,所不同的是在垂直通道中增加了检波器,以便把正负交变的脉冲调制信号变成单向的视频脉冲信号。

同步电路产生50Hz~2kHz的同步脉冲,该脉冲触发扫描电路产生锯齿波电压信号,锯齿波电压信号的频率与超声波的频率相同,而且与视频信号同步。

发射电路在同步脉冲作用下,产生一高频衰减振荡,即产生幅度调制波。发射电路一方面将调幅波送入高频放大器放大,使荧光屏上显示发射脉冲(如荧光屏上的第一个脉冲);另一方面将送到超声波探头,激励探头产生一次超声振荡,超声波进入人体后的反射波由探头接收转换成电压信号,该电压送到高频放大器放大、检波、功率放大,于是荧光屏上将显示出一系列的回波(如荧屏上的第二个、第三个……脉冲),它们代表着各组织的特性和状况。

此外,超声波检测技术还可在厚度测量、物位测量、流量测量等中应用。

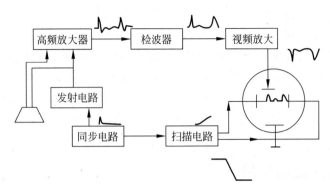

图 9-17　A 型超声波诊断仪原理框图

9.4　微波传感器

微波是指频率为 300MHz～300GHz 的电磁波,是无限电波中一个有限频带的简称,即波长在 1 米(不含 1 米)到 1 毫米之间的电磁波。微波作为一种电磁波也具有波粒二象性。微波的基本性质通常呈现为穿透、反射、吸收三个特性。对于玻璃、塑料和瓷器,微波几乎是穿越而不被吸收。对于水和食物等就会吸收微波而使自身发热。而对金属类东西,则会反射微波。微波传感器正是利用微波的这些特性来检测某些物理量的。由发射天线发出的微波,遇到被测物时将被吸收或反射,使功率发生变化。利用接收天线,接收通过被测物或由被测物反射回来的微波,并将它转换成电信号,就实现了微波检测过程。

9.4.1　微波传感器的组成及工作原理

微波传感器主要由微波振荡器和微波天线(发射天线和接收天线)组成。

1. 微波振荡器

微波振荡器就是能产生微波的装置。

在低频电路中,谐振回路是一种基本元件,它是由电感和电容串联或并联而成,在振荡器中作为振荡回路,用以控制振荡器的频率;在放大器中用作谐振回路;在带通或带阻滤波器中作为选频元件等。在微波频率上,也有上述功能的器件,这就是微波谐振器件,它的结构是根据微波频率的特点从 LC 回路演变而成的。微波谐振器一般有传输线型谐振器和非传输线谐振器两大类,传输线型谐振器是一段由两端短路或开路的微波导行系统构成的,如金属空腔谐振器、同轴线谐振器和微带谐振器等,如图 9-18 所示,在实际应用中大部分采用此类谐振器。

低频电路中的 LC 回路是由平行板电容 C 和电感 L 并联构成,如图 9-19(a)所示。它的谐振频率为

$$f = \frac{1}{2\pi\sqrt{LC}} \qquad (9\text{-}16)$$

(a) 矩形谐振腔　　(b) 圆柱谐振腔　　(c) 同轴谐振腔　　(d) 微带谐振腔　　(e) 介质谐振腔

图 9-18　各种微波谐振器

当要求谐振频率越来越高时,必须减小 L 和 C。减小电容就要增大平行板距离,而减小电感就要减少电感线圈的匝数,直到仅有一匝如图 9-19(b)所示;如果频率进一步提高,可以将多个单匝线圈并联以减小电感 L,如图 9-19(c)所示;进一步增加线圈数目,以致相连成片,形成一个封闭的中间凹进去的导体空腔,如图 9-19(d)所示,这就成了重入式空腔谐振器;继续把构成电容的两极拉开,则谐振频率进一步提高,这样就形成了一个圆盒子和方盒子,如图 9-19(e)所示,这也是微波空腔谐振器的常用形式。虽然它们与最初的谐振电路在形式上已完全不同,但两者之间的作用完全一样,只是适用于不同频率而已。对于谐振腔而言,已经无法分出哪里是电感、哪里是电容,腔体内充满电磁场,因此只能用场的方法进行分析。

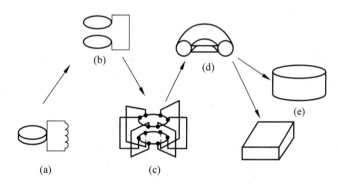

图 9-19　微波谐振器的演化过程

产生微波的器件主要分为半导体器件和电真空器件两大类。电真空器件是利用电子在真空中运动来完成能量变换的器件,或称为微波电子管。在电真空器件中能产生大功率微波能量的有磁控管、多腔速调管、微波三极管、微波四极管、行波管等。微波晶体管包括微波低噪声晶体管和微波大功率晶体管。按结构分类,微波晶体管可分为双极型晶体管和场效应晶体管。

2. 微波天线

用来辐射和接收无线电波的装置称为天线。发射机所产生的已调制的高频电流能量(或导波能量)传输到发射天线,通过天线将其转换为某种极化的电磁波能量,并向所需方向辐射出去。到达接收点后,接收天线将来自空间特定方向的某种极化的电磁波能量又转换为已调制的高频电流能量,输送至接收机输入端。

研究天线问题,实质上是研究天线在空间所产生的电磁场分布。这个问题比较复杂,不在这里讨论。这里简要介绍接收天线的接收原理。

如图 9-20 所示为一接收天线，它处于外来无线电波 E 的场中，发射天线与接收天线相距甚远，因此，到达接收天线上各点的波是均匀平面波。设入射电场可分为两个分量：一个是垂直于射线与天线轴所构成平面的分量 E_1；另一个是在上述平面内的分量 E_2。只有沿天线导体表面的电场切线分量 $E_z = E_2 \sin\theta$ 才能在天线上激起电流，在这个切向分量的作用下，天线元段 $\mathrm{d}z$ 上将产生感应电动势 $\varepsilon = E_z \mathrm{d}z$。设在入射场的作用下，接收天线上的电流分布为 $I(z)$，并假设电流初相为零，则接收天线从入射场中吸收的功率为 $\mathrm{d}P = -\varepsilon I(z)$。

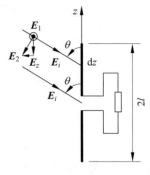

图 9-20　接收天线原理

则整个天线吸收的功率为

$$P = -\int_{-l}^{l} \varepsilon I(z) \mathrm{e}^{\mathrm{j}kz\cos\theta} = \int_{-l}^{l} E_z I(z) \mathrm{e}^{\mathrm{j}kz\cos\theta} \mathrm{d}z \tag{9-17}$$

式中，因子 $\mathrm{e}^{\mathrm{j}kz\cos\theta}$ 是入射场到达天线上各元段的波程差。

为了使发射的微波具有尖锐的方向性，天线具有特殊的结构。常用的天线有喇叭形天线和抛物面天线，如图 9-21 所示。

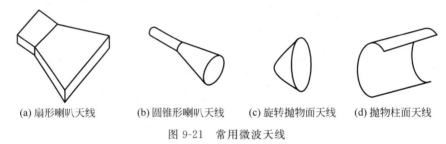

(a) 扇形喇叭天线　　(b) 圆锥形喇叭天线　　(c) 旋转抛物面天线　　(d) 抛物柱面天线

图 9-21　常用微波天线

喇叭形天线结构简单，制造方便，它可以看作是波导管的延续。喇叭形天线在波导管与敞开的空间之间起匹配作用，以获得最大能量输出。抛物面天线犹如凹面镜产生平行光，这样使微波发射的方向性得到改善。

9.4.2　微波传感器的应用

1. 微波液位仪

微波液位仪原理如图 9-22 所示。相距为 s 的发射天线与接收天线，相互成一定角度。波长为 λ 的微波信号从被测液面反射后进入接收天线。接收天线接收到的微波功率的大小将随着被测液面的高低不同而异。

2. 微波物位计

如图 9-23 所示为微波物位计原理图。当被测物体位置较低时，发射天线发出的微波束全部被接收天线接收，经检波、放大与设定电压

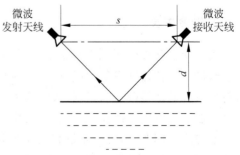

图 9-22　微波液位仪工作原理示意图

比较后,发出物位正常信号。当被测物位升高到天线所在高度时,部分微波束被物体吸收,部分被反射,接收天线接收到的微波功率相应减弱,经检波、放大与设定电压比较,低于设定电压值,微波计就发出被测物体位置高出设定物位的信号。

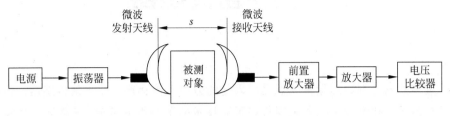

图 9-23 微波物位计组成示意图

3. 微波多普勒传感器

微波同光波一样,也能发生多普勒效应。利用微波多普勒效应可以探测运动物体的速度、方向与方位。多普勒频率为

$$f_d = \frac{2v}{\lambda}\cos\theta \tag{9-18}$$

式中,v 为物体的运动速度;λ 为微波信号波长;θ 为方位角。在确定 v、λ、θ 中任意两个参数后,即可测出第三个参数。微波多普勒传感器的应用非常广泛,例如多普勒测速仪可用于交通管制的车辆测速雷达,水文站用的流速测定仪,海洋气象站用来测定海浪与热带风暴,火车进站速度监控等。

本 章 习 题

1. 简述声波的基本概念。
2. 声波的衰减主要取决于什么?
3. 简述 SAW 的基本原理和主要优点。

第 10 章

化学量传感器

化学量传感器是继物理量传感器之后兴起的另一类传感器。化学量传感器的传感对象包括离子与分子。化学量传感器是现代传感器技术的重要组成部分,在科学研究和工农业生产、环境保护、医疗卫生、安全防卫等方面得到了广泛的应用,化学量传感器已成为化学分析与检测的重要手段。然而,有关化学量传感器的定义尚无统一规定,基本上可以定义将各种化学物质(如电解质、化合物、分子、离子等)的状态(或变化)定性(或定量)地转化成电信号输出的装置。化学量传感器按照传感器敏感对象的特性可分为气体传感器、湿度传感器、离子传感器等。

10.1 气体传感器

气体传感器是用来测量气体的类别、浓度和成分的传感器。气体传感器能将气体种类及其与浓度有关的信息转换成电信号(电流或电压)。根据这些电信号就可以获得待测气体的相关信息,从而可以进行检测、监控、报警。由于气体种类繁多,性质各不相同,气体传感器检测这些气体的原理各异,所以气体传感器的种类很多。主要包括半导体式气体传感器、接触燃烧式气体传感器、电化学式气体传感器和固体电解质式气体传感器等。

10.1.1 半导体式气体传感器

半导体式气体传感器是利用半导体气敏元件同气体接触,使半导体性质发生变化,从而检测待测气体的成分和浓度。半导体式气体传感器与其他气体传感器相比,具有快速、灵敏、简便等优点,因而有着广阔的发展前景。

1. 半导体式气体传感器的分类及结构

半导体式气体传感器一般分为电阻型和非电阻型两种,半导体气敏元件分类如表 10-1 所示。电阻型半导体气体传感器用 SnO_2、ZnO 等金属氧化物材料作为敏感元件,利用其阻值的变化来检测气体浓度,又称为半导体气敏电阻。非电阻型半导体气体传感器用半导体结型二极管和金属栅场效应管制作敏感元件,主要利用它们与气体接触后的整流特性以及晶体管作用的变化,实现对气体的检测。目前使用最多的是电阻型半导体气体传感器。因此,这里以电阻型为例介绍半导体气体传感器。

表 10-1　半导体气敏元件分类

	主要物理特性	类　型	气　敏　元　件	检测气体
电阻型	电阻	表面控制型	SnO_2、ZnO、WO_3、有机半导体等	可燃性气体、有毒有害气体等
		体控制型	Fe_2O_3、ABO_3 型等。	可燃性气体、氧化性气体等
非电阻型	二极管整流	表面控制型	Pd/CdS、Pd/TiO_2、Pt/TiO_2 等	氢气、一氧化碳等
	晶体管特性		以 Pd、Pt、SnO_2 为栅极的MOSFET	氢气、硫化氢等

电阻式半导体气敏元件从结构上可以分为多孔质烧结体、薄膜和厚膜几种类型，如图 10-1 所示。

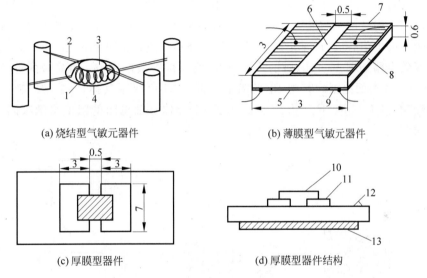

图 10-1　气体敏感元件的结构示意图

1、5、13—加热器；2、7、9、11—电极；3—烧结体；4—玻璃；6、10—半导体；8、12—绝缘体

按加热方式又可分为直热式和旁热式。直热式元件的主要特点是加热器与气敏材料直接接触，如图 10-2 所示，它将起电极和加热作用的 Ir-Pd 合金线圈埋入气敏氧化物材料中经烧结而成。旁热式则使用绝缘陶瓷管，如图 10-3 所示，将加热线圈插入绝缘陶瓷管内，在其表面分别涂上电极和气体敏感材料，这样加热器与气敏材料不会直接接触。

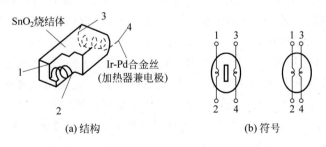

图 10-2　直热式传感器元件的结构和符号

1、2、3、4—Ir-Pd 合金丝

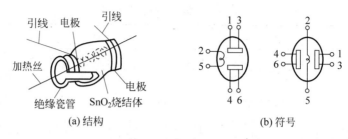

(a) 结构　　　　　　　　(b) 符号

图 10-3　旁热式传感器元件的结构和符号

1、3、4、6—电极；2、5—加热丝

2. 敏感机理

以半导体材料 SnO_2 为例说明气敏半导体材料的敏感机理。SnO_2 是 N 型半导体，其导电机理可以用吸附效应来解释。图 10-4(a) 为烧结体 N 型半导体的模型。它是多晶体，晶粒间界有较高的电阻，晶粒内部电阻较低。图中分别以空白部分和阴影部分示意表示。导电通路的等效电路如图 10-4(b) 所示。图中 R_n 为颈部等效电阻，R_b 为晶粒的等效体电阻，R_s 为晶粒的等效表面电阻。其中 R_b 的阻值较低，它不受吸附气体影响。R_n 和 R_s 则受吸附气体所控制，且 $R_s \gg R_b$，$R_n \gg R_b$。由此可见，半导体气敏电阻的阻值将随吸附气体的数量和种类而改变。

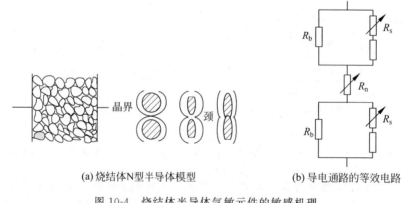

(a) 烧结体N型半导体模型　　　(b) 导电通路的等效电路

图 10-4　烧结体半导体气敏元件的敏感机理

这类半导体气敏电阻工作时都需加热。器件在加热到稳定状态的情况下，当有气体吸附时，吸附分子首先在表面自由地扩散。其间一部分分子蒸发，一部分分子就固定在吸附处。此时如果材料的功函数小于吸附分子的电子亲和力，则吸附分子将从材料夺取电子而变成负离子吸附；如果材料功函数大于吸附分子的离解能，吸附分子将向材料释放电子而成为正离子吸附。O_2 和 NO_x（氮类氧化物）倾向于负离子吸附，称为氧化型气体。H_2、CO、碳氢化合物和酒类倾向于正离子吸附，称为还原型气体。氧化型气体吸附到 N 型半导体上，使载流子减少，从而使材料的电阻率增大。还原型气体吸附到 N 型半导体上，使载流子增多，材料电阻率下降。根据这一特性，就可以从阻值变化的情况得知吸附气体的种类和浓度。

3. 测量电路

常用的直流测量电路如图 10-5 所示。R_L 为负载电阻，V 为敏感元件两端的电压，可通过负载电阻上电压的变化来确定敏感元件的电阻变化。

$$V_o = \frac{V}{R_s + R_L} R_L \tag{10-1}$$

式中　R_s——敏感元件的电阻；

　　　V_o——负载电阻 R_L 两端的电压输出值。

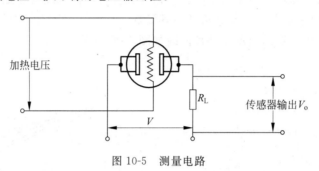

图 10-5　测量电路

4. 特性参数

1) 灵敏度 S

灵敏度是指气敏元件对被检测气体的敏感程度，通常用气敏元件在空气中的电阻值与在一定浓度的检测气体中的电阻之比来表示：

$$S = \frac{R_0}{R_s} \tag{10-2}$$

式中　R_0——元件在空气中的电阻值；

　　　R_s——元件在浓度为 c 的被测气体中的电阻值。

如图 10-6 所示为半导体式气体传感器的灵敏度特性曲线，一般地，半导体式气体传感器的电阻与气体浓度是非线性关系，近似于双对数线性关系。

2) 选择性

在多种气体共存的条件下，气敏元件区分气体种类的能力称为选择性。对某种气体的选择性好，就表示气敏元件对它有较高的灵敏度。

3) 响应时间和恢复时间

响应时间反应气敏元件对被检测气体的响应速度。从器件接触一定浓度的被测气体开始到其阻值达到该浓度下稳定阻值的时间，称为响应时间。有些情况下也把气敏器件从与检测气体接触开始，到其阻值达到稳定量的 90% 所需要的时间，定义为响应时间。

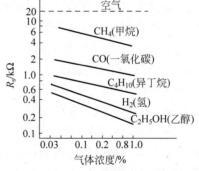

图 10-6　半导体气敏元件的灵敏度特性

恢复时间反映气敏元件对被测气体的脱附速度。气敏元件从与检测气体脱离开始，到其阻值恢复到正常空气中阻值的 90% 所需要的时间,定义为恢复时间。

如图 10-7 所示为典型半导体式气体传感器的响应特性曲线,一般地,气体传感器的恢复时间要长于响应时间。

4) 温度特性和湿度特性

气敏元件灵敏度随温度变化的特性称为温度特性。元件本身温度和环境温度对气敏元件灵敏度都有影响。其中元件本身温度的影响特别大,可以采取温度补偿方法减小这方面的影响。

气敏元件灵敏度随环境湿度变化的特性称为湿度特性。湿度特性是影响检测准确度的另一个因素,也可以采取湿度补偿方法减小其影响。

半导体式气体传感器的温湿度特性曲线如图 10-8 所示。

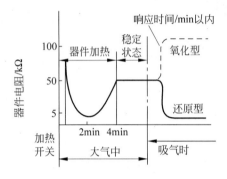

图 10-7　半导体气体元件的响应特性曲线

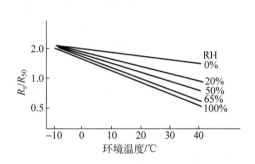

图 10-8　半导体式气敏元件温湿度特性

5) 稳定性

当气体浓度不变时,在规定的时间内气敏元件输出特性维持不变的能力,称为稳定性。稳定性表示气敏元件对于气体浓度以外的各种因素的抵抗能力。

5. 工艺[①]

1) 烧结型直热式气敏元件

早期的半导体式气敏元件大多数为烧结型直热式器件,其制造工艺比较简单,直接将起电极和加热作用的合金线圈埋入制成泥状的、混合均匀的气敏氧化物材料中,成型,并在一定温度下烧结即成。这种器件的特点是加热温度较低,一般在 200~300℃,因此,加热功率小,缺点是元件参数离散性大,互换性差,因而,这种结构正被逐渐淘汰。

2) 烧结型旁热式气敏元件

烧结型旁热式气敏元件的制作方法是将气敏粉体材料及少量胶黏剂充分研磨、混合均匀后调成浆状,然后涂覆在制有电极并引出电极引脚的瓷管上,再经 500~800℃ 烧结而成。它的特点是元件的热稳定性较好,与直热式气敏元件相比,具有较小的离散性,缺点是工艺较复杂,机械化程度低,不易批量生产。

3) 厚膜型气敏元件

厚膜型元件是把气敏材料(如 SnO_2、ZnO)与一定质量比例(3%~15%)硅凝胶混合成

---

① 这一部分内容仅供了解。

能印刷的厚膜胶,再把这厚膜胶用丝网印刷到预先安装有 Pt 电极的 Al_2O_3 基片上。经自然干燥后在 400~800℃ 烧结 1~2h 便制成厚膜型元件。目前还有管状形厚膜元件,这种气敏元件半导体层采用 ZnO,膜厚 0.5mm,外层用 Pt 作为催化剂层,它不仅与还原性气体起反应,而且增加 ZnO 表面上氧的吸附,增大 ZnO 在空气中的电阻值,从而提高了元件的灵敏度。用这种方法制成的气敏元件能检测液化石油气体,环境温度、湿度变化影响小,并能连续使用 5000h。此外,管状形厚膜元件采用 V-Mo-Al_2O_3 做催化剂可检测浓度很低的卤化碳氢化合物气体,如 CCl_2F_2、$CHClF_2$ 等,而对还原性气体敏感性小。

4) 薄膜型气敏元件

最常见的薄膜气敏传感器的结构如图 10-9 所示。制作传感器时,通常是在基片的正面预溅射一对 Pt 叉指电极,以测量薄膜的电导率;在基片的背面再镀一层 Pt,作加热用;然后再在电极上用特定的沉积方法制备薄膜,经烧结、退火等热处理后将该器件安装到标准设计的基座上。

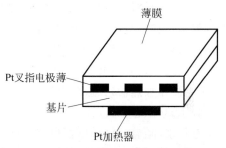

图 10-9 薄膜气敏器件的截面结构图

传感器的基片、电极及加热元件的选取还有多种,常用的基片有 Al_2O_3、康宁 7059 玻璃、蓝宝石、硅、陶瓷玻璃等。电极通常选取 Pt、Ag、Au 等贵金属,在贵金属中 Ag 的功函数最小,且在空气中较高的温度下也能保持稳定;如果要使电极和薄膜间形成欧姆接触,应选择 Au 电极,当薄膜的初始电阻(即未通气体时的电阻)大于 $1M\Omega$ 时,Au 电极在比较大的电压范围内能与薄膜保持欧姆接触,电极通常用真空蒸发法、电子束蒸发法等方法镀上。

前面介绍的薄膜传感器结构简单,性能可靠,灵敏度高,但其工作温度一般在 300℃ 左右,器件功耗在 500~1000mW 之间,这种结构不利于半导体 IC 工艺集成,为了解决上述问题,发展了硅基微结构薄膜型传感器。

当前利用硅集成电路工艺制备硅基微结构薄膜型气敏传感器已成为薄膜气敏传感器结构发展的主流,与传统的体型传感器相比,它具有损耗功率小、生产率高、宜于智能化、成本低等优点。在这方面,已经有了广泛深入的研究,设计制备出多种新颖、性能优良的结构,使半导体硅基微结构薄膜型传感器取得了长足的进展,并形成了比较成熟的工艺技术。

硅基微结构薄膜型气敏传感器由传感器底层(相当于衬底)、加热元件、电极、气敏薄膜层组成。传感器底层一般选用 P 型 (100) 取向的硅片,然后再在它的两个主要表面各覆盖一层 Si_3N_4;而加热元件和电极同时制备集成到衬底的同一面上,通常选用 Pt/Ta 和 Pt/Ti 等双层膜作电极和加热元件,Pt 下面的 Ta 或 Ti 层既用来提高 Pt 和下面基底材料的黏附力,也用以避免它们之间的热和电的扩散。

图 10-10 给出了硅基微结构薄膜型气敏传感器的截面结构图。制备这种薄膜型气敏传感器的一种比较成熟的工艺流程如下:①用低压化学气相沉积法(LPCVD)在硅晶片的正反两面沉积一定厚度的

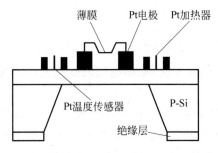

图 10-10 硅基微结构薄膜型气敏传感器的截面结构图

Si_3N_4 层,该层是无应力的介电层,其正表面用作制作电极图形,反面作为刻蚀时的钝化层;②在硅晶片的正面用直流溅射法或射频磁控溅射法沉积一定厚度的 Ti 层和 Pt 层,再将 Pt/Ti 双层膜于 550℃下退火处理 30min;③用反应离子刻蚀工艺或者别的方法把硅晶片背面的 Si_3N_4 层刻蚀掉,为最后刻蚀硅晶片的背面打开一个窗口,这是第一个掩膜;④用剥离(lift-off)工艺或双边准直技术制作图形电极和加热器 Pt/Ti 双层膜,形成一对电极和电阻加热器,这是第二个掩膜;⑤通过某种沉积薄膜的工艺将金属氧化物气敏薄膜层沉积到电极上,再进行适当的热处理;⑥对该气敏薄膜层进行选择性刻蚀,使气敏薄膜层与电极和加热元件的垫片保持接触,这是第三个掩膜;⑦用 KOH 溶液或相关溶液,采用各向异性刻蚀法,把硅晶片背面刻蚀掉一部分,形成一定厚度的正方形横隔膜,实现低功耗下芯片加热。

这种平面结构既与湿化学成膜工艺(如旋转涂覆法)兼容,也与其他成膜工艺(如射频磁控溅射法、激光闪蒸发、气相沉积法)等兼容。同时,为了在微热平板上达到最佳的热分布,且耗散功耗最小,人们已经运用有限元方法进行热分布模拟,得出性能比较好的微结构传感器的特征尺寸,其中,敏感层面积为 0.24mm×0.24mm;横隔膜面积为 1.5mm×1.5mm(用于电极和加热器);总面积为 3.78mm×3.78mm(把硅晶片背面刻蚀以后)。

5) LTCC 型气敏元件

近年来,随着气敏传感器研究不断发展,人们在传感器结构设计中融入了降低功耗、可集成、微型的理念,在这方面做了不少的工作,图 10-11 就是其中的一项。它的特点是将 LTCC(Low Temperature Cofired Ceramics,低温烧结陶瓷技术)技术应用于气敏传感器的制造,这种结构的意义在于可以制造出集多种功能为一体的气敏传感器。

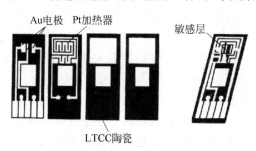

图 10-11 LTCC 模式的传感器元件结构

10.1.2 其他气体传感器

1. 燃烧式气体传感器

燃烧式气体传感器是基于催化燃烧效应工作的。强催化剂使气体在其表面燃烧时产生热量,使传感器中的贵金属电极温度上升,从而引起其电阻变化,根据电阻的变化实现对气体浓度的检测。

用高纯的铂丝,绕制成线圈,为了使线圈具有适当的阻值(1~2Ω),一般应绕 10 圈以上。在线圈外面涂以氧化铝或氧化铝和氧化硅组成的膏状涂覆层,干燥后在一定温度下烧结成球状多孔体。将烧结后的小球,放在贵金属铂、钯等的盐溶液中,充分浸渍后取出烘干。然后经过高温热处理,使在氧化铝(氧化铝-氧化硅)载体上形成贵金属触媒层,最后组装成气体敏感元件。

如果可燃性气体的浓度较低,而且是完全燃烧的话,传感器的电阻变化量与被测气体的浓度成正比,这正是这种传感器的特征之一。与半导体气体传感器不同的是,它几乎不受周围环境湿度的影响,但长时间使用后它的气敏特性会随着催化剂活性的降低而退化,因此改进载体材料和催化剂制造技术一直是提高这类传感器性能的有效方法。

2. 电化学气体传感器

利用电化学原理的气体传感器主要采用恒电位电解方式和伽伐尼电池方式工作。即当气体存在于由 Pt、Au 等贵金属电极、比较电极和电解质(固态或液态)组成的电池中时,气体会与电解质发生反应或在电极表面发生氧化-还原反应,而在两个电极之间有电流或电压的输出,凡是利用这类特性来检测气体成分及浓度的传感器,统称为电化学气体传感器。这类气体传感器的特征是它的结构与通常的电池系统类似,而电解质可以是电解质溶液(包括水溶液和非水电解质溶液及固态化电解质凝胶),也可以是固体电解质。

3. 固体电解质氧传感器

固体电解质是具有离子导电性能的固体物质。一般认为,固体物质(金属或半导体)中,作为载流子传导电流的是正、负电子。可是,在固体电解质中,作为载流子传导电流的,却主要是离子。固体电解质材料主要有 NaSiCON、$LiTi_2(PO_4)_3$、$ZrO_2\text{-}Y_2O_3$、Ti_2O 等。其中,$ZrO_2\text{-}Y_2O_3$ 是目前氧传感器的主体材料。

固体电解质气体传感器使用固体电解质气敏材料作气敏元件。其原理是气敏材料在通过气体时产生离子,从而形成电动势。由于这种传感器电导率高,灵敏度和选择性好,得到了广泛的应用,现已应用在冶金、石油、化工、电力等部门的加热炉、燃烧炉的管理以及汽车空燃比控制,起到节省燃料、提高燃烧效率的作用,此外,还可以用于环保监测、宇航、潜艇测氧等方面。

10.1.3 气体传感器的应用

各类易燃、易爆、有毒、有害气体的检测和报警都可以用相应的气敏传感器及其相关电路来实现,如气体成分检测仪、气体报警器、空气净化器等已用于工厂、矿山、家庭、娱乐场所等,下面给出两个应用实例。

1. 气体鉴别、报警与控制

图 10-12 给出的气体鉴别、报警与控制电路图,一方面可鉴别实验中有无有害气体产生,鉴别液体是否有挥发性;另一方面可自动控制排风扇排气,使室内空气清新。MQS2B 是旁热式烟雾、有害气体传感器,无有害气体时阻值较高(10kΩ 左右),有有害气体或烟雾进入时阻值急剧下降,A、B 两端电压下降,使得 B 的电压升高,经电阻 R_1 和 R_P 分压、R_2 限流加到开关集成电路 TWH8778 的选通引脚,当引脚电压达到预定值时(调节可调电阻 R_P 可改变引脚 5 的电压预定值),引脚 1、2 导通。+12V 电压加到继电器上使其通电,触点 J_{1-1}

吸合，合上排风扇电源开关自动排风。同时引脚 2 的 +12V 电压经 R_4 限流和稳压二极管 VZ_1 稳压后供给微音器 HTD 电压而发出滴滴声，同时发光二极管发出红光，实现声光报警的功能。

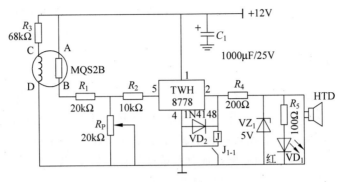

图 10-12　气体鉴别、报警与控制电路图

2. 防止酒后驾车控制器

图 10-13 为防止酒后驾车控制器原理图。图中 $QM\text{-}J_1$ 为酒敏元件。若司机没喝酒，在驾驶室内合上开关 S，此时气敏器件的阻值很高，U_a 为高电平，U_1 低电平，U_3 高电平，继电器 K_2 线圈失电，其常闭触点 $K_{2\text{-}2}$ 闭合，发光二极管 VD_1 通，发绿光，能点火启动发动机。

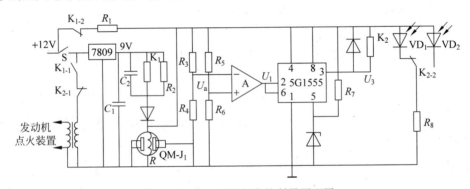

图 10-13　防止酒后驾车控制器原理图

若司机酗酒，气敏器件的阻值急剧下降，使 U_a 为低电平，U_1 高电平，U_3 低电平，继电器 K_2 线圈通电，$K_{2\text{-}2}$ 常开触头闭合，发光二极管 VD_2 通，发红光，以示警告，同时常闭触点 $K_{2\text{-}1}$ 断开，无法启动发动机。

若司机拔出气敏器件，继电器 K_1 线圈失电，其常开触点 $K_{1\text{-}1}$ 断开，仍然无法启动发动机。常闭触点 $K_{1\text{-}2}$ 的作用是长期加热气敏器件，保证此控制器处于准备工作的状态。5G1555 为集成定时器。

10.2　湿度传感器

湿度传感器主要用于测量大气环境的湿度大小，在粮食仓储、食品防霉、温室种植、环境监测、仪表电器、交通运输、气象探测、军事装备等领域有着广泛的应用。

湿度传感器是利用湿度敏感材料吸附效应直接吸附大气中的水分子，使材料的电学特性如电阻、电导、电容等发生变化,从而检测湿度的变化。理想的湿度传感器应具有测量精度高、响应速度快、温度系数小、量程宽、测量范围广、稳定性好、耐水性好、抗污染能力强、价格低廉等特点。

湿度传感器的研究始于 20 世纪 30 年代,利用氯化锂(LiCl)电解质制成了电阻型湿度传感器。随后,湿度敏感材料与传感器的研究受到了高度重视,发展很快。目前得到广泛研究和应用的湿度传感器,大致可以分为电解质型、陶瓷型、半导体型和高分子型湿度传感器四大类。

10.2.1 湿度及其表示方法

湿度表示空气中水蒸气的含量。常用绝对湿度、相对湿度、露点等表示。绝对湿度是单位体积空气内所含水蒸气的质量,用每立方米空气中所含水蒸气的克数表示

$$H_a = \frac{m_v}{V} \tag{10-3}$$

式中 H_a——绝对湿度,单位为 g/m^3;

m_v——待测空气中水蒸气质量,g;

V——待测空气的总体积,m^3。

相对湿度是表示空气中实际所含水蒸气的分压(P_W)和同温度下饱和水蒸气的分压(P_N)的百分比,即

$$H_T = \left(\frac{P_W}{P_N}\right)_T \times 100\% \text{RH} \tag{10-4}$$

通常用%RH 表示相对湿度。当温度和压力变化时,因饱和水蒸气变化,所以气体中的水蒸气的气压即使相同,其相对湿度也会发生变化。一般地,空气湿度多用相对湿度表示。

水的饱和蒸气压是随着温度的降低而逐渐下降的。在同样的空气蒸气压下,空气的温度越低,则空气的水蒸气压与同温度下水的饱和蒸气压差值就越小。当空气的温度下降到某一温度时,空气中的水蒸气压将与同温度下的饱和水蒸气压相等。此时,空气中的水蒸气将会有一部分凝聚成露珠。此时,相对湿度为 100%RH。这个温度称为露点温度。空气中水蒸气压越小,露点越低,因而可以用露点表示空气中湿度的大小。

10.2.2 湿度传感器的基本原理

利用水分子有较大的偶极矩,易于吸附在固体表面并渗透到固体内部的特性(称为水分子亲和力),制成的湿度传感器称为水分子亲和力型湿度传感器;另一类湿敏元件与水分子的亲和力无关,称为非水分子亲和力型湿度传感器。

非水分子亲和力型湿度传感器是利用物理效应的方法测量湿度,由于没有吸附和脱湿过程,一般响应速度较快。常用的非水分子亲和力型湿度传感器有热敏电阻式、红外吸收式、超声波式和微波式等(本书不作介绍)。

水分子附着或浸入湿敏功能材料,不仅是物理吸附而且还有化学吸附或毛细管凝聚等,其结果是使其电气性能(电阻、阻抗、介电常数等)变化。这样便可分别制成电阻式、阻抗式

或电容式湿敏元件。

以氧化物 α-Fe_2O_3 为例来说明水分子的吸附原理。在完全脱水的氧化物 α-Fe_2O_3 表面上,暴露有金属离子和氧离子,H_2O 先解离为 H^+ 和 OH^-,OH^- 在金属离子上,H^+ 在氧离子上进行化学结合,分别形成表面氢氧基。两个表面氢氧基进行氢键合,第一层物理吸附水蒸气处于在表面无法移动的固态状态。在第一层物理吸附水之后,经过由类似于冰结构的氢键所连接的若干层吸附,形成液状的水层,实现由水的多层吸附到水的凝聚状态,如图 10-14 所示为水吸附状态模式图。

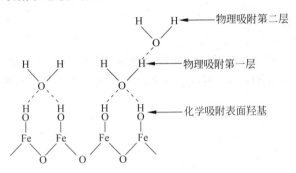

图 10-14　α-Fe_2O_3 的水吸附状态模式图

随着水蒸气的相对压力 P_W/P_N(P_N 为饱和水蒸气压)的增加,在固体表面上的水蒸气由单分子层吸附发展为多分子层吸附。若有细孔存在,便发生毛细管凝聚。水的毛细管凝聚由 Kelvin 公式所表示。假设细孔为圆筒状,当其半径为 r_K(称为 Kelvin 半径)时,在给定的相对湿度下,水可在半径大小为 r_K 的细孔中发生凝聚。

$$r_K = \frac{2\gamma M}{\rho RT \ln\left(\frac{P_s}{P}\right)} \tag{10-5}$$

式中　R——气体常数;
　　　T——热力学温度;
　　　ρ——水的密度;
　　　γ——水的表面张力;
　　　M——水的相对分子质量。

在 20~100℃ 范围内相对湿度和 Kelvin 半径之间的关系如图 10-15 所示。相对湿度越大,能发生水凝聚的毛细管孔径越大。水的电离所引起的离子传输使固体材料的电导率增加。另外,由于毛细管凝聚的细孔半径与温度成反比,因此,温度越高,水凝聚的毛细管的细孔半径就愈小。

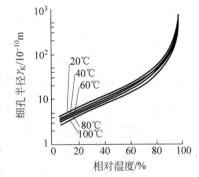

图 10-15　毛细管凝聚时的相对湿度和细孔半径

10.2.3　湿度传感器的发展

自 20 世纪 30 年代以氯化锂为代表的电解质电阻型湿度传感器问世以来,新的湿敏材料不断涌现,大大推动了湿度传感器的发展。20世纪80年代后,湿度传感器的研究主要集中在感湿机理方面,以及应用新材料、新工艺,提高传感器的感湿特性和稳定性。日本、美国在湿度敏感材料与传感器研究上处于世界前列。

1938年,美国Dunmore等人首先制成以聚乙烯醇(PVA)和氯化锂混合膜为感湿膜的湿敏元件,用于无线电探空仪获得成功;1954年,研制成功以醋酸丁基纤维素为感湿材料的高分子电阻型湿度传感器;1955年,以聚苯乙烯磺酸离子交换树脂(PSS)为感湿材料的高分子电阻型湿敏传感器问世;1966年,采用Fe_2O_3和Al_2O_3等无机材料作湿敏材料,可检测高温下的湿度;1975年,以聚纤亚胺(PI)为湿敏材料的共振型石英振子湿度传感器问世;1975—1978年,高分子湿度传感器实现了商品化,日本新田恒治等人开发了$MgCrO_4$-TiO_2等陶瓷湿敏材料,采用加热清洗的方法,初步解决其稳定性问题,应用于自动微波炉;1985年Joshi研制成第一个声表面波(SAW)型湿度传感器;1992—1993年,意大利Furlani等人将聚乙炔作为感湿膜沉积于石英晶体上制得LB(Langmuir Blodgett)膜石英振子型湿度传感器;1998年,Tashtoush等以三元无规共聚物为感湿膜,制备了SAW型湿度传感器;Chao Nan Xu、Kazuhide Miyazaki等报道了以MnO_2、Mn_2O_3、Mn_3O_4为湿敏材料的湿度传感器。

国内对湿度敏感材料及传感器的研究始于20世纪60年代初期,主要为半导体陶瓷类湿度传感器;20世纪90年代,有机高分子湿敏材料的研究得到了重视,开展了一系列高可靠、高稳定的实用型湿度敏感材料的研究。

10.2.4 电解质和陶瓷湿度传感器

1. 电解质湿度传感器

由于电解质具有强烈的吸水性,其电导率又随其吸水量而发生变化。因此,电解质是人们最先进行研究的湿度敏感材料。

有些物质的水溶液是能够导电的,称为电解质。无机物中的酸、碱、盐绝大部分属于电解质。如果将某种盐的饱和溶液置于一定温度的环境中,若环境的相对湿度高,溶液将由环境中吸收水分,使溶液浓度降低;反之,溶液将向环境释放水分,使溶液浓度增加,甚至有固相析出。电解质溶液的电导率与溶液的浓度有关,而溶液的浓度在一定温度下又是环境相对湿度的函数,利用这个特性制成了电解质湿度传感器。

电解质的材料很多,但以电解质氯化锂湿度传感器最为典型。其结构如图10-16所示。它是用一个圆筒形支架作为器件的基体,一般要在支架圆筒表面上均匀地浸涂一层含有聚苯乙烯醋酸酯(PVAC)和氯化锂(LiCl)水溶液的混合液。当被涂溶液的溶剂挥发干后,即凝聚成一层其阻值可随环境湿度变化的感湿薄膜。在一定的温度(20~50℃)和一定的相对湿度(20%~90%RH),经过7~15天老化处理,即可得到电解质湿度传感器。氯化锂浓度不同的单片湿度传感器其感湿的范围也不同。浓度低的单片湿度传感器对高湿度敏感,浓度高的单片湿度传感器对低湿度敏感。每一个传感器的测量范围较窄,故应按照测量范围的要求,选用相应的量程。为扩大测量范围,可采用多片组合传感器。组合式氯化锂湿度传感器的电阻-湿度特性如图10-17所示,图中n为组数。

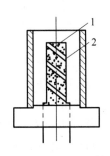
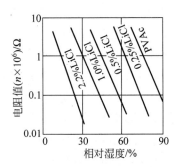

图 10-16　氯化锂湿度传感器
1—圆筒；2—平行的两根钯丝

图 10-17　氯化锂湿度传感器的
电阻-湿度特性

2. 陶瓷湿度传感器

陶瓷湿度传感器主要是利用陶瓷湿度材料烧结制备形成的多孔结构，吸附或凝聚水分子作用于导电通路，从而改变陶瓷本身的电导率或电容量。利用多孔结构陶瓷的电导率或电容量随外界湿度变化的特点，可以制成湿度传感器。常用的陶瓷湿度敏感材料种类繁多、化学组成复杂。陶瓷湿度敏感材料按其感湿特性大体可以分为电阻型、电容型和阻抗型等；按其工艺特点可以分为烧结体型、厚膜型和薄膜型。

制造半导瓷湿敏电阻的材料，主要是不同类型的金属氧化物。图 10-18 是几种典型的金属氧化物半导瓷的湿敏特性。由于它们的电阻率随湿度的增加而下降，故称为负特性湿敏半导瓷。

一般认为，作为湿敏材料的多晶陶瓷，由于晶粒间界的结构不够致密且缺乏规律性，不仅载流子浓度远比晶粒内部小，而且载流子迁移率也要低得多。所以，一般半导瓷的晶粒间界电阻要比体内高得多。因而半导瓷的晶粒间界便成了半导瓷中传导电流的主要障碍。正由于这种高阻效应的存在，使半导瓷具有良好的湿敏特性。

水分子中的氢原子具有很强的正电场。当水在半导瓷表面附着时，就可能从半导瓷表面俘获电子，使半导瓷表面带负电，相当于表面电势变负。如果该半导瓷是 P 型的，则由于水分子的吸附使表面电势下降，这类材料就

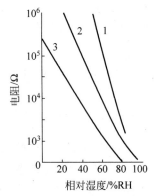

图 10-18　几种典型的金属氧化物
半导瓷的湿敏特性
1—$ZnO\text{-}LiO_2\text{-}V_2O_5$ 系；
2—$Si\text{-}Na_2O\text{-}V_2O_5$ 系；
3—$TiO_2\text{-}MgO\text{-}Cr_2O_3$ 系

是负特性湿敏半导瓷。它的阻值随着湿度的增加可以下降三四个数量级。对于 N 型半导瓷，由于水分子附着同样会使表面电势下降，如果表面电势下降比较多，不仅使表面的电子耗尽，同时将大量的空穴吸引到表面层，以致有可能达到表面层的空穴浓度高于电子浓度的程度，出现所谓表面反型层，这些空穴称为反型载流子，它们同样可以在表面迁移而对电导做出贡献。这就说明水分子的附着同样可以使 N 型半导瓷材料的表面电阻下降。由此可见，不论是 N 型还是 P 型半导瓷，其电阻率都可随湿度的增加而下降。

还有一种材料（如 Fe_3O_4 半导瓷）的电阻率随着湿度的增加而增大，称为正特性湿敏半导瓷。

10.2.5 高分子湿度传感器

高分子湿度传感器与陶瓷型湿度传感器相比,具有量程宽、响应快、湿滞小、制作简单、成本低等优点,逐渐成为研究的重点。根据湿度传感原理,高分子湿度敏感材料可分为电容型、电阻型、SAW 型和光敏型等。

1. 电容型高分子湿度传感器

1) 结构与原理

电容型湿度传感器结构如图 10-19 所示。在上、下电极之间是聚纤亚胺(PI)湿敏膜。它的感湿原理是基于高分子膜的介电常数($\varepsilon \approx 5$)和水分子的介电常数($\varepsilon \approx 80$)相差较大,随着环境湿度变化,高分子膜吸附水分子的量不同,会改变其电容值,由此可测定相对湿度。其典型响应特性如图 10-20 所示。

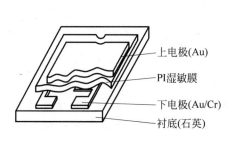

图 10-19 电容式湿度传感器结构

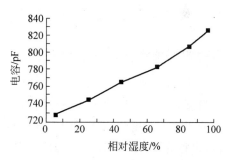

图 10-20 电容式湿度传感器响应特性

高分子电容型湿度传感器的研究始于 20 世纪 50 年代,20 世纪 70 年代投入商品化生产,目前占有高分子湿度传感器 70% 的市场。早期,高分子电容湿敏材料多用醋酸纤维及其衍生物,目前则主要采用醋酸丁酸纤维素(CAB)。此外,还有聚酰亚胺(PI)、聚砜、等离子聚合聚丙烯、交联聚乙烯基羧酸酯、PMMA(线性、交联、等离子聚合)等。

2) 工艺[①]

图 10-21 给出高分子薄膜电介质电容式湿度传感器的结构及工艺,图 10-21(a)为其结构,图 10-21(b)为其制造工艺流程。首先在洗净的玻璃基片上,蒸镀一层极薄(50nm)的梳状金属薄膜,并联作为下部电极;然后在其表面上涂覆已经配制好的醋酸纤维素溶液,待其干固成介质薄膜后,再在其上蒸镀一层多孔透水的金属薄膜作为上部电极;最后,将上、下电极焊接引线,就制成了电容式高分子膜湿敏传感器。湿敏薄膜厚度约为 500nm,膜厚小于 200nm 时,上、下部电极可能短路;当膜厚大于 1μm 时,测湿响应特性将变差。电极厚度一般要求为 50nm。通常是在 50mm×50mm 的玻璃基片上,一次制成 100 多只湿敏传感器,再切成 5mm×5mm 的小片。

---

① 这一部分内容仅供了解。

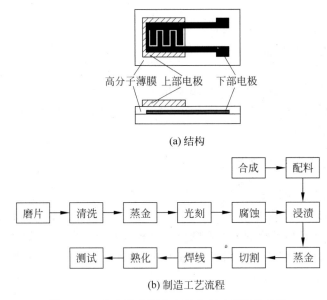

图 10-21 高分子薄膜电介质电容式湿敏传感器

2. 电阻型高分子湿度传感器

1) 结构与原理

电阻型高分子湿度传感器的结构如图 10-22 所示。

高分子电阻湿度传感器可分为电子导电型和离子导电型两类。高分子电子导电型湿度传感器，也称为"涨缩型湿度传感器"。它通过将导电体粉末（金属、石墨等）掺入膨胀吸湿高分子中制成湿敏膜。随湿度变化，石墨发生膨胀或收缩，从而使导电粉末间距变化，电阻随之改变。主要有交联亲水性丙烯酸聚合物掺入碳粒子、聚丙烯酸胺加碳粉、聚乙烯醇（PVA）加炭黑等。离子导电型湿度传感器的感湿原理是高分子湿敏膜吸湿后，在水分子作用下，粒子相互作用减弱，迁移率增加；同时吸附的水分子电离使离子载体增多，膜电导随湿度增加而增加。

2) 工艺[①]

图 10-23 为聚苯乙烯磺酸锂电阻式湿敏传感器的结构。它是将占质量 8% 的二乙烯苯作交联剂与质量占 92% 的苯乙烯共聚，制成具有一定机械强度和绝缘性能的亲水性高分子聚合物，将此聚苯乙烯作为基片。将基片浸入浓度为 98% 的硫酸中，进行磺化。硫酸中应加入约 1% 的硫酸银催化剂，磺化温度为 40℃，历时 30~65min。然后，用去离子水冲洗，这样在基片的表面上就制备了一层亲水性的磺化聚苯乙烯。将磺化聚苯乙烯基片放入氯化锂饱和溶液中进行离子交换，温度为 20~40℃，时间不等，把吸湿性很强的锂离子交换到磺化聚苯乙烯上，就得到湿敏性很强的聚苯乙烯磺酸锂湿敏膜。在湿敏膜上印刷梳状电极即制成高分子湿敏传感器。聚苯乙烯磺酸锂是一种强电解质，由于极强的吸水性，吸水后电离，在其水溶液里就含有大量的锂离子。吸湿量不同，聚苯乙烯磺酸锂的阻值也不同，根据阻值变化可测量相对湿度。

---

① 这一部分内容仅供了解。

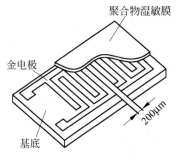

图 10-22 电阻式湿度传感器的结构

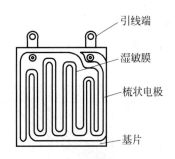

图 10-23 聚苯乙烯磺酸锂电阻式湿敏传感器的结构

3. 特性参数

以典型的羟乙基纤维素碳电阻型高分子湿度传感器为例,说明高分子湿度传感器的主要特性参数。

1) 感湿特性

羟乙基纤维素碳湿度敏感材料在吸湿和脱湿两种情况下的感湿特性曲线如图 10-24(a) 所示。在湿度大于 90%RH 的高湿段,感湿特性曲线具有负的斜率,这是由于混入浸涂液中的离子性杂质所引起的。在干燥和超净条件下制得的器件,这一现象就极不明显。图 10-24(b) 中给出了三种不同条件下制备的湿敏器件的感湿特性曲线。曲线 A 是理想的器件所应具有的感湿特性曲线;曲线 B 为在正常批量生产中器件的感湿特性曲线;曲线 C 是在高湿和离子污染较重的条件下所得器件的感湿特性曲线,另外,在 25℃ 和 33.3%RH 条件下,湿滞回线有一交叉点。对于一定的浸涂液,该点出现的位置是固定的,不同的浸涂液该点位置不同。

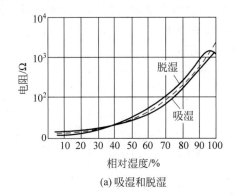

(a) 吸湿和脱湿

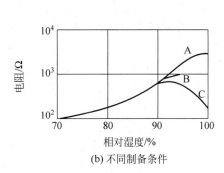

(b) 不同制备条件

图 10-24 羟乙基纤维素碳湿度敏感材料的感湿特性曲线

2) 温度特性

羟乙基纤维素碳湿度敏感材料在不同温度下的感湿特性曲线如图 10-25 所示。该图的纵坐标为电阻比,它表示

$$\frac{R_{x\%RH}}{R_{33.3\%RH}} = \frac{t\text{℃ 和 } x\%RH \text{ 时湿度材料的阻值}}{t\text{℃ 和 } 33.3\%RH \text{ 时湿度材料的阻值}} \tag{10-6}$$

3）响应特性

羟乙基纤维素碳湿度敏感材料的响应特性如图 10-26 所示。影响器件响应特性的因素是多重的。器件最初的快速响应对应于感湿膜表面吸湿的结果，此段占全部阻值变化的 85% 左右。随后的缓慢变化对应于水分在感湿膜内的扩散。

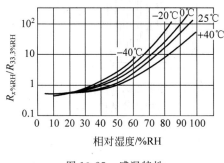

图 10-25　感湿特性

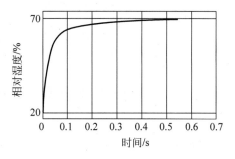

图 10-26　响应特性

4）灵敏度

由于大多数湿度传感器的感湿特性曲线是非线性的，在不同的湿度范围内具有不同的斜率，故目前多用传感器在不同环境湿度下的湿度特征量之比来表示其灵敏度。

10.2.6 湿度传感器的应用

1. 湿度变送器

如图 10-27 所示是湿度变送器电路。由 555 时基电路、湿度传感器 C_H 等组成多谐振荡器，在振荡器的输出端接有电容器 C_2，它将多谐振荡器输出的方波信号变为三角波。当相对湿度变化时，湿度传感器 C_H 的电容量将随着改变，它使多谐振荡器输出的频率及三角波的幅度都发生相应的变化，输出的信号经 VD_1、VD_2 整流和 C_4 滤波后，可从电压表上直接读出与相对湿度相应的指数。R_P 电位器用于仪器的调零。

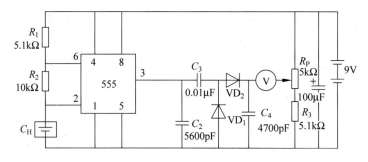

图 10-27　湿度变送器电路

2. 高湿度显示仪

如图 10-28 所示是高湿度显示仪电路。它能在环境相对湿度过高时显示，告知人们应采取排湿措施了。湿度传感器采用 SMOL-A 型湿敏电阻，当环境的相对湿度在（20%～90%）RH 变化时，它的电阻值在 10^2～10^4 Ω 范围内改变。为防止湿敏电阻产生极化现象，采用变压器给检测电路供电,湿敏电阻 R_H 和电阻 R_1 串联后接在它的两端。当环境湿度增大时,R_H 阻值减小,电阻 R_1 两端电压会随之升高,这个电压经 VD_1 整流后加到由 VT_1 和 VT_2 组成的施密特电路中,使 VT_1 导通,VT_2 截止,VT_3 随之导通,发光二极管 VD_4 发光。高湿度显示电路可应用于蔬菜大棚、粮棉仓库、花卉温室、医院等对湿度要求比较严格的场合。

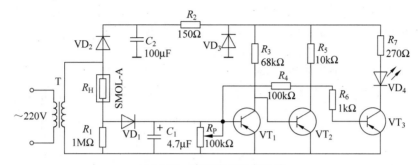

图 10-28　高湿度显示仪电路

10.3　离子传感器

离子传感器在化工、生物、医药、轻工、食品、农业与环境保护等领域的应用日渐增多。它是化学量传感器中制作工艺较成熟、实用化较早的一类传感器。

离子传感器是将溶液中的离子活度转换为电信号的传感器,这里所说的电信号通常是指电位或电流。溶液中真正参加化学反应(或离子交换作用)的离子的有效浓度称为离子的活度。

在强电解质溶液中,各种离子之间以及离子与溶剂分子之间并不是孤立的,它们之间存在着一定的相互作用,限制着彼此的活动,这样就使得离子参加化学反应或离子交换的程度减弱,也就是离子的有效浓度会小于真实浓度。当溶液浓度极小时,离子之间、离子与溶剂分子之间的相互作用可忽略不计,因此,在较浓的溶液中离子活度不等于离子浓度,在非常稀的溶液中,活度才和浓度相等。

离子传感器的基本原理是离子识别。利用固定在敏感膜上的离子识别材料有选择性地结合被传感的离子,从而发生膜电位或膜电流的改变。

离子传感器主要由敏感膜与换能器组成,其分类通常是根据敏感膜或换能器的种类来划分。

按敏感膜的种类可以分为玻璃膜式、固态膜式、液态膜式以及以离子传感器为基本体的隔膜式离子传感器。

按换能器的类型可以分为电极型、场效应晶体管型、光导传感型以及声表面波型离子传感器。

10.3.1　离子选择性电极

离子选择性电极(Ion Selective Electrode,ISE)是一类利用膜电势测定溶液中离子的活度或浓度的电化学传感器,当它和含有待测离子的溶液接触时,在它的敏感膜和溶液的相界面上产生与该离子活度直接有关的膜电势。

离子选择性电极分析的基本原理是利用膜电势进行测定。膜电势是一种相间电势,即不同两相接触,并发生带电粒子的转移,待达到平衡后,两相间产生的电势差。

1. 离子选择电极的基本结构

离子选择电极主要有电极膜、内充液和内参比电极三个部分组成,如图 10-29 所示为离子选择电极的结构示意图。

电极膜可以是固体的也可以是液体的。有的能让离子通过(如细胞膜和渗透膜),有的不能让离子直接通过(如玻璃膜)。内充液是含有待测离子的电解质溶液,浓度稳定且已知。按电极膜的类型不同离子电极分为玻璃电极、固体膜电极和液体膜电极 3 种。

1) 玻璃电极

玻璃电极是对氢离子敏感的指示电极,它是由特种玻璃膜制成的球形薄膜。用此种玻璃膜把 pH 值不同的两溶液隔开,膜电势的值由两边溶液的 pH 差值决定。如果固定一边溶液的 pH 值,则整个膜电势只随另一边溶液的 pH 值变化,因此,用它制成氢离子指示电极。

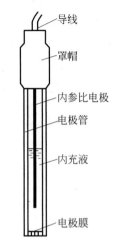

图 10-29 离子选择性电极的结构图

在球形玻璃膜内放置一定 pH 值的缓冲溶液,或 0.1mol/L 的 HCl 溶液,并在溶液中浸入一支 Ag-AgCl(s)电极(称为内参比电极),就构成了玻璃膜电极。

$$Ag\text{-}AgCl(s) \mid 内充液 \parallel 玻璃薄膜 \parallel 待测溶液$$

2) 固体膜电极

如果把含有某负离子的难溶盐压成薄片或制成单晶切片,就可以制成各种负离子的选择性电极。如指示氯离子浓度(活度)的 AgCl 电极,指示硫离子浓度(活度)的 Ag_2S 电极和指示氟离子浓度(活度)的 LaF_3 电极等。

这些难溶膜电极对其中的负离子敏感,以氯离子选择电极为例,电极组成为

$$内部溶液 \parallel AgCl \text{ 固体膜} \parallel 含 Cl 离子待测溶液$$

3) 液体膜电极

除了用固体膜作离子选择性电极之外,还有用液体离子交换剂制成液体膜的离子选择性电极。将不溶于水的有机溶剂中的离子交换剂渗透在多孔的塑料膜中,在膜的内侧装入已知浓度(活度)的盐溶液,膜的外侧为待测溶液。它和固体离子交换剂的区别在于离子交换剂可在膜内自由移动。

无论何种类型的膜,其膜电势是不能单独直接测定的,但可以通过测定电化学电池(即原电池)的电动势而计算出来。

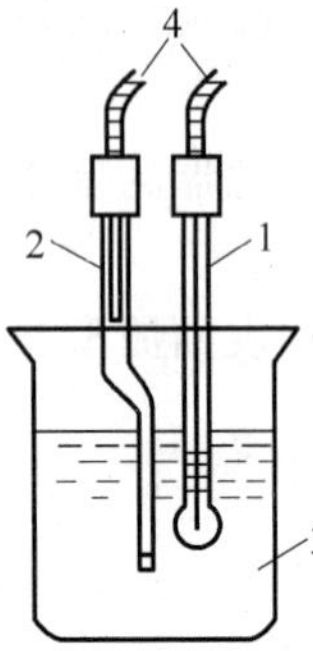

图 10-30 测量溶液 pH 的电极系统
1—玻璃电极(指示电极);
2—外参比电极;
3—电解质溶液

2. 离子选择性电极工作原理

离子选择性膜电极作为指示电极,它是半个电池(气敏电极除外),必须和适当的参比电极组成完整的电化学电池,如图 10-30 所示。把膜电极和外参比电极插入待测溶液中,构成的原电池为

外参比电极 ‖ 被测溶液($α_{待测}$ 未知) | 膜 | 内充液($α_{标准}$ 已知) | 内参比电极(膜电势)

此电池电动势为

$$E = E_{外参} - E_{指示} \tag{10-7}$$

式中　E——原电池的电势；

　　　$E_{外参}$——外参比电极的电位；

　　　$E_{指示}$——指示电极的电位。

所谓指示电极是指电位随待测溶液的活度变化的电极；参比电极是指电位不受待测溶液活度的影响，其值稳定不变的电极。

指示电极的电位与膜电势和内参比电极电势有关，即

$$E_{指示} = E_{膜} + E_{内参} \tag{10-8}$$

式中　$E_{膜}$——膜电势；

　　　$E_{内参}$——内参比电极的电位。

将式(10-8)代入式(10-7)得

$$E = E' - E_{膜} \tag{10-9}$$

式中，E'为外参比电极的电位与内参比电极的电位的代数和且$E' = E_{外参} - E_{内参}$。

而膜电势是膜两边溶液之间的相间电势差，它与溶液中离子的浓度(活度)有关

$$E_{膜} = \frac{RT}{nF} \ln \frac{α_{待测}}{α_{标准}} \tag{10-10}$$

式中　n——电荷数(或溶液中离子的价态)；

　　　F——法拉第常数；

　　　R——摩尔气体常数；

　　　T——热力学温度；

　　　$α_{待测}$、$α_{标准}$——分别为待测溶液和标准溶液中同种离子浓度(活度)。

膜电势($E_{膜}$)将随未知离子浓度(活度)的值的不同而改变。所以只要测定上述原电池的电动势就可以计算出该膜的膜电势$E_{膜}$，根据式(10-10)就可以求出非标准溶液中离子的浓度(活度)。

3. 离子选择性电极的分类

按膜的组成和结构，1976年国际纯粹化学与应用化学联合会(IUPAC)推荐对离子选择性电极分类如图10-31所示。

4. 晶体膜电极

晶体膜电极可细分为均相膜电极和非均相膜电极两种。前者由一种或几种化合物的晶体均匀组合而成，后者除了晶体膜外，还加入了其他材料以改善电极传感性能。跟其他离子选择性电极类似，晶体膜电极由电极管、内参比电极、内充液和敏感膜四部分组成，常见结构如图10-32所示。氟离子选择性电极就是晶体膜电极。

氟离子选择性电极的敏感膜是氟化镧(LaF_3)单晶切片，其中掺杂少量EuF_2或CaF_2以增加导电性。内参比溶液一般为0.1mol/L的NaCl+0.1mmol/L的NaF，其中Cl^-的加入是为了稳定Ag/AgCl内参比电极的电位；F^-的加入是为了稳定单晶LaF_3膜内参比溶液

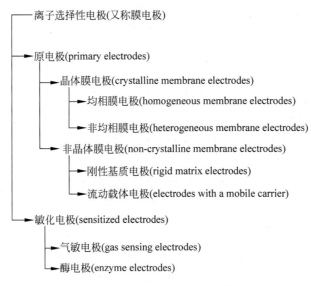

图 10-31 离子选择性电极的分类

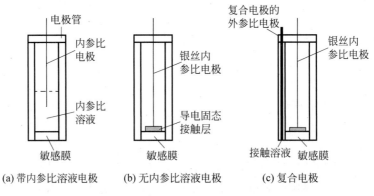

(a) 带内参比溶液电极　(b) 无内参比溶液电极　(c) 复合电极

图 10-32 离子选择性电极的常见结构示意图

一侧的膜电位。

LaF_3 的晶格中有空穴,在晶格上的 F^- 可以移入晶格邻近的空穴而导电。当氟电极插入到 F^- 溶液中时,F^- 在晶体膜表面进行交换。当温度为 25℃时,该电极的膜电位满足

$$E_{膜} = K - 0.059 \lg \alpha_{F^-} \tag{10-11}$$

该电极在 α_{F^-} 约为 $(0.1 \sim 5) \times 10^{-7}$ mol/L 的范围呈能斯特响应,α_{F^-} 检测下限约为 10^{-7} mol/L,接近于 LaF_3 的溶解度。

待测溶液的 pH 值控制在 5~7 之间。当 pH 值高时,溶液中的 OH^- 与氟化镧晶体膜中的 F^- 交换;当 pH 值较低时,溶液中的 F^- 生成 HF 或 HF_2^-。

5. 非晶体膜电极

非晶体膜电极包括刚性基质电极和流动载体电极,刚性基质电极也称为玻璃膜电极,其敏感膜是由离子交换型的薄玻璃片或其他刚性基质材料组成,膜的选择性主要由玻璃或刚性材料的组分来决定,如 pH 玻璃电极和一价阳离子(钠、钾等)的玻璃电极。

1）玻璃电极

成分不同的玻璃膜可制成对不同阳离子响应的玻璃电极。pH 玻璃电极是最早出现，也是研究最成熟的一类离子选择电极。

玻璃电极的结构如图 10-33 所示。在电极玻璃管下端装一个特殊材料的球形薄膜，玻璃管内装有一定 pH 值的缓冲溶液作内参比溶液，溶液中浸一根内参比电极。

在 SiO_2 基质中加入 Na_2O、Li_2O 和 CaO 烧结而成厚度约为 0.05mm 的玻璃膜对 H^+ 有选择性，用这种敏感膜就构成了 pH 玻璃电极。

玻璃电极使用前必须在水溶液中浸泡。水浸泡时，表面的 Na^+ 与水中的 H^+ 交换，形成一个三层结构，即中间的干玻璃层和两边的水合硅胶层。水合硅胶层具有界面，构成单独的一相，厚度一般为 $0.01\sim10\mu m$。在水合层，玻璃上的 Na^+ 与溶液中的 H^+ 发生离子交换而产生相界电位。

将浸泡后的玻璃电极和参比电极放入待测溶液，构成测定 pH 的原电池（见图 10-30）。水合层表面可视作阳离子交换剂。如图 10-34 所示，溶液中 H^+ 经水合层扩散至干玻璃层，干玻璃层的阳离子向外扩散以补偿溶出的离子，离子的相对移动产生扩散电位，两者之和构成膜电位。

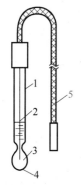

图 10-33 玻璃电极基本结构
1—玻璃电极管；2—内参比电极；
3—内参比液；4—玻璃膜

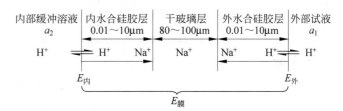

图 10-34 膜电位产生示意图

玻璃电极水合硅胶层表面与溶液中的 H^+ 活度不同，形成活度差，H^+ 由活度大的一方向活度小的一方迁移，达到平衡时有

$$H^+_{溶液} == H^+_{硅胶}$$

$$E_内 = K_2 + 0.059\lg\frac{\alpha_2}{\alpha'_2} \tag{10-12}$$

$$E_外 = K_1 + 0.059\lg\frac{\alpha_1}{\alpha'_1} \tag{10-13}$$

式中 $E_外$——膜外溶液与外水合硅胶层相界电位；

$E_内$——膜内溶液与内水合硅胶层相界电位；

α_1、α_2——分别为外部试液、电极内参比溶液的 H^+ 活度；

α'_1、α'_2——分别为玻璃膜外、内水合硅胶层表面 H^+ 活度；

K_1、K_2——分别为玻璃膜外、内表面性质决定的常数。

由于玻璃膜内、外表面的性质基本相同，$K_1=K_2$，$\alpha_1'=\alpha_2'$。在25℃时，膜电位为

$$E_{膜} = E_{外} - E_{内} = 0.059\lg\frac{\alpha_1}{\alpha_2} \tag{10-14}$$

由于内参比溶液中的 H^+ 活度(α_2)是固定的，则

$$E_{膜} = 0.059\lg\alpha_1 - K' = 0.059\mathrm{pH}_{溶液} - K' \tag{10-15}$$

玻璃膜电位与试样溶液中的pH呈线性关系。式中 K' 是由玻璃膜电极本身性质决定的常数。

2) 流动载体电极

流动载体电极即液膜电极，钙离子电极是液膜电极的代表。

钙离子电极结构如图10-35所示。将离子交换剂渗透进疏水性的多孔性膜里，形成一层薄膜——电极的敏感膜。内参比溶液为 Ca^{2+} 水溶液。内、外管之间的液膜是液体离子交换剂0.1mol/L 二癸基磷酸的苯基磷酸二辛酯溶液。液膜极易扩散进入多孔膜，但不溶于水，故不能进入试液溶液。

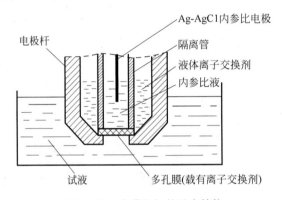

图10-35 液膜电极的基本结构

二癸基磷酸根可以在液膜-试液两相界面间来回迁移，传递钙离子，直至达到平衡。在薄膜两面的界面发生离子交换反应。由于 Ca^{2+} 在水相(试液和内参比溶液)中的活度与有机相中的活度差异，在两相之间产生相界电位。在25℃时膜电位为

$$E_{膜} = K + \frac{0.059}{2}\lg\alpha_{Ca^{2+}} \tag{10-16}$$

钙电极适宜的pH范围是5～11，可测出 10^{-5} mol/L 的 Ca^{2+}。

6. 敏化电极

敏化电极是在主体电极上覆盖一层膜或一层物质，提高或改变电极的选择性。

通过某种界面的敏化反应(气敏反应或酶敏反应)，将试样中被测物转变为原电极能响应的离子。如氨气敏电极就是将pH电极和气透膜联用，可测量溶液或其他介质中的氨气。其结构如图10-36所示。放置在内充溶液中的pH玻璃电极和Ag-AgCl内参比电极构成原电池。气透膜通常是由疏水但透气的醋酸纤维、聚四氟乙烯、聚偏四氟乙烯等材料制成。内充0.1mol/L 的 NH_4Cl 溶液。试样中氨气通过气透膜进入内充溶液，引起反应 $NH_3 + H^+ \rightarrow NH_4^+$ 左移或右移，内充溶液的pH值相应发生改变，测量原电池的电动势就可检测出试样中的氨气。

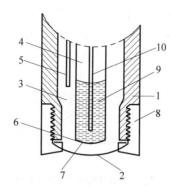

图 10-36　氨电极结构示意图

1—电极管；2—透气膜；3—0.1mol/L NH_4Cl 溶液；4—平底 pH 玻璃电极；5—Ag-AgCl 参比电极；6—敏感玻璃膜；7—0.1mol/L NH_4Cl 溶液薄层；8—可卸电极头；9—内参比溶液；10—内参比电极

改变敏感膜，可制作分别敏感 CO_2、NO_2、H_2S、HF、HAc 和氯气等的气敏电极。

酶电极是在主体电极上覆盖一层酶，利用酶的界面催化作用，将被测物转变为适宜于电极测定的物质。如脲酶电极，就是把脲酶固定在氨电极上制成的。可检测血浆和血清中 0.05~5mmol/L 的尿素。

细菌电极是把某种细菌的悬浮体接在主体电极和透气膜之间制成的。

生物电极是把动物或植物组织覆盖于主体电极上制成的。例如有人将猪肾切片粘接在氨电极表面制成的生物电极可测谷氨酰胺含量等。

10.3.2 离子敏感场效应管

离子敏感场效应管(Ion Sensitive Field Effect Transistor，ISFET)是由离子选择性电极 ISE 敏感膜和金属-氧化物-半导体场效应晶体管 MOSFET(Metal-Oxide-Semiconductor Field-Effect Transistor)组合而成的，是对离子具有一定的选择性的器件。相对于普通的 ISE，它具有高阻抗转换的优点，并具有放大功能，从而克服了普通 ISE 不能用一般的仪器来测量的缺点，为电信号的准确检测提供了有利条件，且灵敏度、响应时间均有所提高。此外，它还具有体积小，易于集成的优点，可以很容易地做成微型分析仪器和离子探针，用于微量溶液中离子活度的分析，这些优点使其在电化学的领域中得到广泛的应用。

ISFET 是一种测量溶液中离子活度的化学/生物传感器，其核心部件是 MOSFET。在 P 型硅的衬底上用扩散法形成两个 N 区，分别称为源极(S)和漏极(D)。在源极和漏极之间的 P 型硅表面生长一层金属氧化物 SiO_2(有时其上还有 Si_3N_4)，在 SiO_2 上再沉积一层金属，构成栅极(G)。这样在栅极到硅片间为金属-氧化物-半导体结构。

如图 10-37 所示，当栅极上加负偏压时，栅极氧化层下面的硅为 P 型，而源极为 N 型，故源极和漏极之

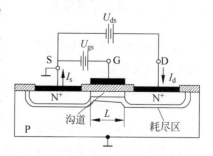

图 10-37　N 型沟道增强型 MOSEFT 工作原理

间不导通。当在栅极上加足够大的正向偏压U_{gs}时,由于表面电场效应,使栅氧化层下面硅表面由 P 型转变为 N 型,即出现反型层。这个反型层将源区和漏区连接起来。这时若加 U_{ds}电压,便有电流I_d由源区通过反型层流到漏区,这个电流称为漏极电流。显然U_{gs}越大,表面反型越严重(即反型层电阻越小),I_d电流也越大。连接源区和漏区的 N 型反型层称为 N 型沟道。只有当栅电压大于某特定电压U_T(阈值电压)时,在 P 型硅表面才能形成 N 型沟道的 MOSFET 器件,称为 N 沟增强型 MOSEFT。

电流I_d的大小随U_{gs}和U_{ds}的大小而变化,其变化规律就是 MOSFET 的电流电压特性,与普通的场效应管特性类似。

ISFET 的基本结构类似于普通的 MOSFET,因而具有类似的输出特性,如图 10-38 所示。

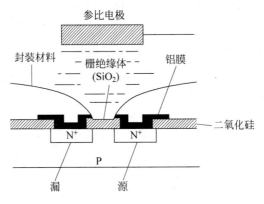

图 10-38 ISEFT 的结构

如果将 MOSFET 的栅极用铂丝作引出线,然后在铂丝上涂覆一层离子敏感膜,可制成涂丝(或涂层)ISFET。将通用的 MOSFET 金属栅(铝)去掉,让其绝缘体氧化层(SiO_2、Al_2O_3/SiO_2、Si_3N_4/SiO_4、Ta_2O_5/SiO_2)裸露,或在其上涂敷对离子敏感的敏感膜。它与参比电极以及待测溶液一起起着栅电极的作用。参比电极上所加电压(包括溶液与敏感膜之间的能斯特电位)通过待测溶液加到绝缘栅上,使半导体表面反型,形成导电沟道。如果参比电极上施加的电压U_{gs}刚好使半导体表面反型,这时参比电极上的电压称为阈值电压U_T。

当将 ISFET 放入待测溶液中,在溶液和敏感膜接触处的界面电动势的大小,取决于溶液中待测离子的活度(浓度)。这一界面电势的大小将直接影响阈值电压U_T的值。

ISFET 阈值电压可写为

$$U_T = C + S \ln \alpha_i \tag{10-17}$$

式中,α_i为待测溶液离子的活度(浓度);C、S 对一定的器件、一定的溶液而言,在固定参比电极电位时是常数。

本章习题

1. 简述化学传感器的基本定义以及它的主要分类。
2. 什么是燃烧式气体传感器?并简述它的制作工艺。
3. 简述陶瓷湿度传感器的感湿机理。

第 11 章

MEMS传感器

MEMS(Micro Electric Mechanical System)即微电子-机械系统,从广义上讲,MEMS是指集微型传感器、微型执行器以及信号处理和控制电路,甚至接口电路、通信和电源于一体的微型机电系统。图 11-1 是典型的 MEMS 示意图。由传感器、信息处理单元、执行器和通信/接口单元等组成。其输入是物理信号,通过传感器转换为电信号,经过信号处理(模拟和/或数字)后,由执行器与外界作用。每一个微系统可以采用数字或模拟信号(电、光、磁等物理量)与其他微系统进行通信。MEMS 在航空航天、汽车、工业、生物医学、信息通信、环境监控和军事等领域有着广阔的应用前景。

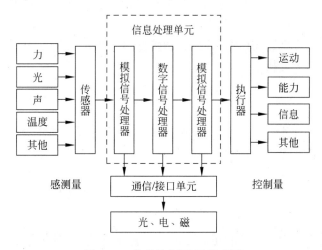

图 11-1 典型的 MEMS 示意图

11.1 MEMS 传感器及其特点

利用 MEMS 技术制作的传感器称为 MEMS 传感器,也叫微传感器。与传统意义上的传感器相比,MEMS 传感器的体积很小,敏感元件的尺寸一般在 $0.1 \sim 100 \mu m$ 之间。然而,MEMS 传感器并不仅仅是传统传感器比例缩小的产物,在理论基础、结构工艺、设计方法等方面,都有许多自身的特殊现象和规律。

微传感器可以是单一的敏感元件,这类传感器的一个显著特点就是尺寸小(敏感元件的尺寸从毫米级到微米级,有的甚至达到纳米级)。在加工中,主要采用精密加工、微电子技术以及 MEMS 技术,使得传感器的尺寸大大减小。

微传感器也可以是一个集成的传感器,这类传感器将微小的敏感元件、信号处理器、数据处理装置封装在一块芯片上,形成集成的传感器。

微传感器还可以是微型测控系统,在这种系统中,不但包括微传感器,还包括微执行器,可以独立工作。此外还可以由多个微传感器组成传感器网络或者通过其他网络实现异地联网。

微传感器具有一系列的优点,主要包括以下六项。

1. 体积小,重量轻

利用 MEMS 技术,微传感器的敏感元件尺寸大多在微米级,这使得微传感器的整个尺寸也大大缩小,微传感器封装后的尺寸大多为毫米量级,有的甚至更小。例如,压力微传感器已经可以小到放在注射针头内,送进血管测量血液流动情况;或装载到飞机或发动机叶片表面,用来测量气体的流速和压力。

2. 能耗低

绝大多数微传感器都是将非电量信号转换为电量信号,并且是无源的,也就是说工作时离不开电源。随着集成电路技术的发展,便携式测量仪器得到越来越多的应用。在很多场合,传感器及配套的测量系统都是利用电池供电的。因此传感器能耗的大小,在某种程度上决定了整个仪器系统可供连续使用的时间,微传感器为在某些需要采用电池供电且需要长时间工作的场合提供了可能。

3. 性能好

微传感器在几何尺寸上的微型化,在保持原有敏感特性的同时,提高了温度稳定性,不易受到外界温度干扰。敏感元件的自谐振频率提高,工作频带加宽,敏感区间变小,空间解析度提高。

4. 易于批量生产,成本低

微传感器的敏感元件一般是利用硅微加工工艺制造的,这种工艺的一个显著特点就是适合于批量生产。大批量生产使得微传感器单件的生产成本大大降低。

5. 便于集成化和多功能化

集成化是指将微传感器与后级的放大电路、运算电路、温度补偿电路等集成在一起,实现一体化;或将同一类的微传感器集成于同一芯片上,构成阵列式微传感器;或将几个微传感器集成在一起,构成一种新的微传感器。多功能化是指传感器能感知与转换两种以上不同的物理或化学量。

6. 提高传感器的智能化水平

智能传感器是测量技术、半导体技术、计算技术、信息处理技术、微电子学和材料科学互相结合的综合密集技术。与一般传感器相比,智能传感器具有自补偿能力、自校准功能、自诊断功能、寻址处理能力、双向通信功能、信息存储、记忆和数字量输出功能。

11.2　MEMS传感器加工技术

1. 体微加工技术

体微加工技术指利用刻蚀工艺对块状硅进行准三维结构的微加工，主要包括刻蚀和停止刻蚀两项关键技术。刻蚀又分为采用液体刻蚀剂的湿法刻蚀和采用气体刻蚀剂的干法刻蚀。湿法刻蚀又分为各向同性刻蚀和各向异性刻蚀。各向同性刻蚀法在硅片的所有方向均匀刻蚀，沿晶界面形成刻蚀边缘。各向异性刻蚀法刻蚀速度与单晶硅的晶向有密切关系，刻蚀边界是平滑变化的。

2. 表面微加工技术

表面微加工技术一般是采用光刻等手段，使得硅片等基片表面积淀或生长的多层薄膜分别具有一定的图形，然后去除某些不需要的薄膜层，从而形成三维结构。由于主要是对表面的一些薄膜进行加工，而且形状控制主要采用平面二维方法，因此被称为表面微加工技术。它与 IC 有较好的兼容。最终被去掉的薄膜部分被称为牺牲层，所以表面微加工技术也称为表面牺牲层技术。

3. 键合技术

固相键合技术就是不用液态黏结剂而将两块固体材料键合在一起，且键合过程中材料始终处于固相状态。主要包括阳极键合（静电物理作用）和直接键合两种。阳极键合主要用于硅—玻璃键合，可以使硅与玻璃两者的表面之间的距离达到分子级。直接键合技术（依靠化学键）主要用于硅—硅键合，其最大特点是可以实现硅一体化微机械结构，不存在边界失配的问题。

4. 光刻电铸注塑技术

光刻电铸注塑技术（LIGA）是一种基于 X 射线光刻技术的 MEMS 加工技术。LIGA 是德文 Lithographie、Galanoformung 和 Abformung 三个词，即光刻、电铸和注塑的缩写。主要包括 X 光深度同步辐射光刻，电铸制模和注模复制三个工艺步骤。由于 X 射线有非常高的平行度、极强的辐射强度、连续的光谱，使 LIGA 技术能够制造出高宽比达到 500、厚度大于 $1500\mu m$，结构侧壁光滑且平行度偏差在亚微米范围内的三维立体结构。这是其他微制造技术无法实现的。LIGA 技术被视为微纳米制造技术中最有生命力、最有前途的加工技术。利用 LIGA 技术，不仅可以制造微纳尺度结构，而且还能加工尺度为毫米级的 Meso 结构。

微传感器加工技术除了以上几种，还有准 LIGA 技术、深槽刻蚀与键合工艺相结合、厚胶与电镀相结合、体硅工艺与表面牺牲层相结合等加工技术。

11.3　微传感器的应用

1. 热电堆

热电堆就是将多个热电偶串联起来构成的一种温度传感器或红外光探测器。热电堆的输出电压（输出温差电动势）是多个热电偶的输出电压之和。

在作为光电探测器使用时,热电堆的工作机理不同于量子光电探测器,而是一种热光电探测器;在结构上即把热电偶一端的表面涂上黑色薄膜,让其大量吸收光,并产生热量;而把另一端(参考极)罩住光、有时还涂上一层反射薄膜,不让吸收光,并保持在环境温度下,然后通过测量热电堆的温差电动势即可检测出红外光等的辐射。为了提高灵敏度和响应速度,热电堆光电探测器往往采用薄膜来制作。此外,热电堆光电探测器通常都放置于真空中或者惰性气体中。

如图 11-2 所示为一种热电堆元件的结构。冷端置于硅衬底上,以提供有效的热沉(散热)。热端制备有黑色吸收体,以吸收红外辐射。红外辐射引起温度的上升量取决于入射的红外光强。热电堆所采用的两种不同的热电偶材料需要制作在低热传导率、低热容量的薄的膜片上,这样可在冷端与热端之间产生更大的温度差,并因此而提高微传感器的性能。

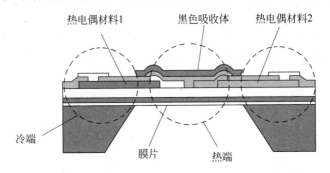

图 11-2 热电堆截面图

如图 11-3 所示为这种热电堆元件的封装结构。虽然从原理上说,热电堆元件对红外辐射的响应不受环境温度的影响,但实际的器件输出还是会受到环境温度变化的影响。所以,在元件中集成有一个热敏电阻,用来探测环境温度的变化,进而对热电堆的输出特性进行补偿。此外,由于热电堆同样对入射波长不敏感,所以滤光窗参数的设计非常重要。

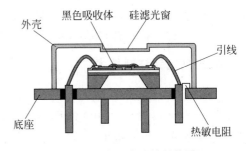

图 11-3 热电堆元件封装图

2. 红外光微传感器

利用微加工技术很容易实现辐射热测量器的制作。由于可以制作出很好的热绝缘微结构,微传感器的性能也很理想。

如图 11-4 所示为一种红外光微传感器的结构。这种微传感器的加工需要用到体加工工艺。由窄的氮化硅支撑梁支撑敏感膜片,以实现热敏材料的热绝缘。在支撑梁上扩散出测量电极,在测量电极上用真空沉积方法制作温度敏感膜。敏感膜常用的材料包括钛、氮化钛(电阻温度系数约为 0.24%/℃)以及氧化钒(VO_x,电阻温度系数约 3%/℃)。在衬底上通过支撑梁支撑着敏感膜,其中心的敏感膜吸收热辐射,如图 11-4(b)所示。通过测量电极输出敏感膜的电阻值。

这种微传感器的 $1/f$ 噪声很低。通过在同一衬底基片上制作多个这样的岛状结构,可

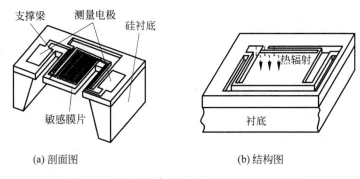

(a) 剖面图 (b) 结构图

图 11-4　热辐射测量器型红外光微传感器结构

实现红外光微传感器阵列。有文献报道,利用氧化钒材料制作的红外光微传感器,利用 300K 的黑体辐射测试,得到的响应度为 $7\times10^4\,\mathrm{V/W}$。

3. 压力微传感器

压力微传感器是微机电系统中非常成功的一类。商业化的压力微传感器产品在许多领域都得到了广泛的应用。在压力微传感器中,感受压力的弹性元件一般是膜。传统的压力传感器大多采用金属膜片,而在微机电系统中的压力微传感器,采用很少蠕变、疲劳和回滞的(单晶)硅膜取代金属膜片,使压力传感器取得了突破。

微型压力传感器被广泛应用在汽车和航天工业中。大多数这种传感器都是基于由被测压力引起薄膜的机械变形和应力的原理。机械效应引起的薄膜的变形和应力可以通过几种转换方法将其转变成电信号输出。

压力微传感器的主要结构形式如图 11-5 所示。传感器元件通常由尺寸从几微米到几毫米见方的薄硅片组成。硅片的一面用微制造技术刻上一个空腔,空腔的顶部就形成了一个能在被测液体压力作用下变形的薄膜,硅薄膜的厚度通常为几个微米到几十个微米,由金属或陶瓷(耐热玻璃是常用材料)做成的底座支撑着这个硅结构。在图 11-5 中,P_1 为参考压力,P_2 为被测量的压力。施加压力后,P_2 大于 P_1,使薄膜产生形变,可以通过不同的转换方法转变成电信号输出。

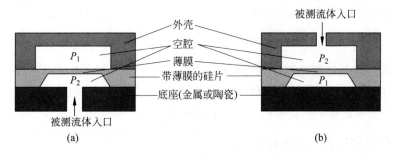

图 11-5　微压力传感器的横截面示意图

如图 11-6 所示为压力微传感器的四种主要结构形式,其中 P_{input1} 及 P_{input2} 为被测量的压力,$P_{reference}$ 为参考压力。

简单地说,压力微传感器可分为两类:一类为密封测量,即测量与一个密封的参照空腔相对的压力,测量得到的是绝对压力值如图 11-6(a)、(c)所示。密封的参照空腔是一个真空腔时,被测压力是以真空作为参考压力的"绝对"值,称为绝对压力传感器如图 11-6(a)。反之,则为计量压力传感器如图 11-6(c)所示。在这种情况下,真空空腔是首选的,因为其参照压力不会受温度影响。

另一类则是非密封测量,即测量两个端口输入的压力差,如图 11-6(b)、(d)所示。如另一端口所输入的压力为环境压力,则为表压微传感器,如图 11-6(b),而采用差分测量结构得到的是差压传感器,如图 11-6(d)所示。

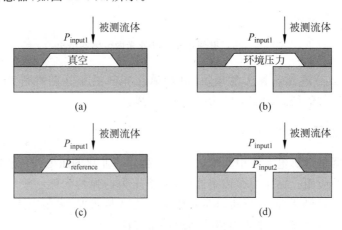

图 11-6　压力微传感器的常见结构形式

图 11-7 是一个封装好的压力传感器。其核心部分是一块沿某晶向切割的 N 型的硅膜片。在膜片上利用集成电路工艺方法扩散上 4 个阻值相等的 P 型电阻。用导线将其构成平衡电桥。膜片的四周用圆硅环(硅杯)固定,其上部是与被测系统相连的高压腔,下部一般可与大气相通。在被测压力作用下,膜片产生应力和应变。芯片顶视图显示了 4 个植入硅片表面下的压电电阻(R_1、R_2、R_3 和 R_4)。它们将施加在薄膜上的压力转换为自身电阻的变化,然后通过惠斯登电桥将电阻的改变转换成电压信号输出。这些压电电阻本质上是最小的半导体压力计,可以通过机械应力的改变来改变自身电阻。如图 11-7 所示,电阻 R_1 和 R_3 在外力的作用下被拉长,这种延长增加了它们的电阻,而 R_2 和 R_4 有着相反的电阻改变。电阻的变化通过惠斯登电桥电路检测

$$V_0 = V_{in}\left(\frac{R_1}{R_1+R_4} - \frac{R_3}{R_2+R_3}\right)$$

其中,V_0 和 V_{in} 分别是待测电压和外加电压。

压电电阻的微型压力传感器有较大的增益,在平面应力和输出的电阻变化之间有很好的线性关系。然而它有一个主要的缺点——对温度敏感。

4. 单悬臂梁压阻式加速度微传感器

加速度计是一种测量运动物体加速(或减速)的仪器。微加速度计用来探测机械系统运动中有关的动态力,这些加速度计被广泛应用于汽车工业。

图 11-8 所示为一种具体的单悬臂梁式硅加速度微传感器结构,如图 11-8(a)所示,整个传感器由一块硅片(包括敏感质量块和悬臂梁)和两块玻璃键合而成,从而形成质量块的封

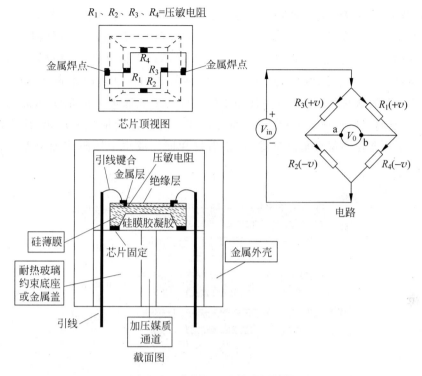

图 11-7 典型的压力传感器组件

闭腔,以保护质量块并限制冲击和减震。在悬臂梁上,通过扩散法集成了压阻(图 11-8(a)中的受力压敏电阻)。当质量块运动时,悬臂梁弯曲,于是压阻的阻值就发生变化。在悬臂梁的附近同样也通过扩散集成了压阻(图 11-8(a)中的补偿压敏电阻),主要是为了补偿由于温度而引起的变化。在硅片上进行 P^+ 扩散是作为引线引出压敏电阻值,导电环氧键合盘是为了能引出 P^+ 扩散硅上的信号。其等效电路如图 11-8(b)所示。

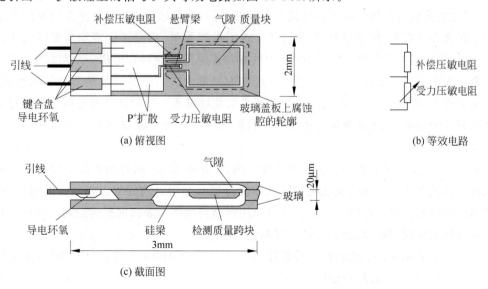

图 11-8 单悬臂梁压阻式加速度微传感器结构

制作这样一个加速度微传感器的基本工艺过程如图 11-9 所示。首先在硅片上腐蚀一些定位孔,接着在硅片上覆盖一层带有一定图形的厚度约 1.5μm 的热氧化物。然后再进行两次扩散,一次形成连接线,一次形成压阻(在硅片上不进行金属化)。在硅片正面淀积一层厚的、致密的氧化物,对硅片背面氧化物图形化,再用 KOH(氢氧化钾溶液)刻蚀以形成梁的形状。对正面的氧化物图形化,并使用 KOH 对其刻蚀以形成质量块的活动间隙。接下来,金属化玻璃层以形成必要的空腔,再在玻璃上淀积并图形化一层铝,用来形成缝合盘。接着硅晶片夹在两层玻璃之间缝合,最后划片即完成整个压阻式加速度微传感器的制作。

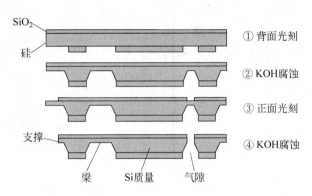

图 11-9 单悬臂梁压阻式加速度微传感器的制作工艺过程

这样一支加速度微传感器的总体积仅为 2mm×3mm×0.6mm,可植入体内测量心脏的加速度值,测量的最低加速度值可达 0.001g。

5. SnO_2 氧化物薄膜气体微传感器

图 11-10 是利用硅体加工工艺制作出的一种 SnO_2 氧化物薄膜气体微传感器的结构。SnO_2 氧化物薄膜对气体的敏感特性是与温度有关的,产生这种温度特性的主要原因在于气体分子在表面的吸附/脱附过程、气体分子在表面的吸附量、反应速度等均与温度有关。因此,元件结构中设有加热器(图 11-10(b)中的掺杂多晶硅加热器),形成一个可控温度元件,采用脉冲式电流进行加热。二氧化硅绝缘层作为测量电极与多晶硅加热器之间的绝缘层。在测量电极上采用真空沉积的方法淀积一层二氧化锡薄膜。当微传感器暴露在含有目标气体的被测环境中时,二氧化锡的电阻会由于目标气体与二氧化锡敏感膜表面间的相互作用而产生改变。

此外,温度还会引起微结构的尺寸变化。因此,这种 SnO_2 氧化物薄膜结合可控温元件的微传感器比起传统形式的氧化物薄膜气体微传感器有明显的优势。在元件的制作方面,需要考虑的因素主要有加温元件的位置以及用微结构制作的表面薄膜的控制。可通过对元件工作温度的控制,调节敏感元件的气体敏感特性。

图 11-11 集成有 9 个敏感元件的器件,这是一种与 CMOS 工艺兼容的器件,由于体积微小,所以热惯性小,温度变化率可达到 $(10^5 \sim 10^6)$℃/s。

第11章 MEMS传感器

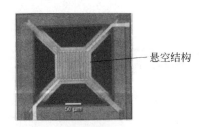

(a) 元件俯视图

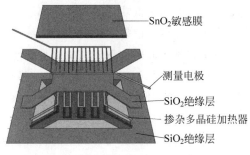

(b) 元件的薄膜结构

图 11-10 基于 SnO_2 氧化物薄膜气体敏感元件结构图

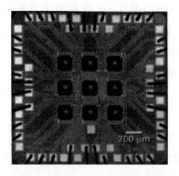

图 11-11 集成有 9 个敏感元件的芯片

本 章 习 题

1. 什么是 MEMS？
2. 简单介绍 MEMS 传感器的各项加工技术。
3. 什么是热电堆？并简述它的工作原理。

第 12 章

无线传感器网络

微电子技术、计算技术和无线通信等技术的进步，推动了低功耗多功能传感器的快速发展，使其在微小体积内能够集成信息采集、数据处理和无线通信等多种功能。无线传感器网络（Wireless Sensor Network，WSN）就是由部署在监测区域内大量的廉价微型传感器节点组成，通过无线通信方式形成的一个多跳的自组织的网络系统，其目的是协作地感知、采集和处理网络覆盖区域中感知对象的信息，并发送给观察者。传感器、感知对象和观察者构成了无线传感器网络的三个要素。如果说 Internet 构成了逻辑上的信息世界，改变了人与人之间的沟通方式，那么，无线传感器网络就是将逻辑上的信息世界与客观上的物理世界融合在一起，改变人类与自然界的交互方式。人们可以通过传感网络直接感知客观世界，从而极大地扩展现有网络的功能和人类认识世界的能力。

12.1 传感器网络体系结构

12.1.1 传感器网络结构

传感器网络结构如图 12-1 所示，传感器网络系统通常包括传感器节点（Sensor Node）、汇聚节点（Sink Node）和管理节点。大量传感器节点随机部署在监测区域（Sensor Field）内部或附近，能够通过自组织方式构成网络。传感器节点监测的数据沿着其他传感器节点逐跳地进行传输，在传输过程中监测数据可能被多个节点处理，经过多跳后路由到汇聚节点，最后通过互联网或卫星到达管理节点。用户通过管理节点对传感器网络进行配置和管理，发布监测任务以及收集监测数据。

传感器节点通常是一个微型的嵌入式系统，它的处理能力、存储能力和通信能力相对较弱，通过携带能量有限的电池供电。从网络功能上看，每个传感器节点兼顾传统网络节点的终端和路由器双重功能，除了进行本地信息收集和数据处理外，还要对其他节点转发来的数据进行存储、管理和融合等处理，同时与其他节点协作完成一些特定任务。目前，传感器节点的软硬件技术是传感器网络研究的重点。

汇聚节点的处理能力、存储能力和通信能力相对比较强，它连接传感器网络与 Internet 等外部网络，实现两种协议栈之间的通信协议转换，同时发布管理节点的监测任务，并把收集的数据转发到外部网络上。汇聚节点既可以是一个具有增强功能的传感器节点，有足够的能量供给和更多的内存与计算资源，也可以是没有监测功能仅带有无线通信接口的特殊网关设备。

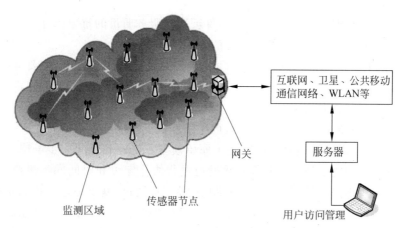

图 12-1 传感器网络体系结构

12.1.2 传感器节点结构

传感器节点由传感器模块、处理器模块、无线通信模块和能量供应模块四部分组成,如图 12-2 所示。传感器模块负责监测区域内信息的采集和数据转换;处理器模块负责控制整个传感器节点的操作,存储和处理本身采集的数据以及其他节点发来的数据;无线通信模块负责与其他传感器节点进行无线通信,交换控制消息和收发采集数据;能量供应模块为传感器节点提供运行所需的能量,通常采用微型电池。

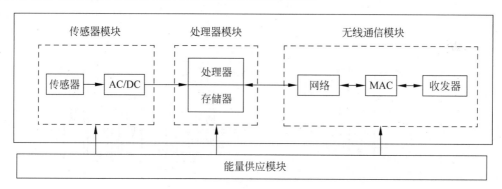

图 12-2 传感器节点体系结构

12.1.3 传感器网络协议栈

随着传感器网络的深入研究,研究人员提出了多个传感器节点上的协议栈。图 12-3(a)所示是早期提出的一个协议栈,这个协议栈包括物理层、数据链路层、网络层、传输层和应用层,与互联网协议栈的五层协议相对应。另外,协议栈还包括能量管理平台、移动管理平台和任务管理平台。这些管理平台使得传感器节点能够按照能源高效的方式协同工作,在节点移动的传感器网络中转发数据,并支持多任务和资源共享。各层协议和平台的功能如下:

(1) 数据链路层负责数据成帧、帧检测、媒体访问和差错控制;

(2) 网络层主要负责路由生成与路由选择;

(3) 传输层负责数据流的传输控制,是保证通信服务质量的重要部分;

(4) 应用层包括一系列基于监测任务的应用层软件;

(5) 能量管理平台管理传感器节点如何使用能源,在各个协议层都需要考虑节省能量;

(6) 移动管理平台检测并注册传感器节点的移动,维护到汇聚节点的路由,使得传感器节点能够动态跟踪其邻居的位置;

(7) 任务管理平台在一个给定的区域内平衡和调度监测任务。

图 12-3(b)所示的协议栈细化并改进了原始模型。定位和时间同步子层在协议栈中的位置比较特殊。它们既要依赖于数据传输通道进行协作定位和时间同步协商,同时又要为网络协议各层提供信息支持,如基于时分复用的 MAC 协议,基于地理位置的路由协议等很多传感器网络协议都需要定位和同步信息。所以在图 12-3 中用倒 L 型描述这两个功能子层。图 12-3(b)右边的诸多机制一部分融入图 12-3(a)所示的各层协议中,用以优化和管理协议流程;另一部分独立在协议外层,通过各种收集和配置接口对相应机制进行配置和监控。如能量管理,在图 12-3(a)中的每个协议层次中都要增加能量控制代码,并提供给操作系统进行能量分配决策;通过 QoS(Quality of Service)技术来解决网络延迟和阻塞等问题。通过 QoS 管理在各协议层设计队列管理、优先级机制或者带宽预留等机制,并对特定应用的数据给予特别处理;拓扑控制利用物理层、链路层或路由层完成拓扑生成,反过来又为它们提供基础信息支持,优化 MAC 协议和路由协议的协议过程,提高协议效率,减少网络能量消耗;网络管理则要求协议各层嵌入各种信息接口,并定时收集协议运行状态和流量信息,协调控制网络中各个协议组件的运行。

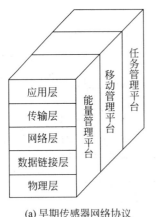 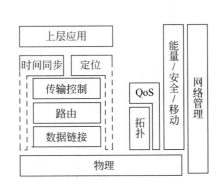

(a) 早期传感器网络协议　　　　(b) 改进传感器网络协议

图 12-3　传感器网络协议

12.2　传感器网络的特征

12.2.1　与现有无线网络的区别

无线自组网(Mobile Ad Hoc Network)是一个由几十到上百个节点组成的、采用无线通信方式、动态组网的多跳移动性对等网络。其目的是通过动态路由和移动管理技术传输具有服务质量要求的多媒体信息流。通常节点具有持续的能量供给。

传感器网络虽然与无线自组网有相似之处，但同时也存在很大的差别。传感器网络是集成了监测、控制以及无线通信的网络系统，节点数目更为庞大（上千甚至上万），节点分布更为密集；由于环境影响和能量耗尽，节点更容易出现故障；环境干扰和节点故障易造成网络拓扑结构的变化；通常情况下，大多数传感器节点是固定不动的。

另外，传感器节点具有的能量、处理能力、存储能力和通信能力等都十分有限。传统无线网络的首要设计目标是提供高服务质量和高效带宽利用，其次才考虑节约能源。而传感器网络的首要设计目标是能源的高效使用，这也是传感器网络和传统网络最重要的区别之一。

12.2.2 传感器节点的限制

传感器节点在实现各种网络协议和应用系统时，存在以下一些现实约束。

1. 电源能量有限

传感器节点体积微小，通常携带能量十分有限的电池。由于传感器节点个数多、成本要求低廉、分布区域广，而且部署区域环境复杂，有些区域甚至人员不能到达，所以传感器节点通过更换电池的方式来补充能源是不现实的。如何高效使用能量来最大化网络生命周期是传感器网络面临的首要挑战。

传感器节点消耗能量的模块包括传感器模块、处理器模块和无线通信模块。随着集成电路工艺的进步，处理器和传感器模块的功耗变得很低，绝大部分能量消耗在无线通信模块上。

无线通信模块存在发送、接收、空闲和睡眠四种状态。无线通信模块在空闲状态一直监听无线信道的使用情况，检查是否有数据发送给自己，而在睡眠状态则关闭通信模块。无线通信模块在发送状态的能量消耗最大，在空闲状态和接收状态的能量消耗相当，略少于发送状态的能量消耗，在睡眠状态的能量消耗最少。如何让网络通信更有效率，减少不必要的转发和接收，不需要通信时尽快进入睡眠状态，是传感器网络协议设计需要重点考虑的问题。

2. 通信能力有限

无线通信的能耗 E 与通信距离 d 的关系为

$$E = kd^n$$

其中，参数 n 满足 $2<n<4$。n 的取值与很多因素有关，例如传感器节点部署贴近地面时，障碍物多且干扰大，n 的取值就大；天线质量对信号发射质量的影响也很大。考虑诸多因素，通常取 n 为 3，即通信能耗与距离的三次方成正比。随着通信距离的增加，能耗将急剧增加。因此，在满足通信连通度的前提下应尽量减少单跳通信距离。一般地，传感器节点的无线通信半径在 100m 以内比较合适。

考虑到传感器节点的能量限制和网络覆盖区域大，传感器网络采用多跳路由的传输机制。传感器节点的无线通信带宽有限，通常仅为几百 Kbps 的速率。由于节点能量的变化，受高山、建筑物、障碍物等地势地貌以及风雨雷电等自然环境的影响，无线通信性能可能经常变化,频繁出现通信中断。在这样的通信环境和节点有限的情况下,如何设计网络通信机制以满足传感器网络的通信需求是传感器网络面临的挑战之一。

3. 计算和存储能力有限

传感器节点是一种微型嵌入式设备,要求它价格低、功耗小,这些限制必然导致其携带的处理器能力比较弱,存储器容量比较小。为了完成各种任务,传感器节点需要完成监测数据的采集和转换、数据的管理和处理、应答汇聚节点的任务请求和节点控制等多种工作。如何利用有限的计算和存储资源完成诸多协同任务成为传感器网络设计的挑战。

随着低功耗电路和系统设计技术的提高,目前已经开发出很多种超低功耗微处理器。除了降低处理器的绝对功耗以外,现代处理器还支持模块化供电和动态频率调节功能。利用这些处理器的特性,传感器节点的操作系统设计了动态电源管理(Dynamic Power Management,DPM)和动态电压调节(Dynamic Voltage Scaling,DVS)模块,可以更有效地利用节点的各种资源。动态电源管理是当节点周围没有感兴趣的事件发生时,部分模块处于空闲状态,把这些组件关掉或调到更低能耗的睡眠状态。动态电压调节是当计算负载较低时,通过降低微处理器的工作电压和频率来降低处理能力,从而节约微处理器的能耗,很多处理器都支持电压频率调节。

12.2.3 传感器网络的特点

1. 大规模网络

为了获取精确信息,在监测区域通常部署大量传感器节点,传感器节点数量可能达到成千上万,甚至更多。传感器网络的大规模性包括两方面的含义:一方面是传感器节点分布在很大的地理区域内,如在原始森林采用传感器网络进行森林防火和环境监测,需要部署大量的传感器节点;另一方面,传感器节点部署很密集,在一个面积不是很大的空间内,密集部署了大量的传感器节点。

传感器网络的大规模性具有如下优点:通过不同空间视角获得的信息具有更大的信噪比;通过分布式处理大量的采集信息能够提高监测的精确度,降低对单个节点传感器的精度要求;大量冗余节点的存在,使得系统具有很强的容错性能;大量节点能够增大覆盖的监测区域,减少洞穴或者盲区。

2. 自组织网络

在传感器网络应用中,通常情况下传感器节点被放置在没有基础结构的地方。传感器节点的位置不能预先精确设定,节点之间的相互邻居关系预先也不知道,如通过飞机播撒大量传感器节点到面积广阔的原始森林中,或随意放置到人不可到达或危险的区域。这样就要求传感器节点具有自组织的能力,能够自动进行配置和管理,通过拓扑控制机制和网络协议自动形成转发监测数据的多跳无线网络系统。

在传感器网络使用过程中,部分传感器节点由于能量耗尽或环境因素造成失效,也有一些节点为了弥补失效节点、增加监测精度而补充到网络中,这样在传感器网络中的节点个数就动态地增加或减少,从而使网络的拓扑结构随之动态地变化。传感器网络的自组织性要能够适应这种网络拓扑结构的动态变化。

3. 动态性网络

传感器网络的拓扑结构可能因为下列因素而改变:
(1) 环境因素或电能耗尽造成的传感器节点出现故障或失效;
(2) 环境条件变化可能造成无线通信链路带宽变化,甚至时断时通;
(3) 传感器网络的传感器、感知对象和观察者这三要素都可能具有移动性;
(4) 新节点的加入要求传感器网络系统要能够适应这种变化,具有动态的系统可重构性。

4. 可靠的网络

传感器网络特别适合部署在恶劣环境或人类不宜到达的区域,传感器节点可能工作在露天环境中,遭受太阳的暴晒或风吹雨淋,甚至遭到无关人员或动物的破坏。传感器节点往往采用随机部署,如通过飞机撒播或发射炮弹到指定区域进行部署。这些都要求传感器节点非常坚固,不易损坏,适应各种恶劣环境条件。

由于监测区域环境的限制以及传感器节点数目巨大,不可能人工"照顾"每个传感器节点,造成网络的维护十分困难甚至不可维护。传感器网络的通信保密性和安全性也十分重要,要防止监测数据被盗取和获取伪造的监测信息。因此,传感器网络的软硬件必须具有较好的鲁棒性和容错性。

5. 应用相关的网络

传感器网络用来感知客观物理世界,获取物理世界的信息量。客观世界的物理量多种多样,不可穷尽。不同的传感器网络应用关心不同的物理量,因此对传感器的应用系统也有多种多样的要求。

不同的应用背景对传感器网络的要求不同,其硬件平台、软件系统和网络协议然会有很大差别。所以传感器网络不能像 Internet 一样,有统一的通信协议平台。对于不同的传感器网络应用虽然存在一些共性问题,但在开发传感器网络应用中,更关心传感器网络的差异。只有让系统更贴近应用,才能做出最高效的目标系统。针对每一个具体应用来研究传感器网络技术,这是传感器网络设计不同于传统网络的显著特征。

6. 以数据为中心的网络

目前的互联网是先有计算机终端系统,然后再互联成为网络,终端系统可以脱离网络独立存在。在互联网中,网络设备用网络中唯一的 IP 地址标识,资源定位和信息传输依赖于终端、路由器、服务器等网络设备的 IP 地址。如果想访问互联网中的资源,首先要知道存放资源的服务器 IP 地址。可以说目前的互联网是一个以地址为中心的网络。

传感器网络是任务型的网络,脱离传感器网络谈论传感器节点没有任何意义。传感器网络中的节点采用节点编号标识,节点编号是否需要全网唯一取决于网络通信协议的设计。由于传感器节点随机部署,构成的传感器网络与节点编号之间的关系是完全动态的,表现为节点编号与节点位置没有必然联系。用户使用传感器网络查询事件时,直接将所关心的事件通告给网络,而不是通告给某个确定编号的节点。网络在获得指定事件的信息后汇报给用户。这种以数据本身作为查询或传输线索的思想更接近于自然语言交流的习惯。所以通常说传感器网络是一个以数据为中心的网络。

例如,在应用于目标跟踪的传感器网络中,跟踪目标可能出现在任何地方,对目标感兴趣的用户只关心目标出现的位置和时间,并不关心哪个节点监测到目标。事实上,在目标移动的过程中,必然是由不同的节点提供目标的位置消息。

12.3 传感器网络的应用

传感器网络的应用前景非常广阔,能够广泛应用于军事、环境监测和预报、健康护理、智能家居、建筑物状态监控、复杂机械监控、城市交通、空间探索、大型车间和仓库管理,以及机场、大型工业园区的安全监测等领域。随着传感器网络的深入研究和广泛应用,传感器网络将逐渐深入到人类生活的各个领域。

1. 军事应用

传感器网络具有可快速部署、可自组织、隐蔽性强和高容错性的特点,因此非常适合在军事上应用。利用传感器网络能够实现对敌军兵力和装备的监控、战场的实时监视、目标的定位、战场评估、核攻击和生物化学攻击的监测和搜索等功能。

通过飞机或炮弹直接将传感器节点播撒到敌方阵地内部,或者在公共隔离带部署传感器网络,就能够非常隐蔽而且近距离准确地收集战场信息,迅速获取有利于作战的信息。传感器网络是由大量的随机分布的节点组成的,即使一部分传感器节点被敌方破坏,剩下的节点依然能够自组织地形成网络。传感器网络可以通过分析采集到的数据,得到十分准确的目标定位,从而为火控和制导系统提供精确的制导。利用生物和化学传感器,可以准确地探测到生化武器的成分,及时提供情报信息,有利于正确防范和实施有效的反击。

传感器网络已经成为军事 C4ISRT(Command,Control,Communication,Computing,Intelligence,Surveillance,Reconnaissance and Targeting)系统必不可少的一部分,受到军事发达国家的普遍重视,各国均投入了大量的人力和财力进行研究。美国 DARPA(Defense Advanced Research Projects Agency)很早就启动了 SensIT(Sensor Information Technology)计划。该计划的目的就是将多种类型的传感器、可重编程的通用处理器和无线通信技术组合起来,建立一个廉价的无处不在的网络系统,用以监测光学、声学、震动、磁场、湿度、污染、毒物、压力、温度、加速度等物理量。

2. 环境观测和预报系统

随着人们对于环境的日益关注,环境科学涉及的范围越来越广泛。传感器网络在环境研究方面可用于监视农作物灌溉情况、土壤空气情况、牲畜和家禽的环境状况和大面积的地表监测等,可用于行星探测、气象和地理研究、洪水监测等,还可以通过跟踪鸟类、小型动物和昆虫进行种群复杂度的研究等。

基于传感器网络的 ALERT 系统中就有数种传感器用来监测降雨量、河水水位和土壤水分,并依此预测爆发山洪的可能性。类似地,传感器网络可实现对森林环境监测和火灾报告,传感器节点被随机密布在森林中,平常状态下定期报告森林环境数据,当发生火灾时,这些传感器节点通过协同合作会在很短的时间内将火源的具体地点、火势的大小等信息传送给相关部门。

传感器网络还有一个重要应用就是生态多样性的描述,能够进行动物栖息地生态监测。美国加州大学伯克利分校 Intel 实验室和大西洋学院联合在大鸭岛(Great Duck Island)上部署了一个多层次的传感器网络系统,用来监测岛上海燕的生活习性。

3. 医疗护理

传感器网络在医疗系统和健康护理方面的应用包括监测人体的各种生理数据,跟踪和监控医院内医生和患者的行动,医院的药物管理等。如果在住院病人身上安装特殊用途的传感器节点,如心率和血压监测设备,医生利用传感器网络就可以随时了解被监护病人的病情,发现异常能够迅速抢救。将传感器节点按药品种类分别放置,计算机系统即可帮助辨认所开的药品,从而减少病人用错药的可能性。还可以利用传感器网络长时间地收集人体的生理数据,这些数据对了解人体活动机理和研制新药品都是非常有用的。

人工视网膜是一项生物医学的应用项目。在 SSIM(Smart Sensors and Integrated Microsystems)计划中,替代视网膜的芯片由 100 个微型的传感器组成,并置入人眼,目的是使得失明者或者视力极差者能够恢复到一个可以接受的视力水平。传感器的无线通信满足反馈控制的需要,有利于图像的识别和确认。

4. 智能家居

传感器网络能够应用在家居中。在家电和家具中嵌入传感器节点,通过无线网络与 Internet 连接在一起,将会为人们提供更加舒适、方便和更具人性化的智能家居环境。利用远程监控系统,可完成对家电的远程遥控,例如可以在回家之前半小时打开空调,这样回家的时候就可以直接享受适合的室温,也可以遥控电饭锅、微波炉、电冰箱、电话机、电视机、录像机、电脑等家电,按照自己的意愿完成相应的煮饭、烧菜、查收电话留言、选择录制电视节目以及下载资料到电脑中等工作,也可以通过图像传感设备实时监控家庭安全情况。

利用传感器网络可以建立智能幼儿园,监测孩童的早期教育环境,跟踪孩童的活动轨迹,可以让父母和老师全面地研究学生的学习过程,回答一些诸如"学生 A 是否总是呆在某个学习区域内"、"学生 B 是否常常独处"等问题。

5. 建筑物状态监控

建筑物状态监控(Structure Health Monitoring,SHM)是利用传感器网络来监控建筑物的安全状态。由于建筑物不断修补,可能会存在一些安全隐患。虽然地壳偶尔的小震动可能不会带来看得见的损坏,但是也许会在支柱上产生潜在的裂缝,这个裂缝可能会在下一次地震中导致建筑物倒塌。用传统方法检查,往往要将大楼关闭数月。

作为 CITRIS(Center of Information Technology Research in the Interest of Society)计划的一部分,美国加州大学伯克利分校的环境工程和计算机科学家们采用传感器网络,让大楼、桥梁和其他建筑物能够自身感觉并意识到它们本身的状况,使得安装了传感器网络的智能建筑自动告诉管理部门它们的状态信息,并且能够自动按照优先级来进行一系列自我修复工作。未来的各种摩天大楼可能就会装备这种类似红绿灯的装置,从而建筑物可自动告诉人们当前是否安全、稳固程度如何等信息。

6. 其他方面的应用

复杂机械的维护经历了"无维护"、"定时维护"以及"基于情况的维护"三个阶段。采用"基于情况的维护"方式能够优化机械的使用,保持过程更加有效,并且保证制造成本低廉。其维护开销分为几个部分:设备开销、安装开销和人工收集分析机械状态数据的开销。采用无线传感网络能够降低这些开销,特别是能够去掉人工开销。尤其是目前数据处理硬件技术的飞速发展和无线收发硬件的发展,新的技术已经成熟,可以使用无线技术避免昂贵的线缆连接,采用专家系统自动实现数据的采集和分析。

传感器网络可以应用于空间探索。借助于航天器在外星体撒播一些传感器网络节点,可以对星球表面进行长时间的监测。这种方式成本很低,节点体积小,相互之间可以通信,也可以和地面站进行通信。NASA 的 JPL(Jet Propulsion Laboratory)研制的 Sensor Webs 就是为将来的火星探测进行技术准备。该系统已在佛罗里达宇航中心周围的环境监测项目中实施测试和完善。

智能微尘(Smart Dust)是一种关于微型无线传感器的新兴技术,它能带来的用途是显而易见的。就以输油管道的建设为例,在输油管道要穿越大片荒无人烟的地区,这些地方的管道监控一直是道难题,传统的人力巡查几乎是不可能的事,而现有的监控产品,往往复杂且昂贵。智能微尘的成熟产品布置在管道上可以实时地监控管道的情况。一旦有破损或恶意破坏都能在控制中心实时了解到。如果智能微尘技术成熟,这样的一个输油管道工程就可能节省巨大的资金。电力监控方面同样如此,因为电能一旦送出就无法保存,所以电力管理部门一般都会要求下级部门每月层层上报地区用电要求,并根据需求配送。但是使用人工报表的方式根本无法准确统计这项数据,国内有些地方供电局就常常因数据误差太大而遭上级部门的罚款。如果使用智能微尘来监控每个用电点的用电情况,这种问题就将迎刃而解。加州大学伯克利分校的研究员称,如果美国加州将这种产品应用于电力使用状况监控,电力调控中心每年将可以节省 7 亿至 8 亿美元。

12.4 传感器网络的关键技术

无线传感器网络作为当今信息领域新的研究热点,是多学科交叉的研究领域,有非常多的关键技术有待发现和研究,下面仅列出部分关键技术。

1. 网络拓扑控制

对于无线的自组织的传感器网络而言,网络拓扑控制具有特别重要的意义。通过拓扑控制自动生成的良好的网络拓扑结构,能够提高路由协议和 MAC 协议的效率,可为数据融合、时间同步和目标定位等很多方面奠定基础,有利于节省节点的能量来延长网络的生存期。所以,拓扑控制是无线传感器网络研究的核心技术之一。

传感器网络拓扑控制主要的研究问题是在满足网络覆盖度和连通度的前提下,通过功率控制和骨干网节点选择,剔除节点之间不必要的无线通信链路,生成高效的数据转发的网络拓扑结构。拓扑控制可以分为节点功率控制和层次型拓扑结构形成两个方面。功率控制机制调节网络中每个节点的发射功率,在满足网络连通度的前提下,减少节点的发送功率,均衡节点单跳可达的邻居数目;已经提出了 COMPOW 等统一功率分配算法,LINT/LILT 和 LMN/LMA 等基于节点度数的算法,CBTC、LMST、RNG、DRNG 和 DLSS 等基于邻近图的近似算法。层次型的拓扑控制利用分簇机制,让一些节点作为簇头节点,由簇头节点形成一个处理并转发数据的骨干网,其他非骨干网节点可以暂时关闭通信模块,进入休眠状态以节省能量;目前提出了 TopDisc 成簇算法,改进的 GAF 虚拟地理网格分簇算法,以及 LEACH 和 HEED 等自组织成簇算法。

除了传统的功率控制和层次型拓扑控制,人们也提出了启发式的节点唤醒和休眠机制。该机制能够使节点在没有事件发生时设置通信模块为睡眠状态,而在有事件发生时及时自动醒来并唤醒邻居节点,形成数据转发的拓扑结构。这种机制重点在于解决节点在睡眠状态和活动状态之间的转换问题,不能够独立作为一种拓扑结构控制机制,因此需要与其他拓扑控制算法结合使用。

2. 网络协议

由于传感器节点的计算能力、存储能力、通信能量以及携带的能量都十分有限,每个节点只能获取局部网络的拓扑信息,其上运行的网络协议也不能太复杂。同时,传感器拓扑结构动态变化,网络资源也在不断变化,这些都对网络协议提出了更高的要求。传感器网络协议负责使各个独立的节点形成一个多跳的数据传输网络,目前研究的重点是网络层协议和数据链路层协议。网络层的路由协议决定监测信息的传输路径;数据链路层的介质访问控制用来构建底层的基础结构,控制传感器节点的通信过程和工作模式。

在无线传感器网络中,路由协议不仅关心单个节点的能量消耗,更关心整个网络能量的均衡消耗,这样才能延长整个网络的生存期。同时,无线传感器网络是以数据为中心的,这在路由协议中表现得最为突出,每个节点没有必要采用全网统一的编址,选择路径可以不用根据节点的编址,更多的是根据感兴趣的数据建立数据源到汇聚节点之间的转发路径。目前提出了多种类型的传感器网络路由协议,如多个能量感知路由协议,定向扩散和谣传路由等基于查询的路由协议,GEAR 和 GEM 等基于地理位置的路由协议,SPEED 和 ReInForM 等支持 QoS 的路由协议。

传感器网络的 MAC 协议首先要考虑节省能源和可扩展性,其次才考虑公平性、利用率和实时性等。在 MAC 层的能量耗费主要表现在空闲侦听、接收不必要的数据和碰撞重传等。为了减少能量的消耗,MAC 协议通常采用"侦听/睡眠"交替的无线信道侦听机制,传感器节点在需要收发数据时才侦听无线信道,没有数据需要收发时就尽量进入睡眠状态。近期提出了 S-MAC、T-MAC 和 Sift 等基于竞争的 MAC 协议,DEANA、TRAMA、DMAC 和周期性调度等时分复用的 MAC 协议,以及 CSMA/CA 与 CDMA 相结合、TDMA 和 FDMA 相结合的 MAC 协议。由于传感器网络是应用相关的网络,应用需求不同,网络协议往往需要根据应用类型或应用目标环境特征定制,没有任何一个协议能够高效适应所有不同的应用。

3. 网络安全

无线传感器网络作为任务型的网络，不仅要进行数据的传输，而且要进行数据采集和融合、任务的协同控制等。如何保证任务执行的机密性、数据产生的可靠性、数据融合的高效性以及数据传输的安全性，就成为无线传感器网络安全问题需要全面考虑的内容。

为了保证任务的机密布置和任务执行结果的安全传递与融合，无线传感器网络需要实现一些最基本的安全机制：机密性、点到点的消息认证、完整性鉴别、新鲜性、认证广播和安全管理。除此之外，为了确保数据融合后数据源信息的保留，水印技术也成为无线传感器网络安全的研究内容。

虽然在安全研究方面，无线传感器网络没有引入太多的内容，但无线传感器网络的特点决定了它的安全与传统网络安全在研究方法和计算手段上有很大的不同。首先，无线传感器网络的单元节点的各方面能力都不能与目前 Internet 的任何一种网络终端相比，所以必然存在算法计算强度和安全强度之间的权衡问题，如何通过更简单的算法实现尽量坚固的安全外壳是无线传感器网络安全的主要挑战；其次，有限的计算资源和能量资源往往需要系统的各种技术综合考虑，以减少系统代码的数量，如安全路由技术等；另外，无线传感器网络任务的协作特性和路由的局部特性使节点之间存在安全耦合，单个节点的安全泄漏必然威胁网络的安全，所以在考虑安全算法的时候要尽量减小这种耦合性。

无线传感器网络 SPINS 安全框架在机密性、点到点的消息认证、完整性鉴别、新鲜性、认证广播方面定义了完整有效的机制和算法。安全管理方面目前以密钥预分布模型作为安全初始化和维护的主要机制，其中随机密钥对模型、基于多项式的密钥对模型等是目前最有代表性的算法。

4. 时间同步

时间同步是需要协同工作的传感器网络系统的一个关键机制。如测量移动车辆速度需要计算不同传感器检测事件时间差，通过波束阵列确定声源位置节点间时间同步。NTP 协议是 Internet 上广泛使用的网络时间协议，但只适用于结构相对稳定、链路很少失败的有线网络系统；GPS 系统能够以纳秒级精度与世界标准时间 UTC 保持同步，但需要配置固定的高成本接收机，而且在室内、森林或水下等有掩体的环境中无法使用 GPS 系统。因此，它们都不适合应用在传感器网络中。

目前已提出了多个时间同步机制，其中 RBS、TINY/MINI-SYNC 和 TPSN 被认为是三个基本的同步机制。RBS 机制是基于接收者—接收者的时钟同步：一个节点广播时钟参考分组，广播域内的两个节点分别采用本地时钟记录参考分组的到达时间，通过交换记录时间来实现它们之间的时钟同步。TINY/MINI-SYNC 是简单的轻量级的同步机制：假设节点的时钟漂移遵循线性变化，那么两个节点之间的时间偏移也是线性的，可通过交换时标分组来估计两个节点间的最优匹配偏移量。TPSN 采用层次结构实现整个网络节点的时间同步：所有节点按照层次结构进行逻辑分级，通过基于发送者—接收者的节点对方式，每个节点能够与上一级的某个节点进行同步，从而实现所有节点都与根节点的时间同步。

5. 定位技术

位置信息是传感器节点采集数据中不可缺少的部分，没有位置信息的监测消息通常毫无意义。确定事件发生的位置或采集数据的节点位置是传感器网络最基本的功能之一。为了提供有效的位置信息，随机部署的传感器节点必须能够在布置后确定自身位置。由于传感器节点存在资源有限、随机部署、通信易受环境干扰甚至节点失效等特点，定位机制必须满足自组织性、健壮性、能量高效、分布式计算等要求。

根据节点位置是否确定，传感器节点分为信标节点和位置未知节点。信标节点的位置是已知的，位置未知节点需要根据少数信标节点，按照某种定位机制确定自身的位置。在传感器网络定位过程中，通常会使用三边测量法、三角测量法或极大似然估计法确定节点位置。根据定位过程中是否实际测量节点间的距离或角度，把传感器网络中的定位分类为基于距离的定位和距离无关的定位。

基于距离的定位机制就是通过测量相邻节点间的实际距离或方位来确定未知节点的位置，通常采用测距、定位和修正等步骤实现。根据测量节点间距离或方位时所采用的方法，基于距离的定位分为基于 TOA 的定位、基于 TDOA 的定位、基于 AOA 的定位、基于 RSSI 的定位等。由于要实际测量节点间的距离或角度，基于距离的定位机制通常定位精度相对较高，所以对节点的硬件也提出了很高的要求。距离无关的定位机制无需实际测量节点间的绝对距离或方位就能够确定未知节点的位置，目前提出的定位机制主要有质心算法、DV-Hop 算法、Amorphous 算法、APIT 算法等。由于无需测量节点间的绝对距离或方位，因而降低了对节点硬件的要求，使得节点成本更适合于大规模传感器网络。距离无关的定位机制的定位性能受环境因素的影响小，虽然定位误差相应有所增加，但定位精度能够满足多数传感器网络应用的要求，是目前重点关注的定位机制。

6. 数据融合

传感器网络存在能量约束。减少传输的数据量能够有效地节省能量，因此在从各个传感器节点收集数据的过程中，可利用节点的本地计算和存储能力处理数据的融合，去除冗余信息，从而达到节省能量的目的。由于传感器节点的易失效性，传感器网络也需要数据融合技术对多份数据进行综合，提高信息的准确度。

数据融合技术可以与传感器网络的多个协议层次进行结合。在应用层设计中，可以利用分布式数据库技术，对采集到的数据进行逐步筛选，达到融合的效果；在网络层中，很多路由协议均结合了数据融合机制，以期减少数据传输量；此外，还有研究者提出了独立于其他协议层的数据融合协议层，通过减少 MAC 层的发送冲突和头部开销达到节省能量的目的，同时又不损失时间性能和信息的完整性。数据融合技术已经在目标跟踪、目标自动识别等领域得到了广泛的应用。在传感器网络的设计中，只有面向应用需求设计针对性强的数据融合方法，才能最大限度地获益。

数据融合技术在节省能量、提高信息准确度的同时，要以牺牲其他方面的性能为代价。首先是延迟的代价，在数据传送过程中寻找易于进行数据融合的路由，进行数据融合操作，为融合而等待其他数据的到来，这三个方面都可能增加网络的平均延迟；其次是鲁棒性的代价，传感器网络相对于传统网络有更高的节点失效率以及数据丢失率，数据融合可以大幅度降低数据的冗余性,但丢失相同的数据量可能损失更多的信息,因此也降低了网络的鲁棒性。

7. 数据管理

从数据存储的角度来看,传感器网络可被视为一种分布式数据库。以数据库的方法在传感器网络中进行数据管理,可以将存储在网络中的数据的逻辑视图与网络中的实现进行分离,使得传感器网络的用户只需要关心数据查询的逻辑结构,无需关心实现细节。虽然对网络存储的数据进行抽象会在一定程度上影响执行效率,但可以显著增强传感器网络的易用性。

传感器网络的数据管理与传统的分布式数据库有很大的差别。由于传感器节点能量受限且容易失效,数据管理系统必须在尽量减少能量消耗的同时提供有效的数据服务。同时,传感器网络中节点数量庞大,且传感器节点产生的是无限的数据流,无法通过传统的分布式数据库的数据管理技术进行分析处理。此外,对传感器网络数据的查询经常是连续的查询或随机抽样的查询,这也使得传统分布式数据库的数据管理技术不适用于传感器网络。

传感器网络的数据管理系统的结构主要有集中式、半分布式、分布式以及层次式结构,目前大多数研究工作均集中在半分布式结构方面。传感器网络中数据的存储采用网络外部存储、本地存储和以数据为中心的存储三种方式。相对于其他两种方式,以数据为中心的存储方式可以在通信效率和能量消耗两个方面获得很好的折中。基于地理散列表的方法便是一种常用的以数据为中心的数据存储方式。传感器网络中,既可以为数据建立一维索引,也可以建立多维索引。DIFS 系统中采用的是一维索引的方法,DIM 是一种适用于传感器网络的多维索引方法。传感器网络的数据查询语言多采用类 SQL 的语言。查询操作可以按照集中式、分布式或流水线式查询进行设计。集中式查询由于传送了冗余数据而消耗额外的能量;分布式查询利用聚集技术可以显著降低通信开销;而流水线式聚集技术可以提高分布式查询的聚集正确性。传感器网络中,对连续查询的处理也是需要考虑的方面,CACQ 技术可以处理传感器网络节点上的单连续查询和多连续查询请求。

需要说明的是,数据库的术语将一类返回单一值的逻辑函数称为聚集函数(Aggregate Function),如计数(COUNT)、求和(SUM)、求平均值(CAVG)等。这需要与本书中提到的数据融合(Data Aggregation)概念进行区分。虽然均源自相同的英文"Aggregate",但前者专指数据库中的一类操作,而后者泛指对数据进行的合并处理,因此本书使用不同的中文区分二者。

8. 无线通信技术

传感器网络需要低功耗、短距离的无线通信技术。IEEE 802.15.4 标准是针对低速无线个人域网络的无线通信标准,把低功耗、低成本作为设计的主要目标,旨在为个人或者家庭范围内不同设备之间低速联网提供统一标准。由于 IEEE 802.15.4 标准的网络特征与无线传感器网络存在很多相似之处,故很多研究机构把它作为无线传感器网络的无线通信平台。

超宽带技术(UWB)是极具潜力的无线通信技术。超宽带技术具有对信道衰落不敏感、发射信号功率谱密度低、低截获能力、系统复杂度低、能提供数厘米的定位精度等优点,非常适合应用在无线传感器网络中。迄今为止,关于UWB有两种技术方案,一种是以Freescale公司为代表的DS-CDMA单频带方式;另一种是由Intel、NI等公司共同提出的多频带OFDM方案,但还没有一种方案成为正式的国际标准。

9. 嵌入式操作系统

传感器节点是一个微型的嵌入式系统,携带非常有限的硬件资源,需要操作系统能够高效地利用其有限的内存、处理器和通信模块,且能够对各种特定应用提供最大的支持。在面向无线传感器网络的操作系统的支持下,多个应用可以并发地使用系统的有限资源。

传感器节点有两个突出的特点。一个特点是并发性密集,即可能存在多个需要同时执行的逻辑控制,这需要操作系统能够有效地满足这种发生频繁、并发程度高、执行过程比较短的逻辑控制流程;另一个特点是传感器节点模块化程度很高,要求操作系统能够让应用程序方便地对硬件进行控制,且保证在不影响整体开销的情况下,应用程序中的各个部分能够比较方便地进行重新组合。上述这些特点对设计面向无线传感器网络的操作系统提出了新的挑战。美国加州大学伯克利分校针对无线传感器网络研发了TinyOS操作系统,在科研机构的研究中得到比较广泛的使用,但仍然存在不足之处。

10. 应用层技术

传感器网络应用层由各种面向应用的软件系统构成,部署的传感器网络往往执行多种任务。应用层的研究主要是各种传感器网络应用系统的开发和多任务之间的协调,如作战环境侦查与监控系统、军事侦查系统、情报获取系统、战场监测与指挥系统、环境监测系统、交通管理系统、灾难预防系统、危险区域监测系统、有灭绝危险的动物或珍稀动物的跟踪监护系统、民用和工程设施的安全性监测系统、生物医学监测、治疗系统和智能维护等。

传感器网络应用开发环境的研究旨在为应用系统的开发提供有效的软件开发环境和软件工具,需要解决的问题包括传感器网络程序设计语言,传感器网络程序设计方法学,传感器网络软件开发环境和工具,传感器网络软件测试工具的研究,面向应用的系统服务(如位置管理和服务发现等),基于感知数据的理解、决策和举动的理论与技术(如感知数据的决策理论、反馈理论、新的统计算法、模式识别和状态估计技术等)。

12.5 物联网传感器

物联网(Internet of Things,IOT),顾名思义就是"实现物物相连的互联网络"。其内涵包含两个方面意思:一是物联网的核心和基础仍是互联网,是在互联网基础之上的延伸和扩展的一种网络;二是其用户端延伸和扩展到了任何物品与物品之间,进行信息交换和通信。物联网核心技术是通过射频识别装置(RFID)、传感器、红外感应器、全球定位系统、激光扫描器等信息传感设备,按约定的协议,把任何物品与互联网相连接,进行信息交换和通信,以实现智慧化识别、定位、跟踪、监控和管理的一种网络。

物联网将把新一代IT技术充分运用在各行各业之中,具体地说,就是把传感器嵌入和装备到电网、铁路、桥梁、隧道、公路、建筑、大坝、油气管道等各种物体中,然后将"物联网"与现有的互联网整合起来,实现人类社会与物理系统的整合,在这个整合的网络当中,存在能力超级强大的中心计算机群,能够对整合网络内的人员、机器、设备和基础设施实施实时的管理和控制,以更加精细和动态的方式管理生产和生活,达到"智慧"状态,提高资源利用率和生产力水平,改善人与自然之间的关系。

物联网用途广泛,遍及智能交通、环境保护、政府工作、公共安全、平安家居、智能消防、工业监测、老人护理、个人健康等多个领域。在生产生活中的应用举不胜举,下面只简述几个比较典型的范例来展望物联网的应用。

将传感器嵌入到家人的手表里,即使您在千里之外,也可以随时掌握他们的体征。用这种方法,医生也可以随时随地了解病人的体征,为病人诊断看病。

超市里销售的禽肉蛋奶,在包装上嵌入微型感应器,顾客只需用手机扫描,就能了解食品的产地和转运、加工的时间地点,甚至还能显示加工环境的照片,是否绿色安全,一目了然。

如果在汽车和汽车钥匙上都植入微型感应器,酒后驾车现象就可能被杜绝。当喝了酒的司机掏出汽车钥匙时,钥匙能通过气味感应器察觉到酒气,并通过无线信号通知汽车"不要发动",汽车会自动检测,并能够"命令"司机的手机给其亲友发短信,通知他们司机所在的位置,请亲友们来处理。

物联网就是利用无处不在的网络技术建立起来的,它把互联网技术和宽带接入传输、无线通信结合起来形成了宽带移动的互联网,再把物品结合起来形成了物联网。

12.5.1 物联网的技术基础

1. 实现物联网的环境和条件

有人说,物联网=RFID+传感器+互联网,这是形象的比喻,但不严谨。实现物联网的环境和条件主要有:互联网是实现物联网的网络基础;无线传感器网是实现物联网的技术基础;计算机应用是实现物联网的内部条件;标准化是实现物联网的关键;立法是保障物联网顺利运行的社会环境。从技术上讲,要实现物品间的连接,传感器是不可或缺的。要通过传感器把物品标签上所存储的信息传达给另外一个物品和另外的人,再通过网络系统自动地、实时地对物体进行识别、定位、追踪、监控并触发相应事件。这一系列工作都离不开传感器,所以,又有人称物联网为"传感器网"。

像互联网技术遵循开放的原则一样,物联网技术也必须遵循开放的原则。物联网的体系结构、管理、命名、接口、公开的服务、所采用的频谱等都决定了物联网必须遵循开放的原则。如果不实行开放的原则,则不可能实现全球的连接。

传感器节点将物理世界连接到了互联网。

2. 物联网的六大基础技术

物联网的六大基础技术包括互联网、RFID、读写器、物联网中间件、物联网名称解析系统、物联网信息服务系统。这里只对其中的几个关键技术进行阐述。

名称解析服务系统类似于互联网的DNS,要有授权,并且有一定的组成架构。DNS把每一种物品的编码进行解析提供相应的内容,再通过URLs服务获得相关产品的进一步信息。这就跟在互联网上没有域名是不能找见 IP 地址一样。

中间件有两大功能,一是两大平台,二是通信。首先要为上层服务提供应用,同时,要连接操作系统,保持系统正常运行状态。中间件还要支持各种标准的协议和接口,如要支持 RFID 以及配套设备的信息交互和管理,同时,还要屏蔽前端的复杂性。一般的中间件是屏蔽了系统软件的复杂性,而物联网的中间件主要是屏蔽了前端硬件的复杂性,特别是像 RFID 读写器的复杂性。中间件的特点,第一是独立于架构,第二是支持了数据流的控制和传输,同时支持了数据处理的功能。

关于信息服务系统,国际上多采用了 EPC 系统,采用 PML 语言来标记每一个实体和物品,再通过 RFID 标签对实体标记进行分类,同时构建数据库,提供数据存储,开发应用系统,提供查询服务。

同样,物联网也有管理,类似于互联网上的网络管理。目前,物联网大多是基于 SMNP 建设的网管系统,和一般的网管系统类似。

3. 其他关键技术

互联网和电子商务的发展催生了物联网,物联网的基础技术还涉及电子数据的交换(EDI)、地理信息系统(GIS)、全球定位系统(GPS)、射频识别技术(RFID)等关键技术。

物联网起源于电子数据交换。在国际海运运输过程中,必须实现国际化标准的电子数据标签的交换。集装箱在海运运输已经全部实现了电子标签交换,但是标箱到港口转铁路、公路运输的过程,现代化管理的链条就断了。

做好物联网,还要有地理信息系统、卫星定位系统。了解地球上的物品定位,离不开地理信息,它在物联网中发挥了很重要的作用,诸如地理位置、查询、运输路线、服务范围、物流网布局都离不开地理信息系统。物联网更离不开全球定位系统。通过全球定位系统才能真正实现物联网和物流的全球现代化。

物联网离不开射频识别技术,射频识别技术应用经过长期的发展过程,已经和移动信息化实现了有机结合,有助于物流、资金流、信息流的三流合一,应用范围非常广泛。射频识别技术的商用,才促进了物联网的发展。射频系统 RFID 系统主要包括 RFID 标签、RFID 阅读器、RFID 中间件、电子产品代码(EPC)信息系统和对象命名服务(ONS)等。

射频识别系统由标签和读写器(含天线)两部分组成。读写器在一个区域内发射射频能量形成电磁场,其作用距离和范围的大小取决于发射功率和天线。标签通过作用域时被触发,发送存储在标签中的数据,同时根据读写器的指令改写存储在标签中的数据。读写器可与标签之间通信。标签有很多种,有主动式、被动式;读写方式有只读方式和读写性标签。

现在,电子标签成本降低,形式多样化,应用广泛。如很多工厂的每一个工位上都有标签,每一个标签都注释了每一个工序,工作流都记在标签上,能准确定位工位出现的问题。

形成物联网要靠商品的统一编码,没有商品统一的编码,就没有物联网。欧美提出的电子产品编码(Electronic Product Code,EPC)是支持物联网的主要支撑。EPC 系统由编码体系、射频识别系统及信息网络组成,目前比较成功的 EPC 网络,主要是应用物流领域。我国也成立了 EPC-Global China,来研究如何使这一编码技术做到本地化兼容性、科学性、全面性、合理性,没有歧视性。

其他相关技术还包括无线通信和移动互联网,物联网离不开这些内容。此外,物联网与云计算互相促进,为大数据量传输、多媒体应用、电子政务、电子商务、电子图书馆等突破了网络瓶颈,正得到快速发展。

12.5.2 物联网应用发展动向

物联网的运用非常广泛,大到军事反恐、城建交通,小到家庭个人。当物联网与互联网、移动通信网相连时,可随时随地全方位"感知"对方,人们的生活方式将从"感觉"跨入"感知"的阶段,从"感知"到"控制"。物联网应用前景非常广泛。

1. 物联网的建设阶段

第一阶段是大型机、主机的联网。
第二阶段是台式机与互联网相连。
第三阶段是手机等一些移动设备的互联。
第四阶段是把各种嵌入式芯片,嵌入式设备和互联网连接兴起阶段,把与人们日常生活紧密相关的家用电器及工业设备连接起来,加入互联互通的行列,这种应用是极为广阔的。

2. 物联网的三个应用层次

一是传感网络,即以二维码、RFID、传感器为主,实现"物"的识别。
二是传输网络,即通过现有的互联网、广电网络、通信网络或未来的 NGN 网络,实现数据的传输与计算。这其中,前三项技术已经成熟,NGN 网络技术是市场新方向。接入网的光纤化是整个 NGN 计划中投资最大也是最重要的部分。
三是应用网络,即输入/输出控制终端,可基于现有的手机、PC 等终端进行。由此可以看到,"物联网"的关键在于射频标签(RFID)、传感器、嵌入式软件及传输数据计算等领域。这个环节涉及所有网络的大连接,电子信息、电子设备都受益。
物联网未来将涉及能源、金融和保险系统、交通系统、追踪系统、医疗保健系统和气候系统、基础设施等方面。

3. 物联网应用的重点领域

物联网最重要的应用是现代物流领域。通过物联网的建设,形成集成化的信息平台,实现物流系统的现代化,通过现代化管理从物流业的小外包实现真正的现代化外包。把企业的局部的物流扩展到全社会的物流,最大限度地降低成本,实现物流系统现代化。以物联网建设为抓手,来推动物流信息技术的应用和推动标准体系建设是下一阶段的重要工作。
城市资源规划系统也是物联网的一个重要应用。有 ERP、IRP、GRP 系统,也需要 CRP 系统,即城市资源规划系统。建设这样一个子系统也需要物联网和宽带无线接入,把"城市水、电、气、热资源管理运营平台","城市静态交通泊车管理运营平台","城市消防安全监管运营平台"等城市资源系统整合起来。通过建立城市 EPC 信息港和城市电子商务平台,把各种指挥中心资源应用平台紧密联系,依托物联网是可以实现的,这既是电子政务的应用,也是物联网的应用,能发挥纲举目张、承上启下的作用。类似的应用还有药品的防伪监督管理。

总之,物联网的应用,从智慧城市到智慧地球,从感知城市到感知中国、感知世界,信息网络和移动信息化开辟了人与机、机与机/传感器网融合的可能,使人们的工作生活时时联通、事事连接,物联网将成为信息化建设的下一个机遇,也将成为世界经济发展的新亮点。

参 考 文 献

[1] 赵勇. 光纤传感原理与应用技术[M]. 北京：清华大学出版社，2007
[2] 王煜东. 传感器应用技术[M]. 西安：西安电子科技大学出版社，2006
[3] 张洪润，张亚凡，邓洪敏. 传感器原理及应用[M]. 北京：清华大学出版社，2008
[4] 刘传玺. 自动检测技术[M]. 北京：机械工业出版社，2008
[5] 黎敏. 光纤传感器及其应用技术[M]. 武汉：武汉大学出版社，2008
[6] Holger Karl Andreas Willig. 无线传感器网络协议与体系结构[M]. 邱天爽，等译. 北京：电子工业出版社，2007
[7] 孙超. 水下多传感器阵列信号处理[M]. 西安：西北工业大学出版社，2007
[8] 朱利安·W. 加德纳等. 微传感器 MEMS 与智能器件[M]. 范茂军译. 北京：中国计量出版社，2007
[9] 张功铭，赵复真. 新型传感器及传感器检测新技术[M]. 北京：中国计量出版社，2006
[10] 宋文绪，杨帆. 传感器与检测技术[M]. 北京：高等教育出版社，2004
[11] 吕俊芳，钱政，袁梅. 传感器接口与检测仪器电路[M]. 北京：国防工业出版社，2009

教师反馈表

感谢您购买本书！清华大学出版社计算机与信息分社专心致力于为广大院校电子信息类及相关专业师生提供优质的教学用书及辅助教学资源。

我们十分重视对广大教师的服务，如果您确认将本书作为指定教材，请您务必填好以下表格并经系主任签字盖章后寄回我们的联系地址，我们将免费向您提供有关本书的其他教学资源。

您需要教辅的教材：	传感器原理与应用（周真　苑惠娟）		
您的姓名：			
院系：			
院/校：			
您所教的课程名称：			
学生人数/所在年级：	＿＿＿＿＿人/	1　2　3　4　硕士　博士	
学时/学期	＿＿＿＿＿学时/＿＿＿＿＿学期		
您目前采用的教材：	作者：＿＿＿＿＿＿＿＿＿＿＿＿＿＿＿ 书名：＿＿＿＿＿＿＿＿＿＿＿＿＿＿＿ 出版社：＿＿＿＿＿＿＿＿＿＿＿＿＿＿		
您准备何时用此书授课：			
通信地址：			
邮政编码：		联系电话	
E-mail：			
您对本书的意见/建议：		系主任签字 盖章	

我们的联系地址：

清华大学出版社　学研大厦 A907 室

邮编：100084

Tel：010-62770175-4409,3208

Fax：010-62770278

E-mail：liuli@tup.tsinghua.edu.cn；hanbh@tup.tsinghua.edu.cn